"十三五"江苏省高等学校重点教材
（编号：2018-1-010）

国家职业教育现代通信技术专业
教学资源库配套教材

# 现代
# 通信技术

## （第2版）

▶ 主编 姜敏敏 杜庆波
　　　朱国巍

中国教育出版传媒集团

高等教育出版社·北京

**内容提要**

本书是国家职业教育现代通信技术专业教学资源库配套教材。

通信技术的发展日新月异,为了适应教学需要,本书着眼于加强基本概念的讲解,简化数学推导,尽可能多地介绍可取代实验箱实现电路的软件实现方法,减少过时的通信技术并增加对实用通信技术原理的介绍。全书按不同的典型通信系统组织内容,共分 8 个模块,主要内容包括通信的基本概念、信道、模拟调制系统、模拟信号的数字传输、数字信号的基带传输、数字信号的频带传输、同步原理和差错控制编码。各模块按照各系统的基本原理和仿真实训教学环节相结合的方法安排基本结构,理论结合实践。

为了让学习者能够快速且有效地掌握核心知识和技能,也方便教师采用更有效的传统方式教学,或更新颖的线上线下的翻转课堂教学模式,本书采用“纸质教材+数字课程”的形式,配有数字化课程网站与教、学、做一体化设计的专业教学资源库。书中以新颖的留白编排方式突出资源导航,扫描二维码即可观看微课等视频类数字资源,随扫随学,突破传统课堂教学的时空限制,激发学生自主学习的兴趣,打造高效课堂。本书配套提供的数字化教学资源包括 PPT 教学课件、微课、习题及答案、电子教案、教学设计、课程思政阅读材料及教学建议、过程性考核方案建议、教学大纲、教学日历等,读者可发送电子邮件至 gzdz@ pub. hep. cn 索取部分教学资源。

本书可作为高等职业院校通信类专业相关课程的教材,也可作为“3+3”中高职衔接相应专业相关课程的教材,还可作为相关专业选修课教材和业余爱好者的自学用书。

**图书在版编目(CIP)数据**

现代通信技术 / 姜敏敏,杜庆波,朱国巍主编. --
2 版. -- 北京 :高等教育出版社,2022.8 (2024.1 重印)
ISBN 978-7-04-057195-0

Ⅰ. ①现… Ⅱ. ①姜… ②杜… ③朱… Ⅲ. ①通信技
术-职业教育-教材 Ⅳ. ①TN91

中国版本图书馆 CIP 数据核字(2021)第 207167 号

XIANDAI TONGXIN JISHU

| | | | | | | | |
|---|---|---|---|---|---|---|---|
| 策划编辑 | 郑期彤 | 责任编辑 | 郑期彤 | 封面设计 | 马天驰 | 版式设计 | 童　丹 |
| 插图绘制 | 邓　超 | 责任校对 | 窦丽娜 | 责任印制 | 田　甜 | | |

| | | | |
|---|---|---|---|
| 出版发行 | 高等教育出版社 | 网　　址 | http://www.hep.edu.cn |
| 社　　址 | 北京市西城区德外大街 4 号 | | http://www.hep.com.cn |
| 邮政编码 | 100120 | 网上订购 | http://www.hepmall.com.cn |
| 印　　刷 | 中煤(北京)印务有限公司 | | http://www.hepmall.com |
| 开　　本 | 850mm×1168mm 1/16 | | http://www.hepmall.cn |
| 印　　张 | 14.75 | 版　　次 | 2018 年 4 月第 1 版 |
| 字　　数 | 370 千字 | | 2022 年 8 月第 2 版 |
| 购书热线 | 010-58581118 | 印　　次 | 2024 年 1 月第 2 次印刷 |
| 咨询电话 | 400-810-0598 | 定　　价 | 39.80 元 |

物 料 号　57195-00

"智慧职教"是由高等教育出版社建设和运营的职业教育数字教学资源共建共享平台和在线课程教学服务平台,包括职业教育数字化学习中心平台(www. icve. com. cn)、职教云平台(zjy2. icve. com. cn)和云课堂智慧职教 App。用户在以下任一平台注册账号,均可登录并使用各个平台。

- 职业教育数字化学习中心平台(www. icve. com. cn):为学习者提供本教材配套课程及资源的浏览服务。

登录中心平台,在首页搜索框中搜索"现代通信技术",找到对应作者主持的课程,加入课程参加学习,即可浏览课程资源。

- 职教云平台(zjy2. icve. com. cn):帮助任课教师对本教材配套课程进行引用、修改,再发布为个性化课程(SPOC)。

1. 登录职教云平台,在首页单击"申请教材配套课程服务"按钮,在弹出的申请页面填写相关真实信息,申请开通教材配套课程的调用权限。

2. 开通权限后,单击"新增课程"按钮,根据提示设置要构建的个性化课程的基本信息。

3. 进入个性化课程编辑页面,在"课程设计"中"导入"教材配套课程,并根据教学需要进行修改,再发布为个性化课程。

- 云课堂智慧职教 App:帮助任课教师和学生基于新构建的个性化课程开展线上线下混合式、智能化教与学。

1. 在安卓或苹果应用市场,搜索"云课堂智慧职教"App,下载安装。

2. 登录 App,任课教师指导学生加入个性化课程,并利用 App 提供的各类功能,开展课前、课中、课后的教学互动,构建智慧课堂。

"智慧职教"使用帮助及常见问题解答请访问 help. icve. com. cn。

# 序

现代通信技术及相关专业在高职院校中布点量大，全国有 200 余所高职院校开设了现代通信技术及相关专业，覆盖全国大部分地区。国家职业教育专业教学资源库建设项目是教育部、财政部为深化高职院校教育教学改革，加强专业与课程建设，推动优质教学资源共建共享，提高人才培养质量而启动的国家级建设项目。2015 年 7 月，现代通信技术（原专业名称为通信技术）专业被教育部、财政部确定为高等职业教育专业教学资源库立项建设专业，由深圳职业技术学院、南京信息职业技术学院和石家庄邮电职业技术学院联合主持建设现代通信技术专业教学资源库。

2015 年 8 月，现代通信技术专业教学资源库建设项目正式启动。按照教育部提出的建设要求，建设项目组聘请了北京邮电大学刘韵洁院士担任首席技术顾问，确定了深圳职业技术学院、南京信息职业技术学院、石家庄邮电职业技术学院、武汉职业技术学院、常州信息职业技术学院、广东轻工职业技术学院、浙江交通职业技术学院、江苏电子信息职业学院、广州民航职业技术学院、广东交通职业技术学院、广东邮电职业技术学院、南京工业职业技术大学、四川信息职业技术学院、福建信息职业技术学院、上海电子信息职业技术学院、长春职业技术学院、吉林电子信息职业技术学院、黑龙江职业学院、重庆工程职业技术学院、西藏职业技术学院、湖南邮电职业技术学院、北京信息职业技术学院、北京工业职业技术学院、芜湖职业技术学院、安徽邮电职业技术学院、浙江邮电职业技术学院、苏州市职业大学等 20 多所院校，华为技术有限公司、中兴通讯股份有限公司、中国电信集团有限公司、深圳市讯方技术股份有限公司、北京华晟经世信息技术股份有限公司等 30 多家企业，以及工业和信息化部电子通信行业职业技能鉴定指导中心作为联合建设单位，形成了一支学校、企业、行业紧密结合的建设团队。

现代通信技术专业教学资源库整个建设过程遵循一体化设计、结构化课程、颗粒化资源的原则，以能学辅教为基本定位，通过整合合作院校、行业协会、企业、政府资源，构建了满足教师、学生、企业员工和社会学习者需要的资源空间和服务空间。资源空间建设了专业标准子库、业务流程子库、技术标准子库、课程标准子库、教学文件子库、实习实训项目子库、企业案例子库、虚拟仿真子库、培训认证子库、就业招聘子库、导学助学子库等 11 个资源子库，服务空间提供微信推送学习相关信息、在线组课、组卷和测试、互动、浏览、智能查询、网上学习、多终端应用多种服务，并于 2017 年年底圆满完成了资源库建设任务，于 2018 年验收通过。截至 2021 年 9 月，现代通信技术专业教学资源库已建有教学资源 16 000 多条、题目 18 000 多道，组建"智慧职教"课程 51 门、"职教云"课程 560 多门，学习用户60 000 多人，覆盖全国 31 个省、直辖市、自治区的 200 多个地区。

本套教材是"国家职业教育现代通信技术专业教学资源库"建设项目的重要成果之一，也是资源库课程开发成果和资源整合应用实践的重要载体。教材体例新颖，特色鲜明，具体如下。

第一，以通信网络工程建设、运营维护及技术服务作为专业人才的定位，一体化确定课程体系和教材体系。项目组对企业职业岗位进行调研，分析归纳出现代通信技术专业职业岗位的典型工作任务，按照逻辑关系、认知规律，进行了现代通信技术专业课程体系顶层设计。课程体系的一体化设计实现了顶层设计下职业能力培养的递进衔接。

第二,项目组按照结构化课程的原则,对课程内容进行明确划分,做到逻辑一致,内容相谐,既使各课程之间知识、技能按照专业工作过程关联化、顺序化,又避免了不同课程之间内容的重复,开发了"现代通信技术""通信概论""高频电子技术"等课程的教学资源及配套教材。

第三,有效整合教材内容与教学资源,打造立体化、线上线下、平台支撑的新型教材。学生不仅可以依托教材完成传统的课堂学习任务,还可以通过"智慧职教"(包含职业教育数字化学习中心平台、职教云平台、云课堂智慧职教 App)学习与教材配套的微课、动画、技能操作视频、教学课件、文本、图片等资源(在书中相应知识点处都有资源标记)。其中,微课、动画等视频类资源还可以通过移动终端扫描对应的二维码来学习。

第四,现代通信技术专业教学资源库汇聚了全国现代通信技术专业优质教学资源,且不断更新,提供了丰富鲜活的教学内容,极大丰富了课堂教学内容和教学模式,使得课堂的教学活动更加生动有趣,大大提高了教学效果和教学质量。

第五,本套教材装帧精美,采用双色印刷,并以新颖的版式设计,突出、直观的视觉效果搭建知识、能力与素质结构,给人耳目一新的感觉。

本套教材的编写历时近三年,几经修改,既具积累之深厚,又具改革之创新,是全国 20 多所院校和 30 多家企业的 200 余名教师、企业工程师的心血与智慧的结晶,也是现代通信技术专业教学资源库建设成果的集中体现。2018 年以来,国家职业教育现代通信技术专业教学资源库配套教材共出版 11 本,其中有 4 本入选"十三五"职业教育国家规划教材。随着现代通信技术专业教学资源库的应用与推广,本套教材已成为现代通信技术及相关专业学生、教师、企业员工、社会学习者立体化学习的重要支撑。

国家职业教育现代通信技术专业教学资源库项目组

2021 年 9 月

# 前　言

高等职业教育培养的是面向一线的技术技能型人才,专业基础课的教学应以必要、够用为原则,注重岗位能力的培养。"通信原理"是通信类专业的重要专业基础课程。本书按照"合理选择知识点,突出基本概念,强调系统性,注重理论联系实践"的原则编写,可作为通信原理类课程的配套教材。本书通过"知识—系统—实践"的教学体系,使学生获得必要的基本知识和基本技能,达到培养技术技能型人才的要求,为学生学习后续课程、适应职业岗位、任职岗位升迁等打下坚实的基础。

为适应时代、产业以及学生的发展,推动教材更好地服务于技术技能型人才的培养,本书紧扣通信类人才培养目标,按照"通信原理"课程标准,在介绍基本理论的基础上,加强技能训练,以满足培养技术技能型人才的需要。

本书具有以下特点。

(1) 从适用于高等职业教育教学出发,重构教材知识树。

传统的教材内容只是本科课程的简单压缩,重理论、重推导,知识结构内在联系不够,高职学生接受起来比较困难。本书的编写充分考虑了理论和实践的衔接,在基础知识后配有相应的实践仿真,加深对知识的理解;兼顾高中毕业生和中职毕业生三年制高职教育的双重需要,合理选取知识点,重构知识树,以适应企业人才需求和职业岗位培养要求。

(2) "引导式"编写启发学生思考,知识点安排循序渐进、深入浅出。

在内容上,先讲解基础技术,然后进入典型通信系统层面,有效保证知识的循序渐进。在知识点的描述上,先设计问题,采用"引导式"编写,启发学生思考,以弄清基本概念,不做复杂的理论推导,将重点放在使用方法和实践操作上。书中有很多提示性的描述、小知识和课外拓展阅读,可以帮助学习者提高学习效率。

(3) 体例编排便于"教"与"学"。

在体例编排上,从各知识点的能力考核内容、教学目标、教学设计、课程思政教学建议、过程性考核方案建议、教学大纲、教学日历、任务单、评价标准等方面出发方便教师的"教";从模块的思维导图、复习与思考、微课视频、即测即评、自测题、拓展阅读材料等方面出发方便学生的"学"。整个体系设计有助于实现"线上+线下"混合式教学,充分满足学生全面发展的需求。

(4) 内容通俗易懂。

在内容选取上,尽量运用日常生活中的案例,用直观形象的图表、通俗易懂的文字来表述知识内涵和理论原理,降低难度,浅显易学。

本书可作为高等职业院校通信类专业相关课程的教材,参考学时为 64 学时,在模块 7、模块 8 的内容上要有所取舍,不宜讲解过多;本书也可作为"3+3"中高职衔接相应专业相关课程的教材,主要学习前 6 个模块的内容,参考学时为 64 学时,可适当增加动手操作环节;本书还可作为相关专业选修课教材和业余爱好者的自学用书,为读者了解通信系统原理知识和实践操作提供学习资料和素材。

本书模块 1~模块 4 由姜敏敏编写;模块 5 和模块 6 由杜庆波编写;模块 7 和模块 8 由朱国巍编

写;南京信息职业技术学院杨光、曾庆珠、孙玥、黄先栋等为本书制作了数字化资源素材;中兴通讯学院的马晓晟、张方圆等对章节结构、知识体系进行了有益的探讨,并对编写内容提出了许多宝贵建议。在此谨向所有为本书的编写、出版工作提供帮助和支持的同志致以衷心的感谢。

虽然作者努力而为,但由于学识水平有限,书中难免出现一些错漏,恳请广大读者批评指正!

编者

2022 年 3 月

扫码下载配套教学资源　　教材使用调查问卷

# 目　录

模块 **1**

## 通信的基本概念

通信按照一般的理解就是传输信息。在当今高度信息化的时代，信息和通信已成为现代社会的"命脉"。信息作为一种资源，只有通过广泛的传播、交流与共享，才能产生利用价值，而通信作为传输信息的手段，伴随着计算机技术、传感技术和微电子技术等，正在向数字化、智能化、高速化、宽带化、综合化、移动与个人化等方向飞速发展。可以预见，未来的通信必将对人们的生活方式、经济发展、政治、军事等方面产生更加重大和意义深远的影响。

本书讨论的主要内容是如何有效、可靠地传输信息。为了使读者在学习各章内容之前对通信和通信系统有一个初步的了解与认识，本章将概括地介绍通信的基本概念和术语，通信系统的组成、分类和通信方式，信息的度量以及衡量通信系统性能的指标。

📕 **素质目标**
- 能养成良好的课堂素养，遵守课堂秩序。
- 能自主完成课前、课后学习任务。
- 能与教师、同学进行良好的沟通并表达自己的观点。

📖 **知识目标**
- 能分清消息、信息、信号的概念。
- 能说出模拟、数字通信系统的基本组成。
- 知道数字通信系统的优缺点。
- 能分清几种不同标准的通信方式。
- 能从几个不同的角度对通信系统进行分类。
- 知道什么是信息量。

☑ **能力目标**
- 能画出通信系统的一般模型并阐述各个组成部分的作用。
- 会计算信息量与平均信息量。
- 会计算码元速率、信息速率、误码率、误信率。

## 思维导图

典型通信系统模型
- 通信系统的一般模型
- 模拟通信系统模型
- 数字通信系统模型
  - 数字频带传输通信系统模型
  - 数字基带传输通信系统模型
  - 模拟信号数字化传输通信系统模型
  - 数字通信系统的优缺点

通信系统分类及通信方式
- ★ 通信系统分类
  - 按传输媒质分
  - 按信道中所传信号的特征分
  - 按工作频段分
  - 按调制方式分
  - 按业务的不同分
  - 按通信者是否运动分
- ▶ 通信方式
  - 按消息传送的方向与时间分
  - 按数字信号排序方式分
  - 按通信网络形式分

通信的基本概念

通信系统的主要性能指标
- 模拟通信系统的性能指标
  - 有效性：有效带宽
  - 可靠性：信噪比
- 数字通信系统的性能指标
  - 有效性
    - 码元传输速率
    - 信息传输速率
    - 两者之间的关系
    - 多进制与二进制传输速率之间的关系
  - 可靠性
    - 码元差错率（误码率）
    - 信息差错率（误信率）

自测题

信息及其度量
- 信息量的概念
- 信息量的计算
  - $I=\log_a \dfrac{1}{P(x)} = -\log_a P(x)$
  - $\sum\limits_{i=1}^{n} P(x_i)[-\log_2 P(x_i)]$ (bit/符号) 平均信息量
  - 例题

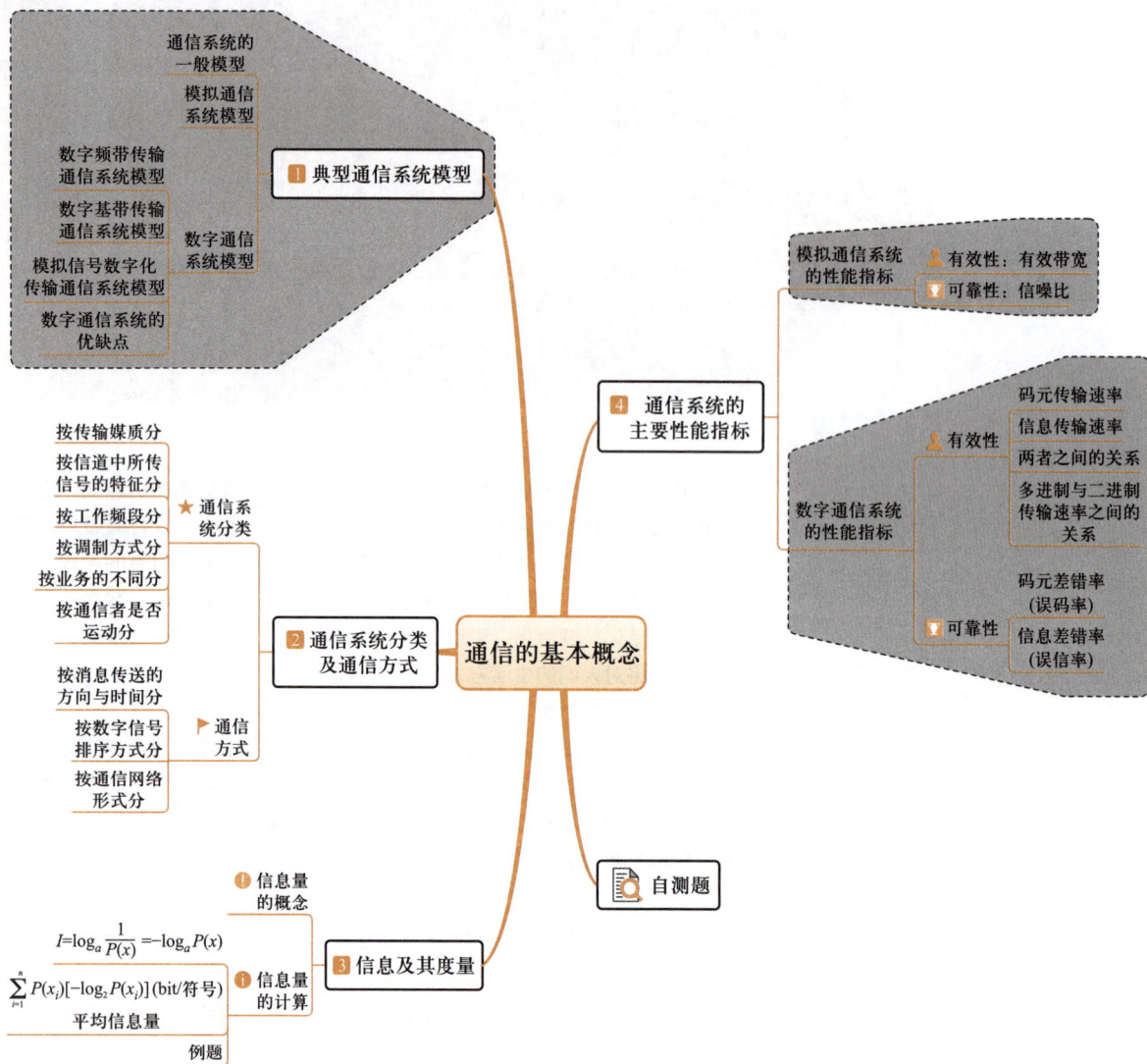

## 课程思政教学建议

## 知识点 1　典型通信系统模型

### 1.1.1　通信系统的一般模型

通信就是克服距离上的障碍，从一地向另一地传递和交换消息。消息是信息源所产生的，是信息的物理表现，如语音、文字、数据、图形和图像等都是消息（message）。消息有模拟消息（如语音、图像等）和数字消息（如数据、文字等）之分。所有消息必须转换成电信号（通常简称为信号），才能在通信系统中传输。所以，信号（signal）是传输消息的手段，信号是消息的物质载体。

相应地，信号也可分为模拟信号和数字信号。模拟信号的自变量可以是连续的或离散的，但幅度是连续的，如电话机、摄像机输出的信号就是模拟信号；数字信号的自变量可以是连续的或离散的，但幅度是离散的，如交换机、计算机等各种数字终端设备输出的信号就是数字信号。

通信的目的是传递消息，但对受信者有用的是消息中包含的有效内容，即信息（information）。消息是具体的、表面的，而信息是抽象的、本质的，且消息中包含的信息多少可以用信息量来度量，度量方法将在后面介绍。

通信是在两地之间传递和交换信息的过程。通信系统就是传递信息所需的一切技术设备和传输媒质的总和，包括信源、发送设备、信道（传输媒质）、接收设备和信宿（受信者）。点对点通信系统的一般模型如图 1-1 所示。它描述了一个通信系统的组成，反映了通信系统的共性，因此称为通信系统的一般模型。那么，通信系统的各个组成部分究竟起着什么作用呢？下面逐一做出介绍。

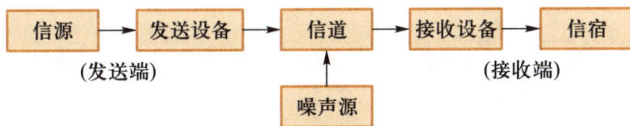

| 信源 | → | 发送设备 | → | 信道 | → | 接收设备 | → | 信宿 |

（发送端）　　　　　　　噪声源　　　　（接收端）

图 1-1　点对点通信系统的一般模型

图 1-1 中，信源（信息源，也称发终端）的作用是把待传输的消息转换成原始电信号。信源输出的信号称为基带信号。

所谓基带信号是指没有经过调制（进行频谱搬移和变换）的原始电信号，其特点是信号频谱从零频附近开始，具有低通形式。根据原始电信号的特征，基带信号可分为数字基带信号和模拟基带信号；相应地，信源也分为数字信源和模拟信源。

发送设备的基本功能是将信源和信道匹配起来，即将信源产生的原始电信号（基带信号）变换成适合在信道中传输的信号。变换方式是多种多样的，在需要频谱搬移的场合，调制是最常见的变换方式。对传输数字信号来说，发送设备常常又包含信源编码和信道编码等。

信道是指信号传输的通道，可以是有线的，也可以是无线的，甚至还可以包含某些设备。图 1-1 中的噪声源是信道中的所有噪声以及分散在通信系统中其他各处噪声的集合。

在接收端,接收设备的功能与发送设备相反,即进行解调、译码、解码等。它的任务是从带有干扰的接收信号中恢复出相应的原始电信号。

信宿(也称受信者或收终端)的作用是将复原的原始电信号转换成相应的消息,如电话机将对方传来的电信号还原成声音。对于信源和信宿来说,不管中间经过什么样的变换和传输,都应该使二者消息内容保持一致。收到和发出消息的相似程度越高,通信系统的可靠性越高。

噪声源是指信号在通信系统中传输时可能产生的所有干扰。

---

### 讨　论

手机在通信系统一般模型中的角色是哪个呢?

---

图1-1给出的是通信系统的一般模型,按照信道中所传信号的形式不同,可将通信系统进一步分为模拟通信系统和数字通信系统。

## 1.1.2　模拟通信系统模型

信道中传输模拟信号的系统称为模拟通信系统。

模拟通信系统中主要包含两种重要变换。第一种变换是把连续消息变换成电信号(由发送端的信源完成)和把电信号恢复成最初的连续消息(由接收端的信宿完成)。电信号(基带信号)由信源输出,具有频率较低的频谱分量,一般不能直接作为传输信号送到信道中。因此,模拟通信系统里的第二种变换就是将基带信号转换成适合信道传输的信号,这一变换由调制器完成。在接收端同样需经相反的变换,由解调器完成。经过调制后的信号通常称为已调信号。模拟通信系统模型如图1-2所示。

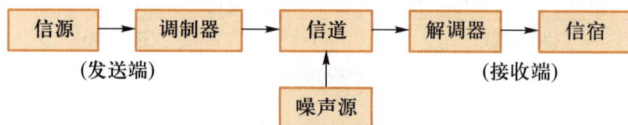

信源 → 调制器 → 信道 → 解调器 → 信宿
(发送端)　　　　↑　　　(接收端)
　　　　　　　噪声源

图1-2　模拟通信系统模型

已调信号有三个基本特性:一是携带消息;二是适合在信道中传输;三是频谱具有带通形式,且中心频率远离零频。因此,已调信号又称为频带信号。

必须指出,从消息的发送到消息的恢复,事实上并非仅有以上两种变换,通常在一个通信系统里可能还有滤波、放大、天线发射与接收、控制等过程。对信号传输而言,上面两种变换对信号形式的变化起着决定性作用,是通信过程中的重要方面。而其他过程对信号变化来说没有发生质的作用,只不过是对信号进行了放大和改善了信号特性等,因此,通常认为这些过程都是理想的,而不去讨论。

---

### 拓 展 阅 读

如果信源的输入是声音信号,而在模拟通信系统中传输的是电信号,那么声音信号和电信号之间的转换似乎没有在模拟通信系统的模型框图中体现。如何将声音信号转换成电信号,是当年贝尔等人冥思苦想的问题。信号转换是电话问世过程中的核心问题,只有将声音信号转换成电信号,才能使其在电路中传播。

贝尔最初想出来的办法是利用电磁开关的一开一关产生脉冲信号来实现通信,但是这种方法最终被证明是不现实的。因为声音的频率最大可达 3 400 Hz,换句话说就是每秒钟电磁开关开合 3 400 次(先不考虑抽样的精确性),在当时的条件下,这个数据是电磁开关不能达到的。

直到 1875 年夏季的某天,当贝尔正为电话的电流转换问题而苦恼时,他鬼使神差般地把金属片连接在电磁开关上,这次居然有了电流,声音信号成功地转化为电信号。图 1-3 所示为美国新泽西州贝尔实验室博物馆收藏的世界上第一部电话。

后来贝尔经过分析发现,原来是声音的振动引发了金属片的振动,而金属片的振动使得与之相连的电磁开关的线圈中产生了电流。

两年后,爱迪生又发明了碳粒转换器。

有了声音信号到电信号的转换器,模拟信号的传输才得以进行。在信号的接收端,要想把电信号转换成声音信号,在电话的听筒部分加一个放大器即可,也就是传说中的电喇叭。

图 1-3　世界上第一部电话

## 1.1.3　数字通信系统模型

信道中传输数字信号的系统称为数字通信系统。数字通信系统可进一步细分为数字频带传输通信系统、数字基带传输通信系统和模拟信号数字化传输通信系统。

### 1. 数字频带传输通信系统模型

数字通信的基本特征是消息或信号具有"离散"或"数字"的特性。点对点的数字频带传输通信系统模型一般如图 1-4 所示。

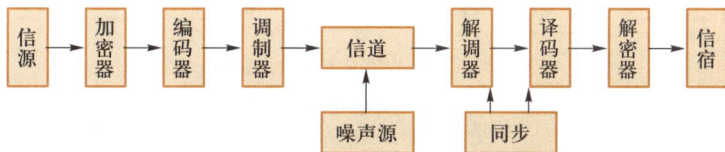

信源 → 加密器 → 编码器 → 调制器 → 信道 → 解调器 → 译码器 → 解密器 → 信宿

噪声源 → 信道

同步 → 解调器

图 1-4　数字频带传输通信系统模型

数字信号的离散性使得数字通信具有许多特殊的问题。第一,数字信号传输时,对于信道噪声或干扰所造成的差错,在原则上是通过差错控制编码控制的,因此需要在发送端增加一个编码器,在接收端相应增加一个译码器。第二,当需要实现保密通信时,可对数字基带信号进行人为"扰乱"(加密),此时必须在接收端进行解密。第三,由于数字通信传输的是一个接一个按一定节拍传送的数字信号,因而接收端必须有一个与发送端相同的节拍,否则就会因收发步调不一致而造成混乱。另外,为了表述消息内容,基带信号都是按消息特征进行编组的,于是,收发之间一组组编码的规律也必须一致,否则接收时消息的真正内容将无法恢复。在数字通信中,称节拍一致为"位同步"或"码元同步",而称编组一致为"群同步"或"帧同步",故数字通信中必须有"同步"这个重要问题。

需要说明的是,图1-4中的加密器/解密器、编码器/译码器、调制器/解调器等环节,在具体通信系统中是否全部采用,取决于具体设计条件和要求。但在一个系统中,如果发送端有加密/编码/调制,则接收端必须有解密/译码/解调。通常把含有调制器/解调器的数字通信系统称为数字频带传输通信系统。

### 2. 数字基带传输通信系统模型

与数字频带传输通信系统相对应,没有调制器/解调器的数字通信系统称为数字基带传输通信系统,其模型如图1-5所示。

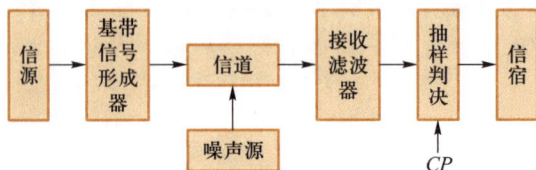

图1-5　数字基带传输通信系统模型

图1-5中,基带信号形成器可能包括编码器、加密器以及波形变换器件等,接收滤波器也可能包括译码器、解密器等。

### 3. 模拟信号数字化传输通信系统模型

在数字通信系统中,信源输出的信号均为数字基带信号;而实际上,日常生活中的大部分信号(如语音信号)为连续变化的模拟信号。因此,要实现模拟信号在数字系统中的传输,必须在发送端将模拟信号数字化,即进行 A/D 转换;在接收端需进行相反的转换,即 D/A 转换。模拟信号数字化传输通信系统模型如图1-6所示。

图1-6　模拟信号数字化传输通信系统模型

## 1.1.4　数字通信系统的优缺点

### 1. 数字通信系统的优点

(1)抗干扰能力强

在数字通信系统中,传输的信号幅度是离散的,以二进制为例,信号的取值只有两个,这样接收端只需判别两种状态。信号在传输过程中受到噪声的干扰,必然会使波形失真,接收端对信号进行抽样判决,以辨别是两种状态中的哪一个。只要噪声的大小不足以影响判决的正确性,就能正确接收(再生)。而在模拟通信系统中,传输的信号幅度是连续变化的,一旦叠加上噪声,即使噪声很小,也很难消除。

数字通信系统的抗噪声性能好,还表现在微波中继通信时可以消除噪声积累。这是因为数字信号在每次再生后,只要不发生错码,它仍然像信源中发出的信号一样,没有噪声叠加。因此即使中继站再多,数字通信系统仍具有良好的通信质量。而模拟通信系统中继时,只能增加信号能量(对信号放大),而不能消除噪声。

(2) 差错可控

数字信号在传输过程中出现的错误(差错),可通过纠错编码技术来控制,以提高传输的可靠性。

(3) 易加密

数字信号与模拟信号相比,更容易加密和解密。因此,数字通信系统的保密性好。

(4) 易于与现代技术相结合

由于计算机技术、数字存储技术、数字交换技术以及数字处理技术等现代技术飞速发展,许多设备、终端接口均是数字信号,因此极易与数字通信系统相连接。

**2. 数字通信系统的缺点**

(1) 频带利用率不高

系统的频带利用率可用系统允许最大传输带宽(信道的带宽)与每路信号的有效带宽之比来表示。在数字通信系统中,数字信号占用的频带较宽,以电话为例,一路模拟电话通常只占据 4 kHz 带宽,但一路接近同样话音质量的数字电话可能要占据 20 ~ 60 kHz 的带宽。因此,如果系统传输带宽一定,则模拟电话的频带利用率是数字电话的 5 ~ 15 倍。

(2) 系统设备比较复杂

数字通信系统中,要准确地恢复信号,接收端需要严格的同步系统,以保持接收端和发送端严格的节拍一致、编组一致。因此,数字通信系统及设备一般都比较复杂,体积较大。

不过,随着新的宽带传输信道(如光导纤维)的采用,以及窄带调制技术和超大规模集成电路的发展,数字通信系统的这些缺点已经弱化。随着微电子技术和计算机技术的迅猛发展和广泛应用,数字通信系统在今后的通信方式中必将逐步取代模拟通信系统而占主导地位。

## 复习与思考

1. 数字通信系统有哪些特点?
2. 画出通信系统的一般模型。其各主要组成部分的功能是什么?
3. 模拟通信系统和数字通信系统模型中各主要组成部分的功能是什么?

## 知识点 2　通信系统分类及通信方式

### 1.2.1　通信系统分类

通信的目的是传递消息,按照不同的分法,通信可分成许多类别,下面介绍几种较常用的分类方法。

### 1. 按传输媒质分

按传输媒质,通信系统可分为两大类:一类为有线通信系统;另一类为无线通信系统。有线通信系统是用导线［如架空明线、同轴电缆(图1-7)、光缆(图1-8)、波导等］作为传输媒质完成通信的,如市内电话、有线电视、海底电缆通信等。无线通信系统则是依靠电磁波在空间传播来实现消息传递的,如短波电离层传播、微波视距传播、卫星中继等。

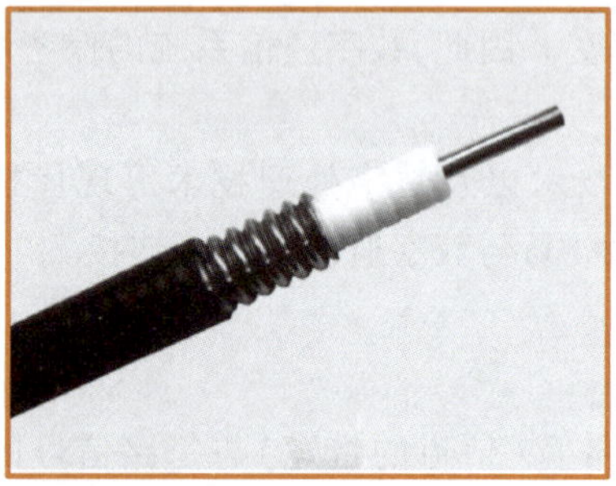

图1-7    同轴电缆

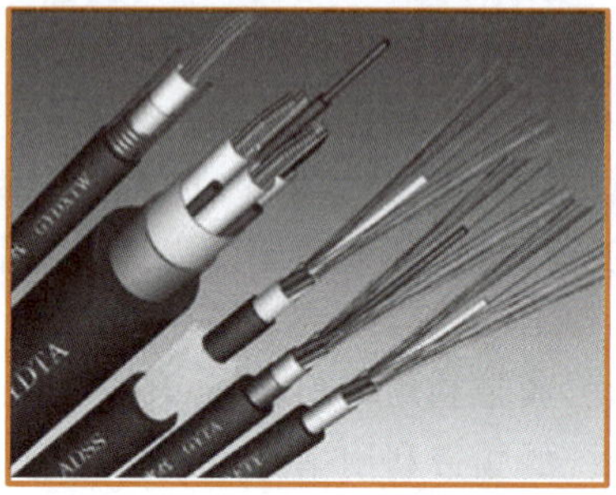

图1-8    光缆

### 2. 按信道中所传信号的特征分

前面已经指出,按信道中传输的是模拟信号还是数字信号,可以相应地把通信系统分为模拟通信系统与数字通信系统。

### 3. 按工作频率分

按通信设备的工作频率不同,通信系统可分为长波通信、中波通信、短波通信、微波通信等。

### 4. 按调制方式分

按调制方式,可将通信系统分为基带传输通信系统和频带(调制)传输通信系统。基带传输是将没有经过调制的信号直接传送,如音频市内电话;频带传输是对各种信号调制后再送到信道中传输的总称。

### 5. 按通信业务分

按通信业务,通信系统可分为话务通信系统和非话务通信系统。

### 6. 按通信者是否运动分

通信系统还可按通信者是否运动分为移动通信系统和固定通信系统。移动通信是指通信双方至少有一方在运动中进行信息交换。

另外,通信系统还有其他一些分类方法,如按多地址方式可分为频分多址通信系统、时分多址通信系统、码分多址通信系统等,按用户类型可分为公用通信系统和专用通信系统,按通信对象的位置可分为地面通信系统、对空通信系统、深空通信系统、水下通信系统等。

## 1.2.2    通信方式

从不同角度考虑问题,通信的工作方式通常有以下几种。

### 1. 按消息传送的方向与时间分

对于点对点之间的通信,按消息传送的方向与时间,可将通信方式分为单工通信、半双工通信及全双工通信。

所谓单工通信,是指消息只能单方向进行传输的工作方式,如图 1-9(a)所示。

所谓半双工通信,是指通信双方都能收发消息,但不能同时进行收和发的工作方式,如图 1-9(b)所示。对讲机、收发报机等都采用这种通信方式。

所谓全双工通信,是指通信双方可同时进行双向消息传输的工作方式,如图 1-9(c)所示。在这种方式下,双方都可同时收发消息。很明显,全双工通信的信道必须是双向信道。

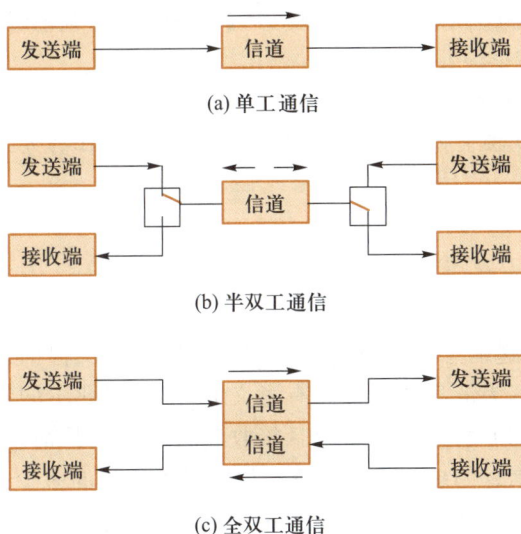

图 1-9　单工、半双工和全双工通信

### 2. 按数字信号排序方式分

按数字信号排序方式的不同,可将通信方式分为串序传输和并序传输。

所谓串序传输,是将代表消息的数字信号序列按时间顺序一个接一个地在信道中传输的方式,如图 1-10(a)所示。如果将代表消息的数字信号序列分割成两路或两路以上并使其同时在信道中传输,则称为并序传输,如图 1-10(b)所示。

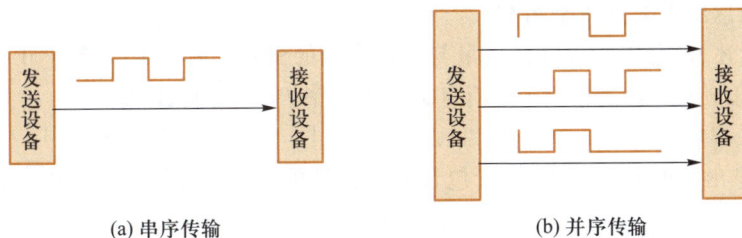

图 1-10　串序和并序传输

### 3. 按通信网络形式分

通信方式还可按通信网络形式的不同分为两点间直通方式、分支方式和交换方式。直通方式是通信网络中最为简单的一种形式,终端 A 与终端 B 之间的线路是专用的;在分支方式中,每一个终端(A、B、C、…)经过同一信道与转接站相互连接,此时,终端之间不能直通消息,必须经过转接站转接,此种方式只在数字通信中出现;交换方式是终端之间通过交换设备灵活地进行线路交换的一种方式,即把要求通信的两终端之间的线路接通(自动接通),或者通过程序控制实现消息交换,即通过交换设备先把发送方来的消息储存起来,然后再转发至接收方,这种消息转发可以是实时的,也可以是延时的。分支方式及交换方式均属于网通信的范畴,而网通信的基础是点与点之间的通信,所以本书的重点仍是点与点之间的通信。

## 复习与思考

1. 按调制方式,通信系统如何分类?
2. 按信道中所传信号的特征,通信系统如何分类?
3. 单工、半双工及全双工通信是按什么标准进行分类的? 了解它们的工作方式并举例说明。

教学课件
信息及其度量

## 知识点 3　信息及其度量

微课
信息及其度量

　　通信的目的是传递消息,消息可以有各种各样的形式,但消息的内容可统一用信息来表述,信息可理解为消息中包含的有意义的内容,因此不同形式的消息可以包含相同的信息,如图 1-11 所示。由于消息接收者关心的只是消息所含的信息内容,因此,一条消息中包含信息的多少值得讨论。如同运输货物的多少采用货运量来衡量一样,传输信息的多少使用信息量来衡量。下面讨论信息的度量。

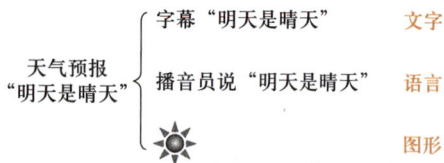

天气预报
"明天是晴天" {
字幕"明天是晴天"　　文字
播音员说"明天是晴天"　语言
☀　　　　　　　　图形

图 1-11　消息的不同表现形式

　　由概率论可知,事件的不确定程度,可用事件出现的概率来描述。事件出现(发生)的可能性越小,则概率越小;反之,概率越大。可以从常识的角度来感觉不同概率的消息给人们带来的信息量,一条概率几乎为零的消息(如太阳将从西方升起)将使人感到惊奇和意外,而一个必然事件(如太阳从东方升起)则不足为奇。也就是说,概率越大的消息包含的信息量越少,相反,概率越小的消息却包含了更多的信息量。可见,消息中包含的信息量与消息出现的概率密切相关。

习题
信息及其度量

　　综上所述,消息中所含的信息量与消息出现的概率之间的关系符合如下规律。

① 消息 $x$ 中所含信息量 $I$ 是消息 $x$ 出现概率 $P(x)$ 的函数,即

$$I = I[P(x)] \tag{1-1}$$

② 消息出现的概率越小,它所包含的信息量越大;反之,信息量越小。且有

$$P = 1 \text{ 时}, I = 0$$
$$P = 0 \text{ 时}, I = \infty$$

③ 若干个互相独立事件构成的消息 $(x_1, x_2, \cdots)$ 所含信息量等于各独立事件 $x_1$, $x_2$,…信息量的和,即

$$I[P(x_1) \cdot P(x_2) \cdot \cdots] = I[P(x_1)] + I[P(x_2)] + \cdots \tag{1-2}$$

可以看出，$I$ 与 $P(x)$ 间的关系式为

$$I = \log_a \frac{1}{P(x)} = -\log_a P(x) \qquad (1-3)$$

式中，当 $a = 2$ 时，$I$ 的单位为 bit。

若二进制数字 0、1 独立且等概率出现，则由式（1-3）可以得到 0 和 1 的信息量 $I(0)$ 和 $I(1)$ 为

$$I(1) = I(0) = -\log_2 \frac{1}{2} = 1 (\text{bit})$$

同理，对于离散信源，若 $M$ 个符号等概率（$P = 1/M$）出现，且每一个符号的出现是独立的，即信源是无记忆的，则每个符号的信息量相等，为

$$I(1) = I(2) = \cdots = I(M) = -\log_2 P = -\log_2 \frac{1}{M} = \log_2 M (\text{bit}) \qquad (1-4)$$

式中：$P$ 为每一个符号出现的概率；$M$ 为信源中所包含符号的数目。一般情况下，$M$ 为 2 的整数次幂，即 $M = 2^K (K = 1, 2, 3, \cdots)$，则式（1-4）可改写成

$$I(1) = I(2) = \cdots = I(M) = \log_2 M = \log_2 2^K = K (\text{bit}) \qquad (1-5)$$

该结果表明，在独立等概率情况下，$M(M = 2^K)$ 进制的每一符号包含的信息量是二进制每一符号包含信息量的 $K$ 倍。由于 $K$ 是每一个 $M$ 进制符号用二进制符号表示时所需的符号数目，故传送一个 $M$ 进制符号的信息量就等于用二进制符号表示该符号所需的符号数目。

**例 1-1**　试计算二进制符号不等概率时的信息量［设 $P(1) = P$］。

**解：** 由 $P(1) = P$，有 $P(0) = 1 - P$。

请读者利用式（1-3），填写表 1-1。

表 1-1　例 1-1 表

| 事件 | 概率 | 信息量 |
|:---:|:---:|:---:|
| 0 | $1 - P$ |  |
| 1 | $P$ | $I(1) = -\log_2 P(1) = -\log_2 P (\text{bit})$ |

由计算结果可以看出，事件不等概率时，每个符号的信息量不同。

计算消息的信息量，常用到平均信息量的概念。平均信息量 $\bar{I}$ 定义为每个符号所含信息量的统计平均值，即各个符号的信息量乘以各自出现的概率再相加。

二进制时，有

$$\bar{I} = -P(1) \log_2 P(1) - P(0) \log_2 P(0) (\text{bit/符号})$$

多进制时，设各符号独立，且出现的概率为

$$\begin{bmatrix} x_1, & x_2, & \cdots, & x_n \\ P(x_1), & P(x_2), & \cdots, & P(x_n) \end{bmatrix} \text{且} \sum_{i=1}^{n} P(x_i) = 1 \qquad (1-6)$$

则每个符号所含信息的平均值（平均信息量）为

$$\bar{I} = P(x_1) \left[ -\log_2 P(x_1) \right] + P(x_2) \left[ -\log_2 P(x_2) \right] + \cdots + P(x_n) \left[ -\log_2 P(x_n) \right]$$

$$= \sum_{i=1}^{n} P(x_i) \left[ -\log_2 P(x_i) \right] (\text{bit/符号}) \qquad (1-7)$$

由于式(1-7)同热力学中熵的形式一样,故通常又称 $\bar{I}$ 为信息源的熵,其单位为 bit/符号。显然,当信源中每个符号等概率、独立出现时,式(1-7)即成为式(1-4)。可以证明,此时信息源的熵为最大值。

**例 1-2**   设信息源由 5 个符号组成,相应概率为

$$\begin{bmatrix} A & B & C & D & E \\ \dfrac{1}{2} & \dfrac{1}{4} & \dfrac{1}{8} & \dfrac{1}{16} & \dfrac{1}{16} \end{bmatrix}$$

试求信源的平均信息量 $\bar{I}$。

**解:** 利用式(1-7),有

$$\bar{I} = \frac{1}{2}\log_2 2 + \frac{1}{4}\log_2 4 + \frac{1}{8}\log_2 8 + \frac{1}{16}\log_2 16 + \frac{1}{16}\log_2 16$$

$$= \frac{1}{2} + \frac{2}{4} + \frac{3}{8} + \frac{4}{16} + \frac{4}{16} = 1.875 (\text{bit}/\text{符号})$$

**例 1-3**   一信息源由 4 个符号 0、1、2、3 组成,它们出现的概率分别为 3/8、1/4、1/4、1/8,且每个符号的出现都是独立的。试求消息 "20102013021300120321010032101002310200201031203210012020210" 的信息量。

**解:** 信源输出的消息序列中,0 出现 23 次,1 出现 14 次,2 出现 13 次,3 出现 7 次,共有 57 个符号。则:

出现 0 的信息量为          $23\log_2 \dfrac{57}{23} \approx 30.11 (\text{bit})$

出现 1 的信息量为          $14\log_2 \dfrac{57}{14} \approx 28.36 (\text{bit})$

出现 2 的信息量为          $13\log_2 \dfrac{57}{13} \approx 27.72 (\text{bit})$

出现 3 的信息量为          $7\log_2 \dfrac{57}{7} \approx 21.18 (\text{bit})$

该消息总的信息量为

$$I = 30.11 + 28.36 + 27.72 + 21.18 = 107.37 (\text{bit})$$

每一个符号的平均信息量为

$$\bar{I} = \frac{I}{\text{符号总数}} = \frac{107.37}{57} \approx 1.884 (\text{bit}/\text{符号})$$

上面的计算中,没有利用每个符号出现的概率,而是用每个符号在 57 个符号中出现的次数(频度)来计算的。实际上,也可以直接用熵的概念来计算,请读者来算一算:

$$\bar{I} = \underline{\hspace{8cm}} \approx 1.906 (\text{bit}/\text{符号})$$

则该消息总的信息量为

$$I = 57 \times 1.906 \approx 108.64 (\text{bit})$$

可以看出,本例中两种方法的计算结果是有差异的,原因就是前一种方法中把频度视为概率来计算。当消息很长时,用熵的概念计算比较方便,而且随着消息序列长度的增加,两种计算方法的结果将趋于一致。

**复习与思考**

消息中包含的信息量与哪些因素有关？

## 知识点4　通信系统的主要性能指标

通信系统的优劣必须有一套度量的方法。使用这套度量方法对整个系统进行综合评估，可以反映通信系统的有效性、可靠性、适应性、标准性和经济性等。显然，度量通信系统的性能是一个非常复杂的问题。但是，从研究信息的传输角度来说，通信的有效性和可靠性最为重要。

所谓有效性，是指传输一定的信息量所消耗的信道资源的多少，信道资源包括信道的带宽和时间；而可靠性则是指传输消息的准确程度。此二者是度量通信系统性能最基本的指标。有效性和可靠性始终是矛盾着的，需要在一定的可靠性指标下，尽量提高消息的传输速率；或在一定的有效性条件下，尽量提高消息的传输质量。

基于模拟通信系统和数字通信系统之间的区别，二者对可靠性和有效性的要求有很大的差别，度量方法也不一样。

### 1.4.1　模拟通信系统的性能指标

#### 1. 有效性

模拟通信系统的有效性用有效带宽来度量。同样的消息，采用不同的调制方式，需要不同的频带宽度。通信占用的频带宽度越窄，效率越高，有效性越好。

#### 2. 可靠性

模拟通信系统的可靠性一般用接收端接收设备输出的信噪比来度量。信噪比越大，通信质量越高，可靠性越好。信噪比是信号功率与传输中引入的噪声功率之比。不同的系统在同样的信道条件下所得到的信噪比是不同的。

### 1.4.2　数字通信系统的性能指标

#### 1. 有效性

数字通信系统的有效性可用传输速率来衡量，传输速率越高，系统的有效性越好。通常可从以下两个角度定义传输速率。

（1）码元传输速率 $R_B$

码元传输速率简称码元速率，又称为数码率、传码率、码率、信号速率或波形速率，用符号 $R_B$ 表示。$R_B$ 是指单位时间（1 s）内传输码元的数目，单位为波特（Baud），常用符号 B 表示。例如，某系统在 2 s 内共传送 4 800 个码元，则该系统的码元速率为 2 400 B。

数字信号一般有二进制与多进制之分，但码元速率 $R_B$ 与信号的进制数无关，只与码元宽度 $T_b$ 有关，有

$$R_B = \frac{1}{T_b} \tag{1-8}$$

通常在给出系统码元速率时,有必要说明码元的进制。

（2）信息传输速率 $R_b$

信息传输速率简称信息速率,又称为传信率、比特率等,用符号 $R_b$ 表示。$R_b$ 是指单位时间（1 s）内传送的信息量,单位为比特/秒（bit/s）。例如,若某信源在 1 s 内传送 1 200 个符号,且每一个符号的平均信息量为 1 bit,则该信源的信息速率 $R_b$ = 1 200 bit/s。

因为信息量与信号进制数 $N$ 有关,因此,$R_b$ 也与 $N$ 有关。

（3）$R_b$ 与 $R_B$ 之间的关系

根据码元速率和信息速率的定义可知,$R_{bN}$ 与 $R_{BN}$ 在数值上有如下关系:

$$R_{bN} = R_{BN} \cdot \log_2 N \tag{1-9}$$

注意:两者单位不同,前者为 bit/s,后者为 B。

二进制时,式（1-9）为

$$R_{b2} = R_{B2} \cdot \log_2 2 = R_{B2} \tag{1-10}$$

（4）多进制与二进制传输速率之间的关系

根据式（1-9）和式（1-10）,不难求得多进制与二进制传输速率之间具有如下关系。

① 在码元速率保持不变（$R_{BN} = R_{B2}$）的条件下,二进制信息速率 $R_{b2}$ 与多进制信息速率 $R_{bN}$ 之间的关系为

$$R_{bN} = R_{BN} \cdot \log_2 N = R_{B2} \cdot \log_2 N = \log_2 N \cdot R_{b2} \tag{1-11}$$

② 在信息速率保持不变（$R_{bN} = R_{b2}$）的情况下,多进制码元速率 $R_{BN}$ 与二进制码元速率 $R_{B2}$ 之间的关系为

$$R_{B2} = R_{b2} = R_{bN} = \log_2 N \cdot R_{BN} \tag{1-12}$$

或

$$R_{BN} = \frac{R_{B2}}{\log_2 N} \tag{1-13}$$

一般情况下,$N = 2^k (k = 1, 2, 3, \cdots)$,则式（1-11）和式（1-13）分别变为

$$R_{bN} = k \cdot R_{b2} \tag{1-14}$$

$$R_{BN} = \frac{1}{k} \cdot R_{B2} \tag{1-15}$$

**例 1-4**  用二进制信号传送信息,已知在 30 s 内共传送了 36 000 个码元。

（1）其码元速率和信息速率各为多少?

（2）如果码元宽度不变（即码元速率不变）,但改用八进制信号传送信息,则其码元速率和信息速率各为多少?

**解**:（1）依题意,有

$$R_{B2} = 36\,000/30 = 1\,200 (\text{B})$$

根据式（1-10）,得

$$R_{b2} = R_{B2} = 1\,200 (\text{bit/s})$$

（2）若改为八进制,则

$$R_{B8} = 36\,000/30 = 1\,200 (\text{B})$$

根据式（1-9）,得

$$R_{b8} = R_{B8} \times \log_2 8 = 3\,600\,(\text{bit/s})$$

或根据式（1–11），得

$$R_{b8} = \log_2 8 \cdot R_{b2} = 3 \times 1\,200 = 3\,600\,(\text{bit/s})$$

两种方法的计算结果一致。

### 2. 可靠性

衡量数字通信系统可靠性的指标，可用信号在传输过程中出错的概率来表述，即用差错率来衡量。差错率越大，系统的可靠性越差。差错率通常有两种表示方法。

（1）码元差错率 $P_e$

码元差错率 $P_e$ 简称误码率，是指发生差错的码元数在传输总码元数中所占的比例，更确切地说，误码率就是码元在传输系统中被传错的概率。其表达式为

$$P_e = \frac{\text{接收的错误码元数}}{\text{系统传输的总码元数}} \qquad (1\text{--}16)$$

（2）信息差错率 $P_{eb}$

信息差错率 $P_{eb}$ 简称误信率或误比特率，是指发生差错的信息量在信息传输总量中所占的比例，或者说，它是码元的信息量在传输系统中被丢失的概率。其表达式为

$$P_{eb} = \frac{\text{系统传输中出错的比特数}}{\text{系统传输的总比特数}} \qquad (1\text{--}17)$$

显然，在二进制中，有

$$P_{eb} = P_e$$

## 讨　　论

码元差错率与信息差错率之间有什么关系？

**例 1–5**　已知某八进制数字通信系统的信息速率为 3 000 bit/s，在接收端，10 min 内共测得出现了 18 个错误码元，试求系统的误码率。

**解**：依题意

$$R_{b8} = 3\,000\ \text{bit/s}$$

则

$$R_{B8} = R_{b8} / \log_2 8 = 1\,000\,(\text{B})$$

由式（1–16），得系统误码率为

$$P_e = \frac{18}{1\,000 \times 10 \times 60} = 3 \times 10^{-5}$$

这里需要注意的是，一定要把码元速率 $R_B$ 和信息速率 $R_b$ 的条件搞清楚，如不细心，此题容易误算出 $P_e = 10^{-5}$ 的结果。

## 复习与思考

1. 通信系统的主要性能指标是什么？
2. 什么是误码率？什么是误信率？它们之间有什么关系？
3. 什么是码元速率？什么是信息速率？它们之间有什么关系？

## 即测即评

（扫描二维码可进行自我测试）

## 自测题

一、填空题

1. 根据信道中所传输信号特征的不同，通信系统可分为_____通信系统和_____通信系统。

2. 模拟信号是指信号的参量可_____取值的信号，数字信号是指信号的参量可_____取值的信号。

3. 通信系统模型中有两个变换，它们分别是_____之间的变换和_____之间的变换。

4. 在_____条件下，八进制离散信源能达到的最大熵是_____，若该信源每秒钟发送2 000个符号，则该系统的信息速率为_____。

5. 一个$M$进制基带信号，码元周期为$T$，则码元速率为_____，若码元等概率出现，则一个码元所含信息量为_____。

6. 模拟通信系统的有效性用_____衡量，可靠性用_____衡量。

7. 数字通信系统的有效性用_____衡量，可靠性用_____衡量。

8. 码元速率$R_B$的定义是_____，单位是_____。信息速率$R_b$的定义是_____，单位是_____。

二、画图题

1. 画出模拟通信系统的一般模型。

2. 画出通信系统的简化模型。

三、分析计算题

1. 现有一个由8个等概率符号组成的信源消息符号集，各符号间相互独立，每个符号的宽度为0.1 ms。计算：

（1）平均信息量；

（2）码元速率和平均信息速率；

（3）该信源工作2 h后所获得的信息量；

（4）若把各符号编成二进制比特后再进行传输，在工作2 h后发现了27个差错比特（若每符号至多出错1位），求传输的误信率和误码率。

2. 某信息源由64个不同的符号所组成，各个符号间相互独立，其中有32个符号的出现概率均为1/128，有16个符号的出现概率均为1/64，其余16个符号的出现概率均为1/32。现在该信息源以每秒2 000个符号的速率发送信息，试求：

（1）每个符号的平均信息量和信息源发出的平均信息速率；

（2）各符号的出现概率满足什么条件时,信息源发出的平均信息速率最高? 最高信息速率是多少?

3. 设一个信息源输出四进制等概率信号,其码元宽度为 125 μs。试求码元速率和信息速率。

4. 设一数字传输系统传送二进制信号的码元速率为 1 200 B,试求该系统的信息速率;若该系统改成传送十六进制信号,码元速率为 2 400 B,则这时该系统的信息速率为多少?

5. 已知某系统的码元速率为 3 600 kB,接收端在 1 h 内共收到 1 296 个错误码元,试求系统的误码率。

# 模块 2

## 信道

信号的传输通道就是信道。任何一个通信系统，从大的方面均可视为由发送端、信道和接收端组成，信道是通信系统不可缺少的组成部分。因此，了解信道对了解信号的传输原理至关重要。

**素质目标**

- 能养成良好的课堂素养，遵守课堂秩序。
- 能自主完成课前、课后学习任务。
- 能与教师、同学进行良好的沟通并表达自己的观点。

**知识目标**

- 知道信道的定义，能说出不同分类标准的信道有哪些。
- 知道恒参信道的传输特性及其畸变，能说出减小畸变的方法。
- 能说出电磁波的几种传播方式，能分清无线信号的几种衰减并且知道减小衰减的方法。
- 能说出什么是信道容量。
- 会解释香农公式。

**能力目标**

- 会根据香农公式计算信道容量。

## 思维导图

信道的定义

有线信道
无线信道 } 狭义信道

调制信道
编码信道 } 广义信道

信道的分类

**1** 信道的基本概念

**4** 信道的噪声 — 噪声的分类

无线电噪声
工业噪声
天电噪声
内部噪声 } 根据来源分

单频噪声
脉冲干扰
起伏噪声 } 根据性质分

理想恒参信道特性

畸变 {
幅度-频率畸变
相位-频率畸变
}

减小畸变的方法

**2** 恒参信道

**信道**

**5** 信道容量 — 定义

$$C=B\log_2\left(1+\frac{S}{N}\right)\text{(bit/s)}$$

香农公式

**6** 分贝

自然衰落
阴影衰落
瑞利衰落
频率选择性衰落 } 随参信道对所传信号的影响

分集接收概念

空间分集
频率分集
角度分集
极化分集 } 分散传输

最佳选择式
等增益相加式
最大比值相加式 } 集中处理

随参信道特性的改善

**3** 随参信道

自测题

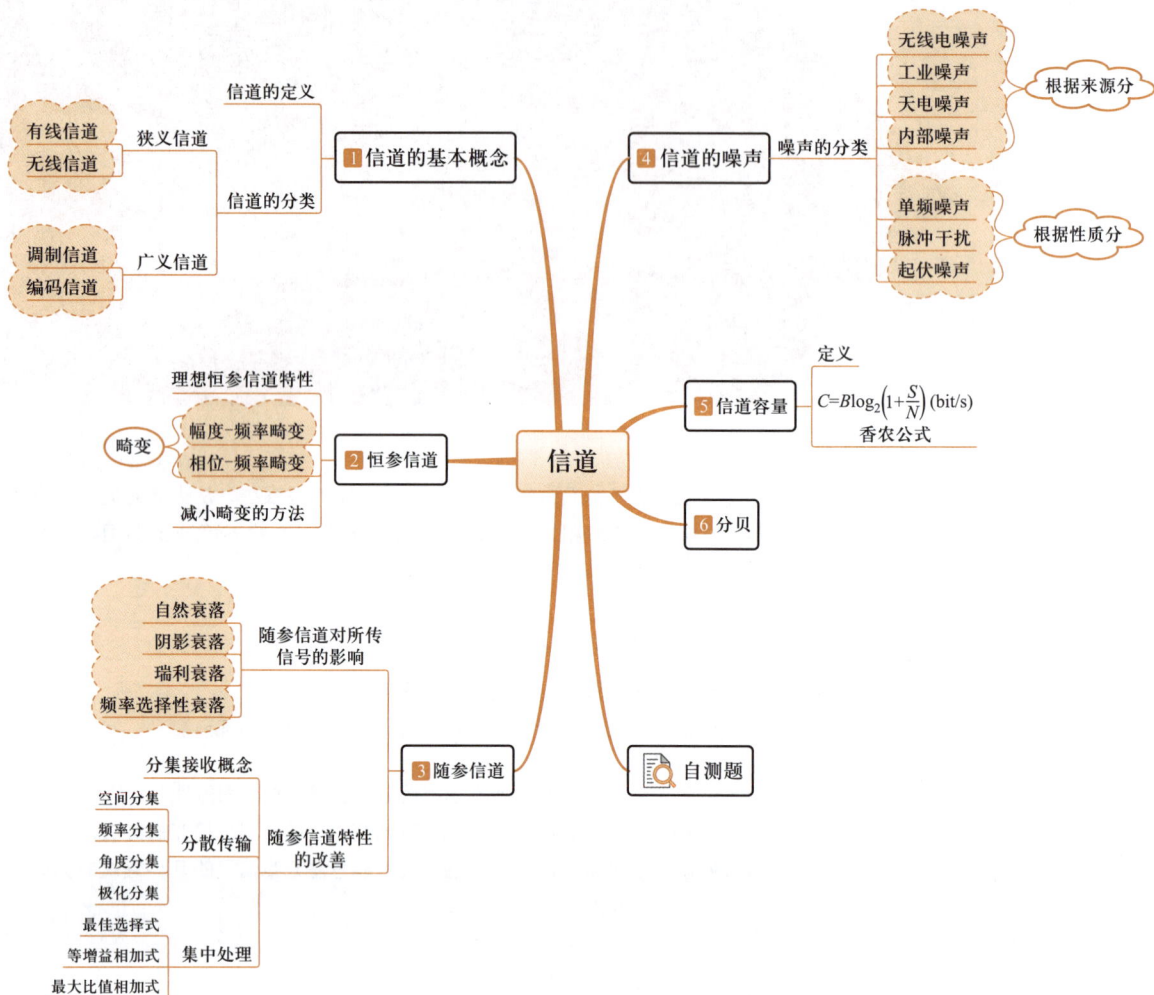

## 课程思政教学建议

## 知识点 1　信道的基本概念

教学课件
信道的定义和分类

微课
信道的定义和分类

习题
信道的定义和分类

### 2.1.1　信道的定义

通俗地讲,信道就是信号的传输媒质,如光纤、电缆、电磁波等。具体地说,信道就是由有线或者无线电路提供的信号通路,如图 2-1 所示。

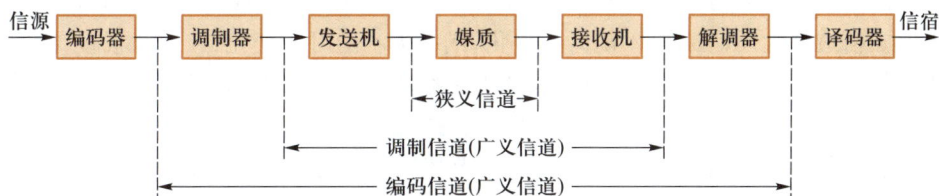

图 2-1　信号的传输媒质

通常将信号传输媒质的信道称为狭义信道。但是,除了传输媒质之外,信号在传输过程中还会经过一些必要的通信设备,这些设备也是信号传输过程中要经过的"道路",通常将这些信号必须经过的通信设备统称为广义信道。狭义信道与广义信道如图 2-2 所示。

图 2-2　狭义信道与广义信道

在讨论通信的一般原理时,通常采用广义信道。

### 2.1.2　信道的分类

按照信道的组成,信道可大体分成狭义信道和广义信道两类。

#### 1. 狭义信道

通常狭义信道可按传输媒质的具体类型分为有线信道和无线信道。

（1）有线信道

有线信道的传输媒质为明线、对称电缆、同轴电缆、光缆及波导等能够看得见的媒质。有线信道是现代通信网中最常用的信道之一。例如,对称电缆（又称电话电缆）广泛应用于（市内）近程传输。

（2）无线信道

无线信道的传输媒质比较多,包括短波电离层反射、对流层散射等。可以认为,凡不属于有线信道的传输媒质均为无线信道的传输媒质。无线信道的传输特性没有有线信道的传输特性稳定和可靠,但无线信道具有方便、灵活、通信者可移动等优点。

### 2. 广义信道

广义信道通常也可分成两种,即调制信道和编码信道。

（1）调制信道

调制信道是从研究调制与解调的基本问题出发而构成的,它的范围是从调制器输出端到解调器输入端,如图 2-2 所示。因为从调制和解调的角度来看,人们只关心调制器输出信号的形式和解调器输入信号与噪声的最终特性,并不关心信号的中间变化过程,所以定义调制信道对于研究调制与解调问题是方便和恰当的。

（2）编码信道

在数字通信系统中,如果仅着眼于编码和译码问题,则可得到另一种广义信道,即编码信道。因为从编码和译码的角度看,编码器的输出仍是某一数字序列,而译码器的输入同样也是一数字序列,它们在一般情况下是相同的数字序列,所以,可将从编码器输出端到译码器输入端的所有转换器及传输媒质称为编码信道,如图 2-2 所示。

信道按照输入/输出端信号的类型可分为连续信道（模拟信道）和离散信道（数字信道）。连续信道的输入/输出信号为连续信号（又称模拟信号）,如广义信道中的调制信道即属于连续信道。离散信道的输入/输出信号为离散信号（又称数字信号）,如广义信道中的编码信道即属于离散信道。如果输入为连续信号、输出为离散信号或反之,则称为半连续和半离散信道。

拓展阅读
"光纤之父"高锟

调制信道又可分为恒参信道和随参信道。恒参信道的性质（参数）不随时间变化。如果实际信道的性质（参数）不随时间变化,或基本不随时间变化,或变化极慢,则可以认为其是恒参信道。随参信道的性质（参数）随时间随机变化。一般有线信道可看作恒参信道;一部分无线信道可看作恒参信道,另一部分可看作随参信道。

不管如何划分信道,通信质量的好坏主要依赖信道的传输特性,也就是传输特点。

## 复习与思考

1. 无线信道有哪些?
2. 什么是调制信道? 什么是编码信道?

教学课件
恒参信道

## 知识点 2  恒参信道

微课
恒参信道

大部分有线信道,由于传输参数恒定,不随时间变化而变化,所以是恒参信道。幅度、频率、相位都是信号的基本特性,所以幅度–频率特性和相位–频率特性就是恒参信道的主要特性。

信号在信道中传输,如果幅度、频率、相位等均不发生改变,信号就没有失真。但事实上,信号在传输的过程中肯定会有衰减和时延。当信号各频率部分的衰减和时延均一致时,不会产生失真,但如果衰减不一致,或时延不一致,就会产生失真,如图 2-3 和图 2-4 所示。

习题
恒参信道

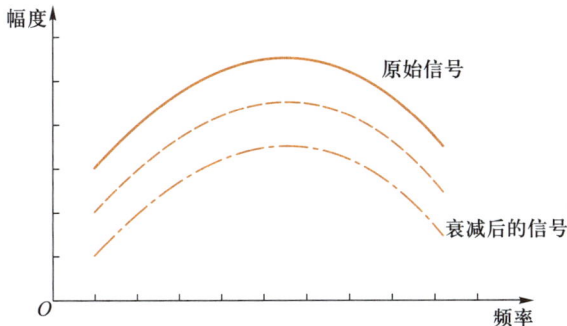

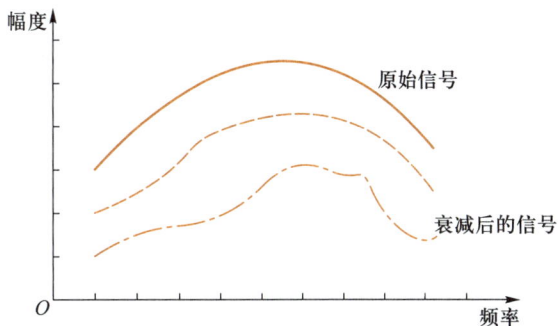

图 2-3　传输过程中有衰减但不失真的信号频谱示意图　　图 2-4　传输过程中有失真的信号频谱示意图

　　一般情况下,恒参信道并不是理想网络,其参数不随时间变化或变化特别缓慢。它对信号的主要影响可用幅度-频率畸变和相位-频率畸变(群延迟-频率特性)衡量。在研究实际信道的传输特性之前,先介绍理想恒参信道的传输特性。

## 2.2.1　理想恒参信道传输特性

　　理想恒参信道是指能使信号无失真传输的信道。所谓信号无失真传输,是指系统的输入信号和输出信号只有信号幅度大小和出现时间前后的不同,而波形上没有变化,如图 2-3 所示。理想恒参信道的传输特性如图 2-5 所示。

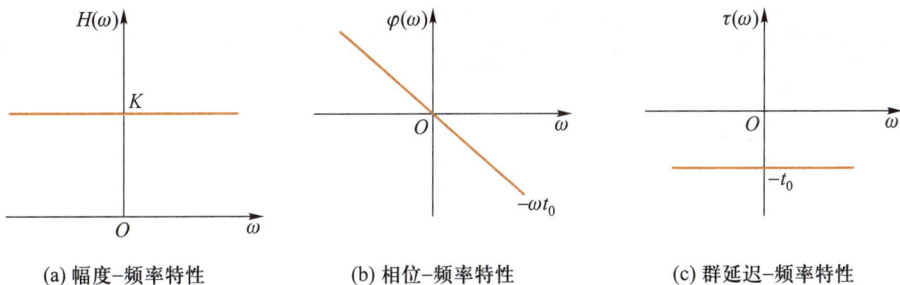

(a) 幅度-频率特性　　　　(b) 相位-频率特性　　　　(c) 群延迟-频率特性

图 2-5　理想恒参信道的传输特性

　　由此可见,理想恒参信道对信号传输的影响是:① 对信号在幅度上产生固定的衰减;② 对信号在时间上产生固定的延迟。

## 2.2.2　幅度-频率畸变

　　幅度-频率畸变是指信道的幅度-频率特性偏离理想恒参信道的幅度-频率特性所引起的畸变,这种畸变又称频率失真。图 2-6 所示为一假设信道的幅度-频率特性,图中的虚线则为理想恒参信道的幅度-频率特性,二者相差甚远。

## 2.2.3　相位-频率畸变

　　相位-频率畸变是指信道的相位-频率特性或群延迟-频率特性偏离理想恒参信道的对应特性所引起的畸变。图 2-7 所示为一假设信道的群延迟-频率特性,也与理想的直线相差甚远。

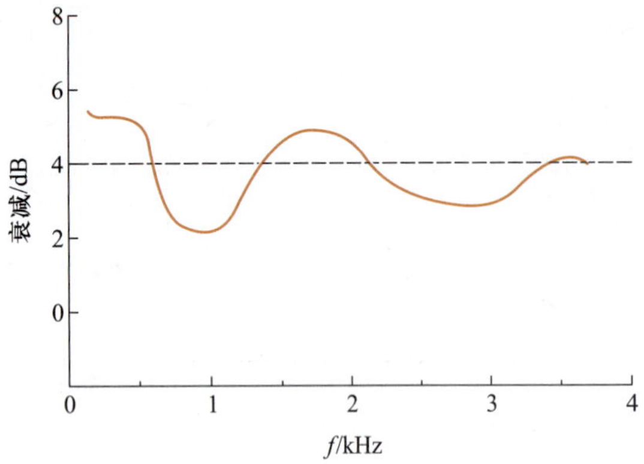

图2-6　假设信道的幅度-频率特性

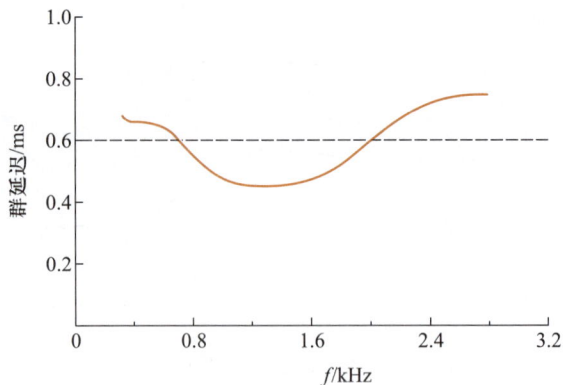

图2-7　假设信道的群延迟-频率特性

### 2.2.4　减小畸变的方法

在实际信道中,几乎没有什么信道的特性是直线。对于有线信道等有固定幅度-频率特性或相位-频率特性的信道,可以增加一个线性补偿电路,使总的信道特性趋于平坦。这种通过校正幅度-频率特性或相位-频率特性来补偿失真信号的处理办法称为频域均衡,而时域均衡是通过产生波形来补偿失真信号的。相关内容将在模块5中进行介绍。

---

**复习与思考**

1. 什么是恒参信道?
2. 在目前常见的信道中,哪些属于恒参信道?
3. 信号在恒参信道中传输时主要有哪些失真?如何减小这些失真?

---

**知识点 3　随参信道**

随参信道的特性比恒参信道复杂得多,对信号的影响也严重得多。其根本原因是它包含一个复杂的传输媒质。虽然随参信道中包含除媒质外的其他转换器,应该把它们的特性算作随参信道特性的组成部分,但是,从对信号传输的影响来看,传输媒质的影响是主要的,而转换器特性的影响是次要的,甚至可以忽略不计。

由于电磁波在空间的传播方式很多,如直射、散射、反射、绕射等,就像可见光一样,这使得信号的传输路径很多,且不稳定,加上无线空间很开放,易受噪声干扰,所以信号在其间的境况可用风雨飘摇、浮沉随浪来形容。但不管信道多不稳定,只要信号能被完整地接收到即可。而信号能否被接收机接收,就要看它到达接收机时的衰减如何。影响无线信道传输质量的因素很多,其中影响最大的应该是由多径传输所引起的瑞利衰落和频率选择性衰落。

## 讨　论

无线信号从天线发出后是通过不同的直射、反射、折射等路径到达接收机的。由于各路径的距离不同,因而从各条路径到达接收机的时间或者相位各不相同,如图 2-8 所示。那么,什么是直射、折射、散射、反射和绕射呢?

图 2-8　多径传输示意图

### 2.3.1　随参信道对所传信号的影响

无线信号的衰减(衰落)主要包括以下几种。

第一种是自然衰落。电磁波即使在无遮拦的自由空间中传播,其功率也会随着距离的增加而衰落,这种衰落称为路径衰落,相比其他衰落,这种衰落是缓慢的,因此也称为大尺度衰落。

第二种是遇到起伏的地形、建筑物或者障碍物时因为阻塞而发生的衰落,也称为阴影衰落,就像阳光被遮住而产生阴影一样。阴影衰落比路径衰落快,比下面将要介绍的瑞利衰落慢,因此也称为中尺度衰落或慢衰落。

第三种是由电磁波的多径传输引起的瑞利衰落。在接收机端,信号到达时的相位不同,不同相位的信号在接收点叠加。如果同相叠加,则信号的幅度会加强;如果反相叠加,则信号的幅度会减弱。因此,信号的强度会发生急剧的变化,这种衰落也称为快衰落,如图 2-9 所示。

信号强度在很短的时间内发生深度衰落,衰落程度达 20～50 dB,也就是说每隔几米就会有 100～100 000 倍的落差,其间还有几千个浅衰落,这就是瑞利衰落。相对于前面介绍的大尺度衰落和中尺度衰落,这种衰落称为小尺度衰落,就因为它发生衰落的范围很小。瑞利衰落是无线信道的最大问题。

第四种也是由电磁波多径传输引起的衰落。当发送信号具有一定频带宽度时,多径传输除了会使信号产生瑞利衰落之外,还会产生频率选择性衰落。频率选择性衰落是信号频谱中某些分量的一种衰落现象,是多径传输的又一重要特征。

图 2-10 所示为只有两条传输路径时的幅度-频率特性,到达接收点的两路信号强度相同,到达时间相差一个时延 $\tau$。

教学课件
随参信道对所传
信号的影响

微课
随参信道对所传
信号的影响

习题
随参信道对所传
信号的影响

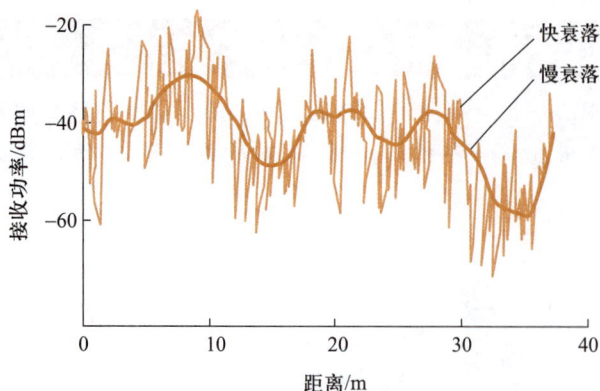

图 2-9　瑞利衰落示意图

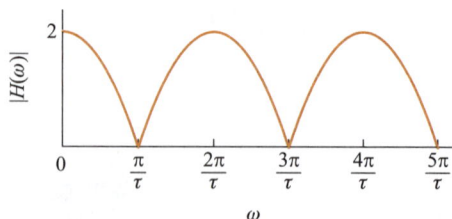

图 2-10　两条传输路径时的幅度-频率特性

## 讨　论

无线信号衰落的分类还可以分为三种,该如何划分?

从图 2-10 中可以看到,当 $\omega=2n\pi/\tau$（$n$ 为整数）时,出现传输极点;当 $\omega=(2n+1)\pi/\tau$（$n$ 为整数）时,出现传输零点。另外,相对时延差 $\tau$ 一般是随时间变化的,故传输特性出现的零极点在频率轴上的位置也是随时间而变的。显然,当传输信号的频谱宽于 $1/\tau(t)$ 时,传输信号的频谱将产生畸变,致使某些分量被衰落,这种现象称为频率选择性衰落,简称选择性衰落。上述概念可推广到一般的多径传输中。虽然这时信道的传输特性要复杂得多,但出现频率选择性衰落的基本规律是相同的,即频率选择性同样依赖于相对时延差。多径传输时的相对时延差通常用最大时延差来表征,并用它来估算传输零极点在频率轴上的位置。

最大时延差示意图如图 2-11 所示。由于多径传输的影响,如果在发送端发送一个窄的脉冲信号,则在接收端会收到多个脉冲,而这些脉冲的衰落和时延不同。本来正常的时延应是沿最短路径传输所消耗的时间,现在因为多条路径长短不一,所以时延被扩展了。通常将最后到达脉冲和最先到达脉冲的时延差称为最大时延差,用 $\tau_{\mathrm{m}}$ 表示。

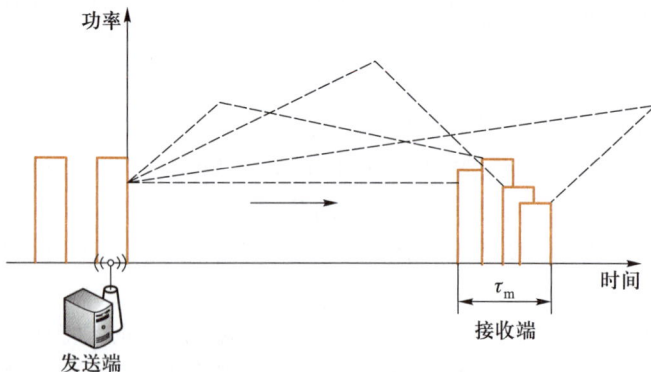

图 2-11　最大时延差示意图

当信号周期小于最大时延差时，就会产生干扰，所以要将信号的周期变大。而周期变大，信号传送的速率就会降低。速率降低，表示信号的带宽减小。因此，将最大时延差的倒数定义为相关带宽，即

$$B_c = \frac{1}{\tau_m} \qquad (2-1)$$

### 小　知　识

当信号带宽大于相关带宽时，就会发生频率选择性衰落。因此，为了减小频率选择性衰落，传输信号的带宽必须小于多径传输信道的相关带宽。在工程设计中，通常选择信号带宽为相关带宽的1/5～1/3。

## 2.3.2　随参信道特性的改善

对于随参信道中的大尺度衰落和中尺度衰落，解决起来相对要容易些。对于路径衰落，当信号衰落到一定程度时，可以通过增加一个中继放大器来加强信号。对于阴影衰落，如果衰落比较严重，可以在阴影部分加一些信号放大器，这些放大器有时也称为直放站（在室外称为直放站，在室内称为室内分布系统）。

而随参信道引起的瑞利衰落、频率选择性衰落等，则会严重影响接收信号质量，使通信系统性能大大降低。为了提高随参信道的信号传输质量，必须采取抗衰落的有效措施。常采用的技术措施有抗衰落性能好的调制解调技术、扩频技术、功率控制技术、与交织结合的差错控制技术、分集接收技术等。其中，分集接收技术是一种有效的抗衰落技术，已在短波通信、移动通信系统中得到广泛应用。下面简单介绍分集接收的原理。

### 1. 分集接收的基本思想

快衰落信道中接收的信号是到达接收机的各径分量的合成。这样，如果能在接收端同时获得几个不同的合成信号，并将这些信号适当合并构成总的接收信号，将有可能大大减小衰落的影响。这就是分集接收的基本思想。

在此，"分集"二字的含义是，分散得到几个合成信号，而后集中合并处理这些信号。理论和实践证明，只要被分集的几个合成信号之间是统计独立的，那么经适当的合并后就能使系统性能大为改善。

### 2. 分散得到合成信号的方式

为了获取互相独立或基本独立的合成信号，一般利用不同路径、不同频率、不同角度、不同极化等接收手段来实现，于是大致有如下几种分集方式。

① 空间分集。在接收端架设几副天线，天线间要求有足够的距离（一般在100个信号波长以上），以保证各天线上获得的信号基本相互独立。

② 频率分集。用多个不同载频传送同一个消息，如果各载频的频差相隔比较远，则各分散信号也基本互不相关。

③ 角度分集。这是利用天线波束不同指向上的信号互不相关的原理形成的一种分集方法，例如在微波面天线上设置若干个反射器，产生相关性很小的几个波束。

教学课件
随参信道特性的改善

微课
随参信道特性的改善

习题
随参信道特性的改善

④ 极化分集。这是分别接收水平极化和垂直极化波而构成的一种分集方法。一般来说,这两种波是相关性极小的(在短波电离层反射信道中)。

当然,还有其他分集方法,这里就不加详述了。但要指出的是,分集方法均不是互相排斥的,在实际使用时可以互相组合,例如由二重空间分集和二重频率分集组成四重分集系统等。

### 3. 集中合并信号的方式

对各分散的合成信号进行合并的方法有多种,最常用的有如下几种。

① 最佳选择式。从几个分散信号中设法选择信噪比最好的一个作为接收信号。

② 等增益相加式。将几个分散信号以相同的支路增益进行直接相加,相加后的结果作为接收信号。

③ 最大比值相加式。控制各支路增益,使它们分别与本支路的信噪比成正比,然后再相加获得接收信号。

以上合并方式在改善总接收信噪比上均有差别,最大比值相加式合并性能最好,等增益相加式次之,最佳选择式最差。

从总的分集效果来说,分集接收除能提高接收信号的电平外(例如二重空间分集在不增加发射机功率的情况下,可使接收信号电平增加 1 倍左右),主要是改善了衰落特性,使信道的衰落平滑了、减小了。例如,无分集时,若误码率为 $10^{-2}$,则采用四重分集时,误码率可降低至 $10^{-7}$ 左右。由此可见,用分集接收方法对随参信道的特性进行改善是非常有效的。

---

### 复习与思考

1. 什么是随参信道?
2. 无线信号的衰落主要有哪几种?
3. 如何减小随参信道中的衰落?
4. 何为多径效应?

---

### 知识点 4　信道的噪声

无论是有线信道还是无线信道,都会面临一个无法回避的问题,即噪声。噪声在通信中也是一种电信号,只不过这种信号对于通信而言是无用的,甚至是有害的,它能造成模拟信号失真、数字信号误码、系统性能降低等。而且,噪声是客观存在的,不管有没有信号输入,在信道输出端都会输出一定功率的噪声。

### 2.4.1　噪声的分类

#### 1. 根据噪声的来源分类

信道中加性噪声的来源是很多的,它们的表现形式也多种多样。根据来源不同,一般可以将噪声分为 4 类。

① 无线电噪声。它来源于各种用途的外台无线电发射机。这类噪声的频率范围

教学课件
信道的噪声

微课
信道的噪声

习题
信道的噪声

很宽广,从甚低频到特高频都可能存在无线电干扰,并且干扰的强度有时很大。因为这类干扰的特点是干扰频率固定,因此可以预先设法防止或避开。特别是在加强无线电频率的管理工作后,在频率的稳定性、准确性以及谐波辐射等方面都有严格的规定,因此对信道内信号的影响可降到最小。

②　工业噪声。它来源于各种电气设备,如电力线、点火系统、电车、电源开关、电力铁道、高频电炉等。这类干扰来源分布很广泛,无论是城市还是农村,内地还是边疆,到处都存在工业干扰。尤其是在现代化社会,各种电气设备越来越多,这类干扰的强度也就越来越大。因为此类干扰的特点是干扰频谱集中于较低的频率范围,如几十兆赫以内,因此选择高于这个频段工作的信道就可防止受到它的干扰。另外,也可以在干扰源方面设法消除或减少干扰的产生,如加强屏蔽和滤波措施,防止接触不良和消除波形失真。

③　天电噪声。它来源于闪电、大气中的磁暴、太阳黑子以及宇宙射线(天体辐射波)等。可以说整个宇宙空间都是产生这类噪声的根源,因此它的存在是客观的。由于这类自然现象的发生与时间、季节、地区等很有关系,因此受天电干扰的影响大小也不同。例如,夏季比冬季严重,赤道比两极严重,在太阳黑子发生变动的年份,天电干扰更为加剧。这类干扰所占的频谱范围很宽,并且不像无线电干扰那样频率是固定的,因此很难防止此类干扰所产生的影响。

④　内部噪声。它来源于信道本身所包含的各种电子器件、转换器以及天线或传输线等。例如,电阻及各种导体都会在分子热运动的影响下产生热噪声,电子管或晶体管等电子器件会由于电子发射不均匀等产生散弹噪声。这类干扰是由无数个自由电子做不规则运动所形成的,因此它的波形也是不规则变化的,在示波器上观察就像一堆杂乱无章的茅草一样,通常称为起伏噪声。由于在数学上可以用随机过程来描述这类干扰,因此又可称为随机噪声,或者简称为噪声。

### 2. 根据噪声的性质分类

上面是从噪声的来源对噪声进行分类,其优点是比较直观。但是,从防止或减小噪声对信号传输影响的角度考虑,按噪声的性质进行分类更为有利。

①　单频噪声。它主要指无线电干扰。因为电台发射的频谱集中在比较窄的频率范围内,因此可以近似地看作是单频性质的。另外,电源交流电、反馈系统自激振荡等也都属于单频干扰。它是一种连续波干扰,并且其频率可以通过实测确定,因此采取适当的措施即有可能防止此类干扰。

②　脉冲干扰。它包括工业干扰中的电火花、断续电流以及天电干扰中的闪电等。它的特点是波形不连续,呈脉冲性质。发生这类干扰的时间很短,强度很大,而周期是随机的,因此可以用随机的窄脉冲序列来表示。由于脉冲很窄,所以占用的频谱必然很宽。但是,随着频率的提高,频谱幅度逐渐减小,干扰影响也就减弱。因此,在适当选择工作频段的情况下,这类干扰的影响也是可以防止的。

③　起伏噪声。它主要指信道内部的热噪声和散弹噪声以及来自空间的宇宙噪声。它们都是不规则的随机过程,只能采用大量统计的方法来寻求其统计特性。由于起伏噪声来自信道本身,因此它对信号传输的影响是不可避免的。

尽管对信号传输有影响的干扰种类很多,但是影响最大的是起伏噪声,它是通信系统最基本的噪声源。通信系统模型中的"噪声源"就是分散在通信系统各处的加性噪声(以后简称噪声)——主要是起伏噪声的集中表示,它概括了信道内所有的热噪声、散弹噪声和宇宙噪声等。

### 2.4.2  信道中的噪声

#### 1. 白噪声

白噪声的功率谱密度函数是一个常数,均匀分布在整个频率范围内,因为它类似于光学中在全部可见光的频谱范围内连续而均匀分布的白光,因此被称为白噪声。白噪声的功率谱密度函数和自相关函数如图 2-12 所示。

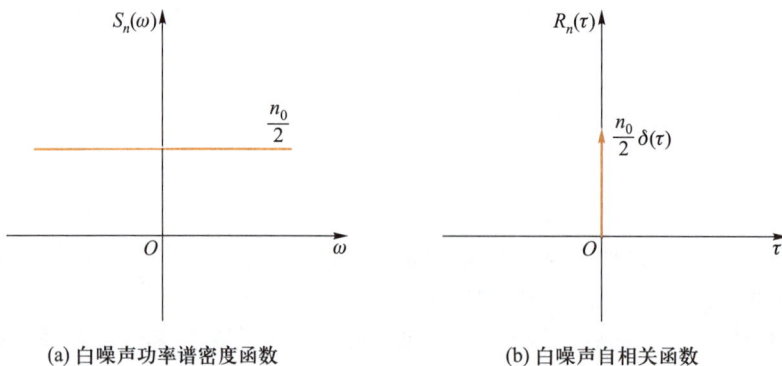

(a) 白噪声功率谱密度函数  (b) 白噪声自相关函数

图 2-12  白噪声的功率谱密度函数和自相关函数

完全理想的白噪声是不存在的,通常只要噪声的功率谱密度函数均匀分布的频率范围远远超过通信系统工作频率范围,就可近似认为是白噪声。例如,热噪声的频率可以高到 $10^{13}$ Hz,且功率谱密度函数在 $0 \sim 10^{13}$ Hz 内基本均匀分布,因此可以将它看作白噪声。

#### 2. 高斯白噪声

起伏噪声对信道影响很大,起伏噪声的功率谱密度函数在相当宽的频率范围内也是均匀分布的,而且概率密度函数服从高斯分布,因此,起伏噪声也称为高斯白噪声。

---

### 复习与思考

1. 什么是加性干扰? 什么是乘性干扰?
2. 什么是白噪声?
3. 信道中的噪声有哪几种?

---

### 知识点 5  信道容量

一个存在高斯白噪声干扰的信道每秒到底能无差错地传送多少信息,这是每一个通信设计者一直以来都渴望知道却不容易解答的课题。直到 20 世纪 40 年代末,香农

（Shannon）终于给出了一个理想的答案，这就是著名的香农公式。

微课
信道容量

### 2.5.1　信道容量的定义

在信息论中，信道无差错传输信息的最大信息速率称为信道容量，记为 $C$。

从信息论的观点来看，各种信道可概括为离散信道和连续信道两大类。离散信道的输入和输出信号都是取值离散的时间函数，而连续信道的输入和输出信号都是取值连续的。可以看出，前者是广义信道中的编码信道，后者则是调制信道。

习题
信道容量

本知识点仅从说明概念的角度讨论连续信道的信道容量。

### 2.5.2　香农公式

香农公式为

$$C = B\log_2\left(1+\frac{S}{N}\right)\ (\text{bit/s}) \tag{2-2}$$

式中：$C$ 为信道容量；$B$ 为信道带宽；$S/N$ 为信噪比，表示信号功率和噪声功率的比值，其中，$S$ 为信号的平均功率，$N$ 为噪声功率（设 $n_0$ 为噪声的单边功率谱密度，则 $N = n_0 B$）。

香农公式的另一种形式为

$$C = B\log_2\left(1+\frac{S}{n_0 B}\right)\ (\text{bit/s}) \tag{2-3}$$

由式（2-3）可以看出：给定信道带宽和信噪比时，信道的极限传输能力即信道容量就确定了。如果信道实际传输的信息速率小于或者等于信道容量，就可以做到无差错传输；但如果传输速率大于信道容量，就不可能无差错传输。

增加信道带宽或提高信噪比都可以增加信道容量。但如果不想增加信道容量，而是保持信道容量恒定，那么带宽和信道容量之间是可以互换的，如增加带宽可以换来信噪比的下降。CDMA 和扩频通信的灵感就是这么来的，通过扩频降低信号功率和噪声功率的比值，从而使信号淹没在噪声中。

虽然增加信道带宽可以增加信道容量，但是也做不到无限制地增加。这是因为，如果 $S$、$n_0$ 一定，则有

$$\lim_{B\to\infty} C = \frac{S}{n_0}\log_2 e \approx 1.44\,\frac{S}{n_0} \tag{2-4}$$

通常，把实现了极限信息速率传送（即达到信道容量值）且能做到任意小差错率的通信系统称为理想通信系统。香农只证明了理想通信系统的"存在性"，却没有指出具体的实现方法，但这并不影响香农公式在通信系统理论分析和工程实践中所起的重要指导作用。

#### 复习与思考

1. 试描述信道容量的定义。
2. 写出连续信道的信道容量表达式。由此可看出信道容量的大小取决于哪些参量？

## 知识点 6　分贝

　　分贝(dB)是一个计量信号增益或者衰减的相对值的单位,以电话发明家贝尔的名字命名,1 贝尔等于 10 dB。分贝在 1924 年首先被应用到电话工程中,1968 年被 CCITT 采纳,作为通信系统的传输单位,并统一书写为 dB。dB 表示两个量比值的大小,可直观理解为倍数越大,dB 也越大。对于电压、电流等振幅类物理量,通常将测量值与基准值相比后求常用对数再乘以 20,即 $dB = 20\lg(A/B)$;对于能量或者功率等,则求对数之后再乘以 10,即 $dB = 10\lg(A/B)$。

　　使用分贝的好处主要有两点。

　　① 书写和读数方便。例如,输出功率比输入功率大 10 万倍或者 100 万倍,如果用分贝定义公式进行换算,则只有 50 dB、60 dB。

拓展阅读
同学,你认真学习的样子真好看

　　② 计算级联放大器的放大倍数时,如果不用分贝,就要逐级相乘,而用了分贝后,只需将各级分贝数相加即可。

## 即测即评

(扫描二维码可进行自我测试)

## 自测题

一、填空题

1. 通常广义信道可以分为调制信道和编码信道,调制信道一般可以看成是一种_____信道,而编码信道则可以看成是一种_____信道。

2. 恒参信道对信号传输的影响主要体现为_____特性和_____特性不理想,其影响可以通过采用_____措施加以改善。

3. 改善随参信道对信号传输的影响可以采用分集技术,分集技术包括空间分集、频率分集、_____分集、_____分集。

4. 分集技术中信号的合并方式有_____、_____和_____。

5. 根据香农公式,当信道容量一定时,信道带宽越宽,则对_____的要求越小。

二、分析计算题

1. 假设某随参信道的二径时延差 $\tau$ 为 1 ms,试问在该信道哪些频率上传输衰落最大? 选用哪些频率传输信号最有利(增益最大,衰落最小)?

2. 具有 6.5 MHz 带宽的某高斯信道中的信号功率与单边噪声功率谱密度之比为 45.5 MHz,试求其信道容量。

3. 已知高斯信道的带宽为 4 kHz,信噪比为 63,试确定这种理想通信系统的极限传输速率。

4. 已知有线电话信道的传输带宽为 3.4 kHz。

（1）试求信道输出信噪比为 30 dB 时的信道容量；

（2）若要求在该信道中传输 33.6 kbit/s 的数据，试求接收端要求的最小信噪比。

5. 设一幅黑白数字相片有 400 万个像素，每个像素有 16 个亮度等级。若用 3 kHz 带宽的信道传输它，且信噪比为 10 dB，需要传输多少时间？

6. 某一待传输的图片含 800×600 个像素，各像素间统计独立，每像素灰度等级为 8 级（等概率出现），要求用 3 s 传送该图片，且信道输出端的信噪比为 30 dB，试求传输系统所要求的最小信道带宽。

# 模块 3

## 模拟调制系统

二十世纪八九十年代，收音机还算是重要的家用电器，曾经是四大件之一。收音机就是一个模拟通信系统，尽管目前有厂商推出了数字式收音机，但是模拟收音机还是主流。在收音机领域，数字化代替模拟化似乎没有别的领域那么快速。而且收音机只是接收装置，发射装置是广播电视塔。

以广播中的语音信号为例，如果不将信号调制到高频直接传输模拟语音信号，则低频率的模拟语音信号无法传播得很远。中国人民广播电台的播音信号如果不调制，则连北京市区都出不了就衰减没了，淹没在茫茫的天空中。

调制在通信系统中的作用至关重要。所谓调制，就是把信号转换成适合在信道中传输的形式的一种过程。广义的调制分为基带调制和带通调制（也称为载波调制）。在无线通信和其他大多数场合，"调制"一词均指载波调制。

📖 **素质目标**
- 能养成良好的课堂素养，遵守课堂秩序。
- 能自主完成课前、课后学习任务。
- 能与教师、同学进行良好的沟通并表达自己的观点。
- 能具有职业自豪感。
- 能具有职业担当和责任感。

📖 **知识目标**
- 能说出调制的含义、作用及分类。
- 能写出几种调制信号的表达式。
- 知道不同调制系统的抗噪声性能。
- 能说出什么是频分复用。

☑ **能力目标**
- 会画出幅度调制与解调模型框图。
- 会将调制信号表达式进行时域、频域转换。
- 会对几种模拟通信系统进行仿真。

📖 **思维导图**

模块 3　模拟调制系统

**1 调制的基本概念**
- 调制的定义
- 调制的作用
  - 实现有效辐射
  - 实现频率分配
  - 实现多路复用
  - 提高系统抗噪声性能
- 调制的分类
  - 根据输入调制信号的不同分
  - 根据载波的不同分
  - 根据载波变化参数的不同分
  - 根据调制器频谱搬移特性的不同分

**2 幅度调制与解调**
- 🗹 幅度调制的一般模型
- 常规双边带调幅(AM)
  - AM信号的表达式、频谱及带宽
  - AM信号的功率分配及调制效率
  - AM信号的解调
    - 相干解调
    - 包络检波解调
  - AM调制解调系统的仿真
- 抑制载波双边带(DSB-SC)调制
  - DSB信号的表达式、频谱及带宽
  - DSB信号的解调：相干解调
  - DSB调制解调系统的仿真
- 单边带(SSB)调制
  - SSB信号的产生
  - SSB信号的带宽、功率和调制效率
  - SSB信号的解调
- 残留边带(VSB)调制
- 线性调制系统的抗噪声性能

**3 角度调制**
- ★ 角度调制的基本概念
  - 角度调制信号的一般表达式
  - 相位调制
  - 频率调制
- ▶ 频率调制
  - 调频信号的产生
    - 直接法
    - 间接法
  - 调频信号的解调

🔍 自测题

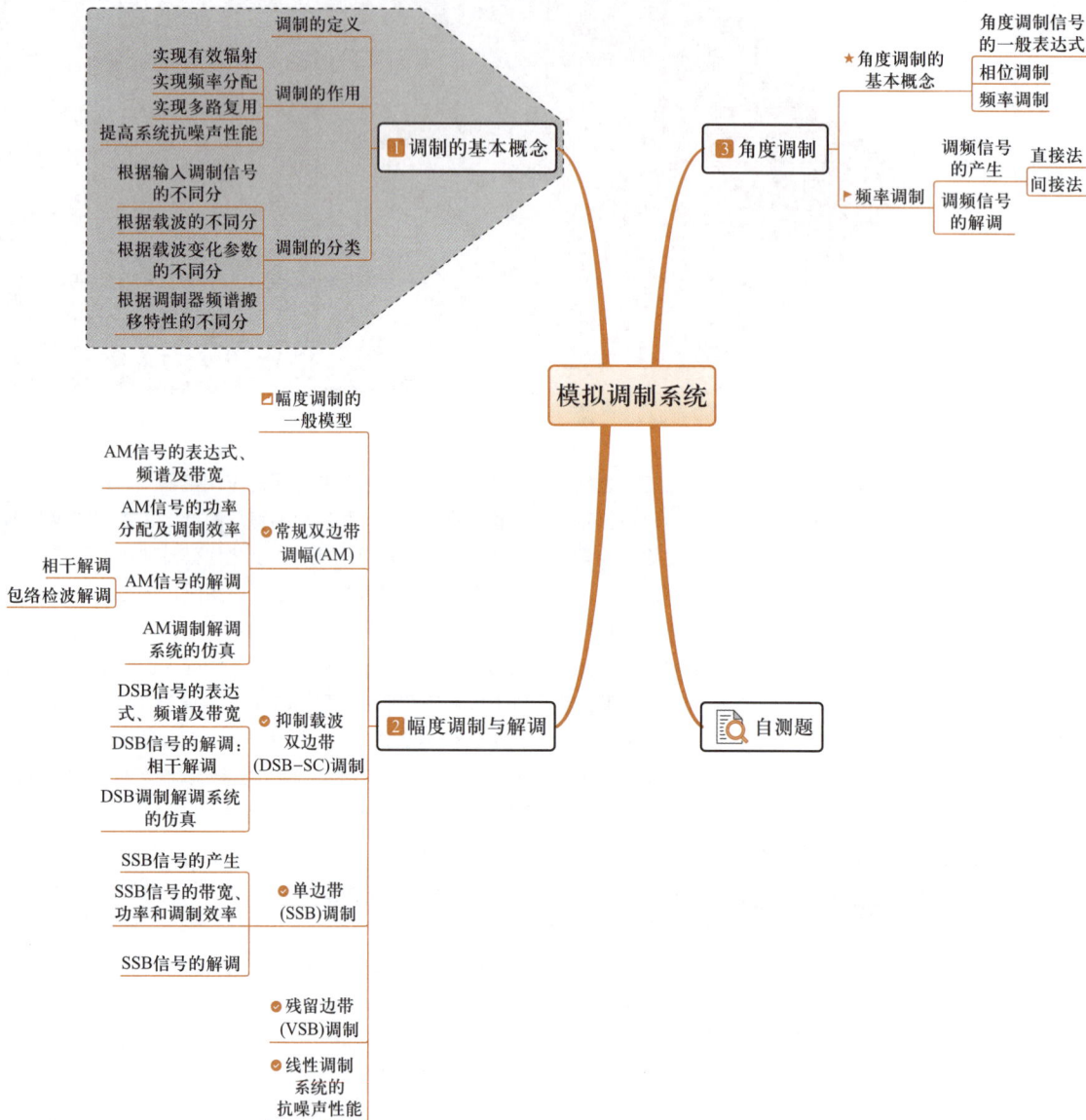

💡 **课程思政教学建议**

## 知识点 1　调制的基本概念

　　未经调制的声波,传输距离不够远,例如,声音再洪亮也传不远,哪怕是张飞再世,长坂坡一声吼,能传出 3 km 就已经是奇迹了,如图 3-1 所示。

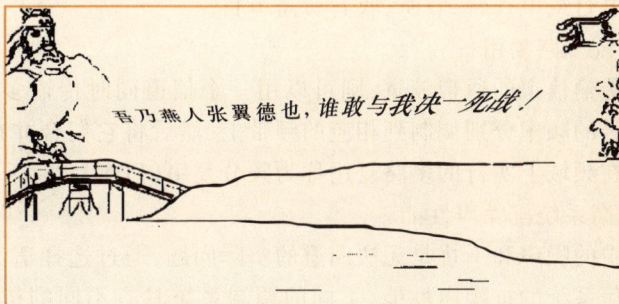

图 3-1　张飞长坂坡大吼

　　在同等条件下,女士的声音往往比男士的声音传得更远些,女生的尖叫比男生更加刺耳,更具穿透力,因为女声声波的频率高(或者说高频信号比较多)。可见,高频信号确实比低频信号传得远些。因此,有必要对信号进行调制。

### 3.1.1　调制的定义

　　所谓调制,就是在发送端将要传送的信号附加在高频振荡信号上,也就是使高频振荡信号的某一个或几个参数随基带信号的变化而变化。其中,要发送的基带信号又称调制信号,高频振荡信号又称被调制信号。

### 3.1.2　调制的作用

　　在通信系统中,调制不仅使信号频谱发生了搬移,也使信号的形式发生了变化,它具有以下几个重要作用。

#### 1. 实现有效辐射(频率变换)

　　为了充分发挥天线的辐射能力,一般要求天线的尺寸和发送信号的波长在同一个数量级,常用天线的长度应为所传信号波长的1/4。

教学课件
调制的功能及分类

微课
调制的功能及分类

习题
调制的功能及分类

　　移动通信中常用天线的每个臂长为波长的1/4,两个臂的长度就是波长的1/2,这样的天线称为对称半波振子。

　　例如,如果把语音信号(0.3~3.4 kHz)直接通过天线发射,那么天线的长度应为

$$l = \frac{\lambda}{4} = \frac{c}{4f} = \frac{3 \times 10^8}{4 \times 3.4 \times 10^3} \approx 22 \, (\text{km})$$

　　长度(高度)为 22 km 的天线显然不可能,也是无法实现的。但是如果把语音信号的频率搬移到 900 kHz,则天线的高度就变为 $l \approx 84$ m。因此,调制是为了使天线更容易辐射。

拓展阅读
永不消逝的电波:
李白烈士的故事

### 2. 实现频率分配

　　为使各个无线电台发出的信号互不干扰,每个电台都被分配给不同的频率。利用调制技术可以把各种语音、音乐、图像等基带信号调制到不同的载频上,以便用户任意选择各个电台或电视台,收听、收看所需节目。

### 3. 实现多路复用

　　如果传输信道的通带较宽,则可以用一个信道同时传输多路基带信号,只要把各个基带信号的频率分别调制到相应的频带上,然后将它们合并在一起送入信道传输即可。这种在频域上实行的多路复用称为频分复用(FDM)。

### 4. 提高系统抗噪声性能

　　通信中的噪声和干扰是无法回避的实际问题,通过选择适当的调制与解调方式即可提高通信系统的抗噪声性能,不同的调制系统具有不同的抗噪声性能。例如,通过调制使已调信号的传输带宽变宽,用增加带宽的方法换取噪声影响的减少,这是通信系统设计中常采用的一种方法。调频信号就是如此,调频信号的传输带宽比调幅信号的宽得多,因此调频系统的抗噪声性能要优于调幅系统的抗噪声性能。

## 3.1.3　调制的分类

　　根据不同的分类标准,可以对调制进行不同的分类。

### 1. 根据输入调制信号的不同分

　　调制信号有模拟信号和数字信号之分,因此调制可以分为模拟调制和数字调制。

　　① 模拟调制。输入调制信号为幅度连续变化的模拟量,本模块介绍的各种调制都属于模拟调制。

　　② 数字调制。输入调制信号为幅度离散的数字量,模块 6 介绍的内容都属于数字调制。

### 2. 根据载波的不同分

　　载波通常有连续波和脉冲之分,因此调制可以分为连续波调制和脉冲调制。

　　① 连续波调制。载波信号 $c(t)$ 为一个连续波形,通常可用单频余弦波或正弦波表示。

　　② 脉冲调制。载波信号 $c(t)$ 为一个脉冲序列,通常以矩形周期脉冲序列为多见,此时调制器输出的已调信号为脉冲振幅调制(PAM)信号。当 $c(t)$ 为一个理想冲激序列时,输出的已调信号就是理想抽样信号。

### 3. 根据载波变化参数的不同分

　　载波的参数有幅度、频率和相位,因此调制可以分为幅度调制、频率调制和相位调制。

　　① 幅度调制。载波信号的振幅参数随调制信号的大小而变化,如调幅(AM)、脉

冲振幅调制（PAM）、振幅键控（ASK）等。

②　频率调制。载波信号的频率参数随调制信号的大小而变化，如调频（FM）、脉冲频率调制（PFM）、频移键控（FSK）等。

③　相位调制。载波信号的相位参数随调制信号的大小而变化，如调相（PM）、脉冲位置调制（PPM）、相移键控（PSK）等。

#### 4.　根据调制器频谱搬移特性的不同分

根据调制器频谱搬移特性的不同，可将调制分为线性调制（linear modulation）和非线性调制（nonlinear modulation）两类。

①　线性调制。输出已调信号的频谱和调制信号的频谱之间呈线性搬移关系，如调幅（AM）、单边带（SSB）调制等。

②　非线性调制。输出已调信号的频谱和调制信号的频谱之间没有线性对应关系，即在输出端含有与调制信号频谱不成线性对应关系的频谱成分，如调频（FM）、调相（PM）等。

---

### 复习与思考

1. 什么是调制？调制在通信系统中有什么作用？
2. 什么是线性调制？说出常见的线性调制方式。
3. 根据载波变化参数的不同，可以将调制分成哪几类？

---

### 知识点 2　幅度调制与解调

#### 3.2.1　幅度调制的一般模型

幅度调制是用调制信号控制高频正弦载波的幅度，使其按调制信号的规律变化的过程。幅度调制的一般模型如图 3-2 所示。

图 3-2 中，$m(t)$ 为调制信号；$s_m(t)$ 为已调信号；$h(t)$ 为滤波器的冲激响应。则已调信号的时域和频域一般表达式分别为

图 3-2　幅度调制的一般模型

$$s_m(t) = [m(t)\cos\omega_c t] * h(t) \tag{3-1}$$

$$S_m(\omega) = \frac{1}{2}[M(\omega+\omega_c) + M(\omega-\omega_c)]H(\omega) \tag{3-2}$$

式中：$M(\omega)$ 为调制信号 $m(t)$ 的频谱；$H(\omega) \leftrightarrow h(t)$；$\omega_c$ 为载波角频率。

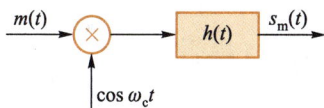

---

### 小　知　识

$$\cos\omega_0 t \leftrightarrow \pi[\delta(\omega+\omega_0) + \delta(\omega-\omega_0)]$$

$$f(t)\cos\omega_0 t \leftrightarrow \frac{1}{2}[F(\omega+\omega_0) + F(\omega-\omega_0)]$$

---

由以上表达式可见，对于幅度调制信号，在波形上，它的幅度随基带信号的规律而

变化;在频谱结构上,它的频谱完全是基带信号频谱在频域内的简单搬移。由于这种搬移是线性的,因此幅度调制通常又称为线性调制,相应地,幅度调制系统也称为线性调制系统。

在图3-2所示的一般模型中,适当选择滤波器的特性$H(\omega)$,便可得到各种幅度调制信号,如常规双边带调幅(AM)、抑制载波双边带(DSB-SC)调制、单边带(SSB)调制和残留边带(VSB)调制信号等。

### 3.2.2    常规双边带调幅(AM)

#### 1. AM信号的表达式、频谱及带宽

在图3-2中,若假设滤波器为全通网络[$H(\omega)=1$],调制信号$m(t)$叠加直流$A_0$后再与载波相乘,则输出的信号就是常规双边带调幅(AM)信号。AM调制器模型如图3-3所示。

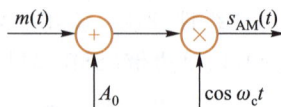

图3-3    AM调制器模型

AM信号的时域和频域表达式分别为

$$s_{AM}(t) = [A_0 + m(t)]\cos\omega_c(t)$$
$$= A_0\cos\omega_c(t) + m(t)\cos\omega_c(t) \tag{3-3}$$

$$S_{AM}(\omega) = \pi A_0[\delta(\omega+\omega_c) + \delta(\omega-\omega_c)] + \frac{1}{2}[M(\omega+\omega_c) + M(\omega-\omega_c)] \tag{3-4}$$

式中:$A_0$为外加的直流分量;$m(t)$为确知信号或随机信号,通常认为其平均值为0,即$\overline{m(t)} = 0$。

AM信号的典型波形和频谱分别如图3-4(a)、(b)所示,图中假定调制信号$m(t)$的上限频率为$\omega_H$。显然,调制信号$m(t)$的带宽为$B_m = f_H$。

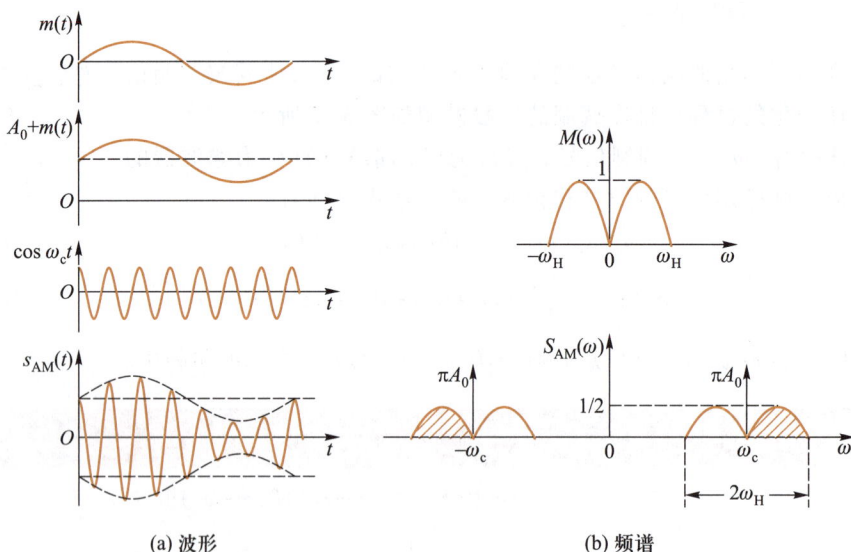

(a) 波形    (b) 频谱

图3-4    AM信号的典型波形和频谱

由图3-4(a)可见,AM信号波形的包络与输入基带信号$m(t)$成正比,故用包络

检波的方法很容易恢复原始调制信号。但为了保证包络检波时不发生失真,必须满足 $A_0 \geqslant |m(t)|_{\max}$,否则将出现过调幅现象而带来失真。

由图 3-4(b)可见,AM 信号的频谱 $S_{AM}(\omega)$ 由载频分量和上、下两个边带组成(通常称频谱中画斜线的部分为上边带,不画斜线的部分为下边带)。上边带的频谱与原调制信号的频谱结构相同,下边带是上边带的镜像。显然,无论是上边带还是下边带,都含有原调制信号的完整信息。故 AM 信号是带有载波的双边带信号,它的带宽为基带信号带宽的 2 倍,即

$$B_{AM} = 2B_m = 2f_H \tag{3-5}$$

式中:$B_m$ 为调制信号 $m(t)$ 的带宽,$B_m = f_H$;$f_H$ 为调制信号的最高频率。

### 2. AM 信号的功率分配及调制效率

AM 信号在 1 Ω 电阻上的平均功率应等于 $s_{AM}(t)$ 的均方值。当 $m(t)$ 为确知信号时,$s_{AM}(t)$ 的均方值即为其平方的时间平均,即

$$
\begin{aligned}
P_{AM} = \overline{s_{AM}^2(t)} &= \overline{[A_0 + m(t)]^2 \cos^2 \omega_c t} \\
&= \overline{A_0^2 \cos^2 \omega_c t} + \overline{m^2(t) \cos^2 \omega_c t} + \overline{2A_0 m(t) \cos^2 \omega_c t}
\end{aligned}
\tag{3-6}
$$

由于调制信号 $m(t)$ 中不包含直流分量,即 $\overline{m(t)} = 0$,已知 $\overline{\cos^2 \omega_c t} = 1/2$,则 AM 信号的功率为

$$P_{AM} = \frac{A_0^2}{2} + \frac{\overline{m^2(t)}}{2} = P_c + P_s \tag{3-7}$$

式中:$P_c$ 为载波功率,$P_c = A_0^2/2$;$P_s$ 为边带功率,$P_s = \overline{m^2(t)}/2$,它是调制信号功率 $P_m = \overline{m^2(t)}$ 的 $1/2$。

由式(3-7)可以看出,常规双边带调幅信号的平均功率包括载波功率和边带功率两部分,只有边带功率分量与调制信号有关,载波功率分量不携带信息。定义调制效率为

$$\eta_{AM} = \frac{P_s}{P_{AM}} = \frac{\overline{m^2(t)}}{A_0^2 + \overline{m^2(t)}} \tag{3-8}$$

显然,AM 信号的调制效率总是小于 1。

### 3. AM 信号的解调

调制过程的逆过程称为解调。AM 信号的解调是把接收到的已调信号 $s_{AM}(t)$ 还原为调制信号 $m(t)$。AM 信号的解调方法有相干解调和包络检波解调两种。

(1) 相干解调

由图 3-4(b)所示 AM 信号的频谱可知,如果将已调信号的频谱搬回到原点位置,即可得到原始的调制信号频谱,从而恢复出原始信号。解调中的频谱搬移同样可用调制时的相乘运算来实现。相干解调原理图如图 3-5 所示。

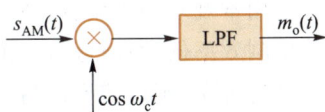

图 3-5   相干解调原理图

将已调信号乘一个与调制器同频同相位的载波,得

教学课件
AM 调制信号的
功率和效率

微课
AM 调制信号的
功率和效率

习题
AM 调制信号的
功率和效率

教学课件
AM 信号的解调

微课
AM 信号的解调

习题
AM 信号的解调

$$s_{\mathrm{AM}}(t)\cos\omega_c t=[A_0+m(t)]\cos^2\omega_c t=\frac{1}{2}[A_0+m(t)]+\frac{1}{2}[A_0+m(t)]\cos2\omega_c t \quad (3-9)$$

由式(3-9)可知,只要用一个低通滤波器(LPF),就可以将第 1 项与第 2 项分离,无失真地恢复出原始的调制信号,即

$$m_{\mathrm{o}}(t)=\frac{1}{2}[A_0+m(t)] \quad (3-10)$$

---

### 注　意

相干解调的关键是必须产生一个与调制器同频同相位的载波。如果同频同相位的条件得不到满足,就会破坏原始信号的恢复。

---

（2）包络检波解调

由图 3-4(a)中 $s_{\mathrm{AM}}(t)$ 的波形可见,AM 信号波形的包络与输入基带信号 $m(t)$ 成正比,故可以用包络检波的方法恢复原始调制信号。包络检波器一般由半波或全波整流器和低通滤波器组成,如图 3-6 所示。

图 3-7 所示为串联型包络检波器的具体电路及其输出波形,电路由二极管 VD、电阻 $R$ 和电容 $C$ 组成。当 $RC$ 满足

$$\frac{1}{\omega_c}\ll RC\ll\frac{1}{\omega_{\mathrm{H}}}$$

时,包络检波器的输出与输入信号的包络十分相近,即

$$m_{\mathrm{o}}(t)\approx A_0+m(t) \quad (3-11)$$

在包络检波器输出的信号中,通常含有频率为 $\omega_c$ 的波纹,可由 LPF 滤除。

图 3-6　包络检波器一般模型

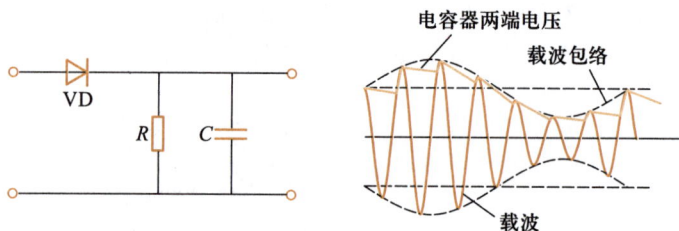

图 3-7　串联型包络检波器的具体电路及其输出波形

包络检波解调属于非相干解调,其特点是:解调效率高,解调器输出近似为相干解调的 2 倍;解调电路简单,特别是接收端不需要与发送端同频同相位的载波信号,大大降低实现难度。因此,几乎所有的调幅(AM)式接收机都采用这种电路。

采用常规双边带调幅传输信息的优点是解调电路简单,可采用包络检波解调;缺点是调制效率低,载波分量不携带信息,却占据了大部分功率,造成浪费。如果抑制载波分量的传送,则可演变出另一种调制方式,即抑制载波双边带(DSB-SC)调制,将在 3.2.4 节中介绍。

教学课件
AM 系统仿真

微课
AM 系统仿真

习题
AM 系统仿真

## 3.2.3　实训：AM 调制解调系统的仿真

### 一、仿真目的

（1）掌握 AM 系统的基本工作原理。

（2）掌握 AM 信号的产生方法和解调方法。

（3）掌握 AM 信号的波形和频谱特性。

### 二、仿真内容

根据 AM 的调制解调原理，可以建立系统的 SystemView 仿真模型，如图 3-8 所示。

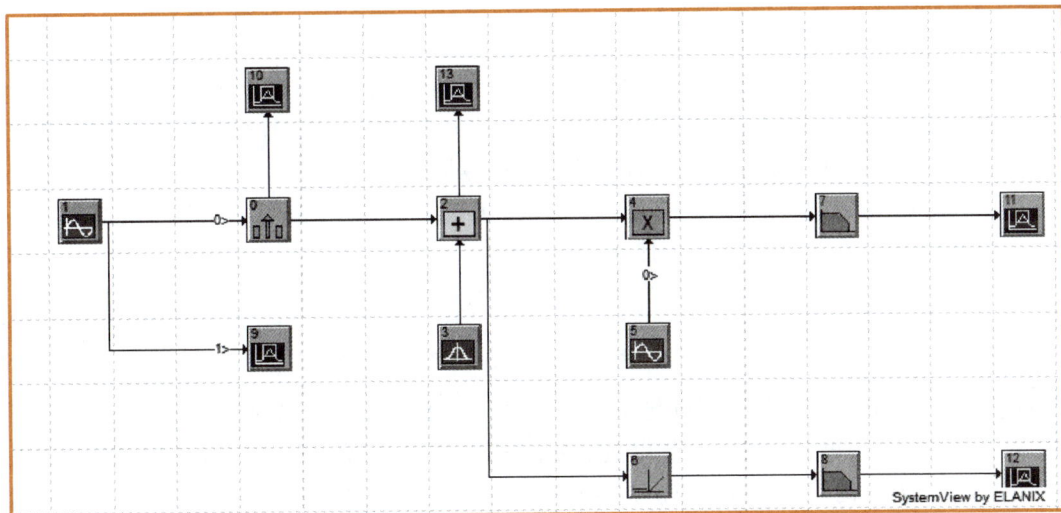

图 3-8　AM 调制解调系统的 SystemView 仿真模型

系统的时间设置为：采样频率 10 kHz，采样点数 6 001。系统各图符的参数设置见表 3-1。

表 3-1　系统各图符的参数设置

| 图符编号 | 库/图符名称 | 参数设置 |
|---|---|---|
| 0 | Comm：DSB-AM | Amp = 1 V，Freq = 1e+3 Hz，Phase = 0 deg，Mod Index = 1 |
| 1 | Source：Sinusoid | Amp = 1 V，Freq = 10 Hz，Phase = 0 deg |
| 2 | Adder | — |
| 3 | Source：Gauss Noise | Std Dev = 0.3 V，Mean = 0 V |
| 4 | Multiplier | — |
| 5 | Source：Sinusoid | Amp = 1 V，Freq = 1 000 Hz，Phase = 0 deg |
| 6 | Function：Half Rctfy | — |
| 7、8 | Operator：Linear Sys | Butterworth Lowpass IIR 3 poles，Fc = 50 Hz |
| 9 ~ 13 | Sink：Analysis | — |

### 三、仿真步骤及要求(实训报告见附录,可撕下使用,下同)

(1)复习有关 AM 调制系统的内容,并按要求设计仿真系统。

(2)画出 AM 调制解调系统仿真模型图。

(3)独立设计仿真参数并上机调试,观察记录调制与解调信号波形。

(4)观察记录 AM 的频谱,并分析说明仿真结果与理论值之间的差别。

(5)改变参数配置,记录调制与解调信号波形,比较仿真结果,并说明参数改变对结果的影响。

(6)接通噪声源,运行系统并观察,记录各波形。

### 3.2.4　抑制载波双边带(DSB-SC)调制

#### 1. DSB 信号的表达式、频谱及带宽

在幅度调制的一般模型中,若假设滤波器为全通网络$[H(\omega)=1]$,调制信号 $m(t)$ 中无直流分量,则输出的已调信号就是无载波分量的双边带调制信号,或称抑制载波双边带(DSB-SC)调制信号,简称双边带(DSB)信号。

DSB 调制器模型如图 3-9 所示。可见,DSB 信号实质上就是基带信号与载波直接相乘,其时域和频域表达式分别为

$$s_{\text{DSB}}(t)=m(t)\cos\omega_{\text{c}}t \tag{3-12}$$

$$S_{\text{DSB}}(\omega)=\frac{1}{2}\big[M(\omega+\omega_{\text{c}})+M(\omega-\omega_{\text{c}})\big] \tag{3-13}$$

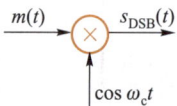

图 3-9　DSB 调制器模型

DSB 信号的包络不再与 $m(t)$ 成正比,故不能进行包络检波解调,需采用相干解调;除不再含有载频分量离散谱外,DSB 信号的频谱与 AM 信号的完全相同,仍由上下对称的两个边带组成。DSB 信号是不带载波的双边带信号,它的带宽与 AM 信号相同,也为基带信号带宽的 2 倍,即

$$B_{\text{DSB}}=B_{\text{AM}}=2B_{\text{m}}=2f_{\text{H}} \tag{3-14}$$

#### 2. DSB 信号的解调

DSB 信号只能采用相干解调,其解调模型与 AM 信号的相干解调模型完全相同,如图 3-5 所示。此时,乘法器输出

$$s_{\text{DSB}}(t)\cos\omega_{\text{c}}t=m(t)\cos^2\omega_{\text{c}}t=\frac{1}{2}m(t)+\frac{1}{2}m(t)\cos2\omega_{\text{c}}t \tag{3-15}$$

经低通滤波器滤除高次项,得

$$m_{\text{o}}(t)=\frac{1}{2}m(t) \tag{3-16}$$

即无失真地恢复出原始电信号。

抑制载波双边带调制的优点是:节省了载波发射功率,调制效率高;调制电路简单,仅用一个乘法器就可实现。其缺点是占用频带宽度比较宽,为基带信号的 2 倍。

### 3.2.5　实训:DSB 调制解调系统的仿真

#### 一、仿真目的

(1)掌握 DSB 调制解调系统的基本工作原理。

（2）掌握 DSB 信号的产生方法和解调方法。

（3）掌握 DSB 信号的波形和频谱特性。

## 二、仿真内容

根据 DSB 的调制解调原理，可以建立系统的 SystemView 仿真模型，如图 3-10 所示。系统的时间设置为：采样频率 512 Hz，采样点数 512。系统各图符的参数设置见表 3-2。在该系统中，图符 0 为基带信号，是频率为 0 ~ 5 Hz 的扫频信号；图符 2 为载波信号，是频率为 20 Hz 的正弦信号；图符 11 为接收到的 DSB 解调信号；图符 9 为载波信号，频率选择同图符 2，与发送端载波同步。

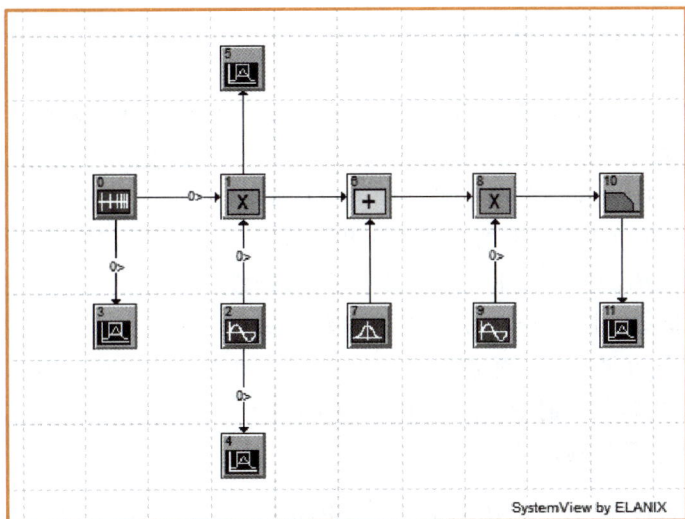

SystemView by ELANIX

图 3-10　DSB 调制解调系统的 SystemView 仿真模型

表 3-2　系统各图符的参数设置

| 图符编号 | 库/图符名称 | 参数设置 |
| --- | --- | --- |
| 0 | Source：Freq Sweep | Stop Freq = 5 Hz |
| 1、8 | Multiplier | — |
| 2、9 | Source：Sinusoid | Freq = 20 Hz |
| 3 ~ 5、11 | Sink：Analysis | — |
| 6 | Adder | — |
| 7 | Source：Gauss Noise | Std Dev = 1 V |
| 10 | Operator：Linear Sys | Butterworth Lowpass IIR 5 poles，Fc = 6 Hz |

## 三、仿真步骤及要求（实训报告见附录）

（1）复习有关 DSB 调制系统的内容，并按要求设计仿真系统。

（2）画出 DSB 调制解调系统仿真模型图。

（3）独立设计仿真参数并上机调试，观察记录调制与解调信号波形。

（4）假设信道是理想的，先断开图符6与图符7，观察记录基带信号、已调双边带信号和解调信号的时域波形。

（5）观察记录 DSB 信号的频谱，并与 AM 信号相比较，说明其优劣。

（6）改变载波信号的频率，如选择频率为 200 Hz 的信号，记录并比较仿真结果，说明参数改变对结果的影响。

### 3.2.6　单边带（SSB）调制

由于 DSB 信号的上、下两个边带是完全对称的，皆携带了调制信号的全部信息，因此，从信息传输的角度来考虑，仅传输其中一个边带就够了。这就又演变出另一种新的调制方式——单边带（SSB）调制。

**1. SSB 信号的产生**

产生 SSB 信号的方法很多，其中最基本的方法有滤波法和相移法。

（1）滤波法

用滤波法形成 SSB 信号的模型如图 3-11 所示，图中的 $H_{SSB}(\omega)$ 为单边带滤波器。产生 SSB 信号最直观的方法是，将 $H_{SSB}(\omega)$ 设计成具有理想高通特性 $H_H(\omega)$ 或理想低通特性 $H_L(\omega)$ 的单边带滤波器，从而

图 3-11　滤波法形成 SSB 信号的模型

只让所需的一个边带通过，而滤除另一个边带。产生上边带信号时 $H_{SSB}(\omega)$ 即为 $H_H(\omega)$，产生下边带信号时 $H_{SSB}(\omega)$ 即为 $H_L(\omega)$。

显然，SSB 信号的频谱可表示为

$$S_{SSB}(\omega) = S_{DSB}(\omega) H_{SSB}(\omega) = \frac{1}{2}\left[ M(\omega+\omega_c) + M(\omega-\omega_c) \right] H_{SSB}(\omega) \tag{3-17}$$

用滤波法形成 SSB 信号，原理框图简洁、直观，但存在一个重要的问题，即单边带滤波器不易制作。这是因为，理想特性的滤波器是不可能做到的，实际滤波器从通带到阻带总有一个过渡带。滤波器的实现难度与过渡带相对于载频的归一化值有关，过渡带的归一化值越小，分割上、下边带就越难实现。而一般调制信号都具有丰富的低频成分，经过调制后得到的 DSB 信号上、下边带之间的间隔很窄，要想通过一个边带而滤除另一个，要求单边带滤波器在 $f_c$ 附近具有陡峭的截止特性，即很小的过渡带，这就使得滤波器的设计与制作很困难，有时甚至难以实现。为此，实际情况中往往采用多级调制的办法，目的是降低每一级的过渡带归一化值，减小实现难度。

（2）相移法

可以证明，SSB 信号的时域表达式为

$$s_{SSB}(t) = \frac{1}{2}m(t)\cos\omega_c t \mp \frac{1}{2}\hat{m}(t)\sin\omega_c t \tag{3-18}$$

式中："-"对应上边带信号，"+"对应下边带信号；$\hat{m}(t)$ 表示把 $m(t)$ 的所有频率成分均相移 $-\pi/2$，称 $\hat{m}(t)$ 是 $m(t)$ 的希尔伯特变换。

根据式（3-18）可得到用相移法形成 SSB 信号的模型，如图 3-12 所示。图中，$H_h(\omega)$ 为希尔伯特滤波器，它实质上是一个宽带相移网络，对 $m(t)$ 中的任意频率分

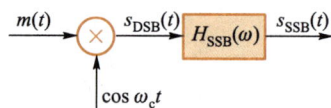

量均相移$-\pi/2$。

### 2. SSB 信号的带宽、功率和调制效率

从滤波法产生 SSB 信号的原理可以看出,SSB 信号的频谱是 DSB 信号频谱的一个边带,其带宽为 DSB 信号的 $1/2$,与基带信号带宽相同,即

$$B_{\mathrm{SSB}} = \frac{1}{2}B_{\mathrm{DSB}} = B_{\mathrm{m}} = f_{\mathrm{H}} \tag{3-19}$$

式中:$B_{\mathrm{m}} = f_{\mathrm{H}}$ 为调制信号带宽;$f_{\mathrm{H}}$ 为调制信号的最高频率。

由于仅包含一个边带,因此 SSB 信号的功率为 DSB 信号的 $1/2$,即

$$P_{\mathrm{SSB}} = \frac{1}{2}P_{\mathrm{DSB}} = \frac{1}{4}\overline{m^2(t)} \tag{3-20}$$

图 3-12　相移法形成 SSB 信号的模型

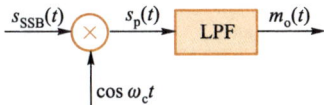

显然,因 SSB 信号不含有载波成分,所以单边带调制的效率也为 100%。

### 3. SSB 信号的解调

由式(3-18)不难看出,SSB 信号的包络不再与调制信号 $m(t)$ 成正比,因此 SSB 信号的解调也不能采用简单的包络检波解调,需采用相干解调,如图 3-13 所示。

图 3-13　SSB 信号的相干解调

此时,乘法器输出

$$s_{\mathrm{p}}(t) = s_{\mathrm{SSB}}(t)\cos\omega_{\mathrm{c}}t = \frac{1}{2}\left[m(t)\cos\omega_{\mathrm{c}}t \mp \hat{m}(t)\sin\omega_{\mathrm{c}}t\right]\cos\omega_{\mathrm{c}}t$$

$$= \frac{1}{2}m(t)\cos^2\omega_{\mathrm{c}}t \mp \frac{1}{2}\hat{m}(t)\cos\omega_{\mathrm{c}}t\sin\omega_{\mathrm{c}}t$$

$$= \frac{1}{4}m(t) + \frac{1}{4}m(t)\cos2\omega_{\mathrm{c}}t \mp \frac{1}{4}\hat{m}(t)\sin2\omega_{\mathrm{c}}t$$

经低通滤波后的解调输出为

$$m_{\mathrm{o}}(t) = \frac{1}{4}m(t) \tag{3-21}$$

因而可恢复调制信号。

综上所述,单边带调制的优点是:节省了载波发射功率,调制效率高;频带宽度只有双边带的 $1/2$,频带利用率提高 1 倍。其缺点是单边带滤波器实现难度大。

## 3.2.7　残留边带(VSB)调制

残留边带调制的目的是降低设备制作的复杂性。设法让一个边带通过,另一个边带不完全抑制而保留一部分,这种调制方法称为残留边带调制。

与双边带信号相比,单边带信号虽然频带与功率均节省了 $1/2$,但是付出的代价是设备实现非常困难,如单边带滤波器不容易得到陡峭的频率特性,或对基带信号各频率成分不可能都做到$-\pi/2$ 的相移等。如果传输电视信号、传真信号和高速数据信号,则由于它们的频谱范围较宽,而且极低频分量较多,因此产生 SSB 信号的单边带滤波器和宽带相移网络更难实现。为了解决这个问题,可以采用介于单边带和双边带二者之间的一种调制方式:残留边带调制。这种调制方式不像单边带调制那样将一个边带

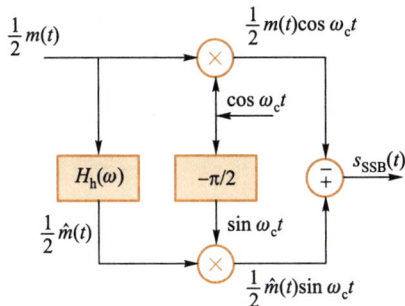

教学课件
残留边带调制与解调

微课
残留边带调制与解调

习题
残留边带调制与解调

完全抑制,也不像双边带调制那样将两个边带完全保存,而是介于二者之间,即让一个边带绝大部分顺利通过,同时有一点衰减,而让另一个边带残留一小部分。残留边带调制是单边带调制和双边带调制折中的一种方案。

### 3.2.8　线性调制系统的抗噪声性能

　　由于加性噪声只对已调信号的接收产生影响,因而调制系统的抗噪声性能可用解调器的抗噪声性能来衡量,分析解调器抗噪声性能的模型如图3-14所示。

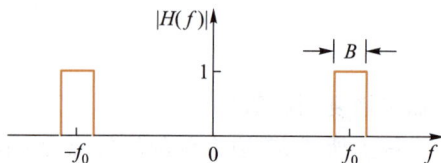

　　图3-14中,$s_m(t)$为已调信号;$n(t)$为传输过程中叠加的高斯白噪声。带通滤波器(BPF)的作用是滤除已调信号频带以外的噪声。因此,经过带通滤波器后,到达解调器输入端的信号仍为$s_m(t)$,而噪声变为窄带高斯噪声$n_i(t)$。解调器可以是相干解调器或包络检波器,其输出的有用信号为$m_o(t)$,噪声为$n_o(t)$。

　　之所以将$n_i(t)$称为窄带高斯噪声,是因为它是由平稳高斯白噪声通过带通滤波器而得到的,而在通信系统中,带通滤波器的带宽一般远小于其中心频率$\omega_0$,为窄带滤波器,因此$n_i(t)$为窄带高斯噪声。$n_i(t)$可表示为

$$n_i(t) = n_c(t)\cos\omega_0 t - n_s(t)\sin\omega_0 t \tag{3-22}$$

式中:窄带高斯噪声$n_i(t)$的同相分量$n_c(t)$和正交分量$n_s(t)$都是高斯变量,它们的均值和方差(平均功率)都与$n_i(t)$的相同,即

$$\overline{n_c(t)} = \overline{n_s(t)} = \overline{n_i(t)} = 0 \tag{3-23}$$

$$\overline{n_c^2(t)} = \overline{n_s^2(t)} = \overline{n_i^2(t)} = N_i \tag{3-24}$$

式中:$N_i$为解调器的输入噪声功率。

　　若高斯白噪声的双边功率谱密度为$n_0/2$,带通滤波器的传输特性是高度为1、单边带宽为$B$的理想矩形函数(见图3-15),则有

$$N_i = n_0 B \tag{3-25}$$

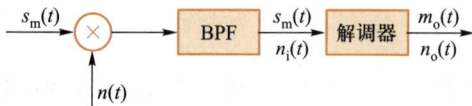

图3-14　分析解调器抗噪声性能的模型　　图3-15　带通滤波器传输特性(理想情况)

　　为了使已调信号无失真地进入解调器,同时又最大限度地抑制噪声,带宽$B$应等于已调信号的带宽。

　　在模拟通信系统中,常用解调器输出信噪比来衡量通信质量的好坏。输出信噪比定义为

$$\frac{S_o}{N_o} = \frac{解调器输出有用信号的平均功率}{解调器输出噪声的平均功率} = \frac{\overline{m_o^2(t)}}{\overline{n_o^2(t)}} \tag{3-26}$$

　　只要解调器输出端有用信号能与噪声分开,就能确定输出信噪比。输出信噪比与调制方式有关,与解调方式也有关。因此,在已调信号平均功率和信道噪声功率谱密度均相同的条件下,输出信噪比反映了系统的抗噪声性能。

人们还常用信噪比增益 $G$ 作为不同调制方式下解调器抗噪声性能的度量。信噪比增益定义为

$$G = \frac{S_\text{o}/N_\text{o}}{S_\text{i}/N_\text{i}} \qquad (3\text{-}27)$$

信噪比增益也称为调制制度增益。式(3-27)中，$S_\text{i}/N_\text{i}$ 为输入信噪比，定义为

$$\frac{S_\text{i}}{N_\text{i}} = \frac{解调器输入已调信号的平均功率}{解调器输入噪声的平均功率} = \frac{\overline{s_\text{m}^2(t)}}{\overline{n_\text{i}^2(t)}} \qquad (3\text{-}28)$$

显然，信噪比增益越高，解调器的抗噪声性能越好。

对于双边带调制相干解调，信噪比增益 $G_\text{DSB} = 2$；对于单边带调制相干解调，信噪比增益 $G_\text{SSB} = 1$。

DSB 解调器的信噪比增益是 SSB 的 2 倍，但不能因此就说，双边带系统的抗噪声性能优于单边带系统。因为 DSB 信号所需带宽为 SSB 的 2 倍，因而在输入噪声功率谱密度相同的情况下，DSB 解调器的输入噪声功率将是 SSB 的 2 倍。不难看出，如果解调器的输入噪声功率谱密度 $n_0$ 相同，输入信号的功率 $S_\text{i}$ 也相同，则有

$$\left(\frac{S_\text{o}}{N_\text{o}}\right)_\text{DSB} = G_\text{DSB}\left(\frac{S_\text{i}}{N_\text{i}}\right)_\text{DSB} = 2 \cdot \frac{S_\text{i}}{N_\text{iDSB}} = 2 \cdot \frac{S_\text{i}}{n_0 B_\text{DSB}} = \frac{S_\text{i}}{n_0 f_\text{H}} \qquad (3\text{-}29)$$

$$\left(\frac{S_\text{o}}{N_\text{o}}\right)_\text{SSB} = G_\text{SSB}\left(\frac{S_\text{i}}{N_\text{i}}\right)_\text{SSB} = 1 \cdot \frac{S_\text{i}}{N_\text{iSSB}} = \frac{S_\text{i}}{n_0 B_\text{SSB}} = \frac{S_\text{i}}{n_0 f_\text{H}} \qquad (3\text{-}30)$$

即在相同的噪声背景和相同的输入信号功率条件下，DSB 和 SSB 在解调器输出端的信噪比相等。这就是说，从抗噪声的观点来看，SSB 和 DSB 是相同的，但 SSB 所占有的频带仅为 DSB 的 1/2。

对于 AM 调制相干解调，信噪比增益总是小于或等于 1，显然其抗噪声性能最差。这是由于 AM 信号中含有载波分量 $A_0\cos\omega_\text{c}t$，它不携带任何信息，但其功率却要占总平均功率的 1/2 以上，因而造成解调后输出信噪比下降，使信噪比增益减小，抗噪声性能下降。因此，在一般情况下，对 AM 信号很少采用相干解调。

对于线性调制系统非相干解调的抗噪声性能来说，主要是对 AM 信号的非相干解调。在大信噪比条件下，包络检波器的信噪比增益与相干解调器相同，表明这两种解调器具有相同的抗噪声性能；在小信噪比条件下，包络检波器无法解调出小信号。

## 复习与思考

1. 什么是门限效应？AM 信号采用包络检波时为什么会产生门限效应？
2. AM 信号的波形和频谱有哪些特点？
3. SSB 信号的产生方法有哪些？分别是如何产生的？
4. 什么是输出信噪比？什么是输入信噪比？
5. 比较几种模拟调制系统的输出信噪比。
6. 比较几种模拟调制系统的带宽。

教学课件
非线性调制的一般
概念

微课
非线性调制的一般
概念

习题
非线性调制的一般
概念

## 知识点3　角度调制

角度调制与线性调制不同,已调信号频谱不再是原调制信号频谱的线性搬移,而是频谱的非线性变换,会产生与频谱搬移不同的新的频率成分,故又称为非线性调制。角度调制可分为频率调制(FM)和相位调制(PM),即载波的幅度保持不变,而载波的频率或相位随基带信号变化。

### 3.3.1　角度调制的基本概念

角度调制信号的一般表达式为

$$s_m(t) = A\cos[\omega_c t + \varphi(t)] \tag{3-31}$$

式中:$A$ 为载波的恒定振幅;$\omega_c t + \varphi(t)$ 为信号的瞬时相位(rad),$\varphi(t)$ 称为相对于载波相位 $\omega_c t$ 的瞬时相位偏移(rad),$\omega(t) = d[\omega_c t + \varphi(t)]/dt = \omega_c + d\varphi(t)/dt$ 为信号的瞬时角频率(rad/s),$d\varphi(t)/dt$ 为信号相对于载频 $\omega_c$ 的瞬时角频率偏移(rad/s)。

相位调制(PM)指已调信号的瞬时相位偏移随原始基带信号线性变化,即

$$\varphi(t) = K_P m(t)$$

式中:$K_P$ 为调相灵敏度(rad/V)。则相位调制的表达式为

$$s_{PM}(t) = A\cos[\omega_c t + K_P m(t)] \tag{3-32}$$

频率调制(FM)指已调信号的瞬时角频率偏移随原始基带信号线性变化,即

$$\frac{d\varphi(t)}{dt} = K_F m(t)$$

式中:$K_F$ 为调频灵敏度[rad/(s·V)]。则频率调制的表达式为

$$s_{FM}(t) = A\cos\left[\omega_c t + K_F\int_{-\infty}^{t} m(\tau)d\tau\right] \tag{3-33}$$

为了便于比较,把一般 PM 和 FM 信号的瞬时相位、瞬时相位偏移、瞬时角频率、瞬时角频率偏移列于表 3-3。

表 3-3　PM 和 FM 信号的概念

| 调制方式 | 瞬时相位 $\theta(t) = \omega_c t + \varphi(t)$ | 瞬时相位偏移 $\varphi(t)$ | 瞬时角频率 $\omega(t) = \omega_c + \dfrac{d\varphi(t)}{dt}$ | 瞬时角频率偏移 $\dfrac{d\varphi(t)}{dt}$ |
|---|---|---|---|---|
| PM | $\omega_c t + K_P m(t)$ | $K_P m(t)$ | $\omega_c + K_P\dfrac{dm(t)}{dt}$ | $K_P\dfrac{dm(t)}{dt}$ |
| FM | $\omega_c t + K_F\int_{-\infty}^{t} m(\tau)d\tau$ | $K_F\int_{-\infty}^{t} m(\tau)d\tau$ | $\omega_c + K_F m(t)$ | $K_F m(t)$ |

PM 和 FM 非常相似,如果预先不知道调制信号的具体形式,则无法判断已调信号是调频信号还是调相信号。

如果将调制信号先微分,而后进行调频,则得到的是调相信号,如图 3-16(b)所示;同样,如果将调制信号先积分,而后进行调相,则得到的是调频信号,如图 3-17(b)

所示。

图 3-16(b)所示的产生调相信号的方法称为间接调相法,图 3-17(b)所示的产生调频信号的方法称为间接调频法。相对而言,图 3-16(a)所示的产生调相信号的方法称为直接调相法,图 3-17(a)所示的产生调频信号的方法称为直接调频法。由于实际相位调制器的调节范围不可能超出$(-\pi,\pi)$,因而直接调相和间接调频的方法仅适用于相位偏移和角频率偏移不大的窄带调制情形,而直接调频和间接调相则适用于宽带调制情形。

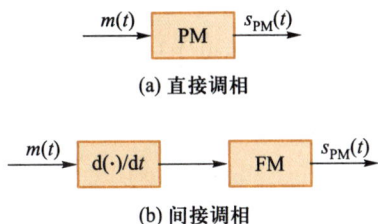

图 3-16　直接调相和间接调相　　图 3-17　直接调频和间接调频

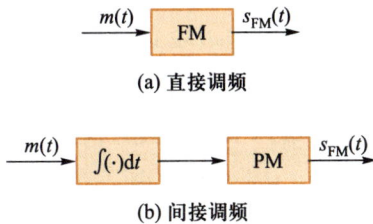

从以上分析可见,调频与调相并无本质区别,两者之间可以互换。鉴于在实际应用中多采用 FM 信号,下面集中讨论频率调制。

### 3.3.2　频率调制(FM)

根据调制后载波瞬时相位偏移的大小,可将频率调制分为宽带调频(WBFM)与窄带调频(NBFM)。宽带与窄带调频的区分并无严格的界限,但通常认为由调频所引起的最大瞬时相位偏移远小于 30°时,称为窄带调频,即

$$\left| K_{\mathrm{F}}\int_{-\infty}^{t}m(\tau)\mathrm{d}\tau\right|_{\max}\ll\frac{\pi}{6} \qquad (3-34)$$

本节重点研究宽带调频。为使问题简化,先研究单音调制的情况,然后把分析的结果推广到多音情况。

设单音调制信号为

$$m(t)=A_{\mathrm{m}}\cos\omega_{\mathrm{m}}t$$

可得单音调频信号的时域表达式为

$$
\begin{aligned}
s_{\mathrm{FM}}(t)&=A\cos\left[\omega_{\mathrm{c}}t+K_{\mathrm{F}}\int_{-\infty}^{t}m(\tau)\mathrm{d}\tau\right]\\
&=A\cos\left(\omega_{\mathrm{c}}t+K_{\mathrm{F}}A_{\mathrm{m}}\int_{-\infty}^{t}\cos\omega_{\mathrm{m}}\tau\mathrm{d}\tau\right)\\
&=A\cos\left(\omega_{\mathrm{c}}t+\frac{K_{\mathrm{F}}A_{\mathrm{m}}}{\omega_{\mathrm{m}}}\sin\omega_{\mathrm{m}}t\right)\\
&=A\cos(\omega_{\mathrm{c}}t+m_{\mathrm{f}}\sin\omega_{\mathrm{m}}t)
\end{aligned}
\qquad (3-35)
$$

式中:$m_{\mathrm{f}}$ 为调频指数,有

$$m_{\mathrm{f}}=\frac{K_{\mathrm{F}}A_{\mathrm{m}}}{\omega_{\mathrm{m}}}=\frac{\Delta\omega}{\omega_{\mathrm{m}}}$$

其中:$\Delta\omega$ 为最大角频率偏移;$\omega_{\mathrm{m}}$ 为调制角频率。

调频波频带宽度的计算公式为

教学课件
频率调制系统

微课
频率调制系统

习题
频率调制系统

$$B_{FM} = 2(m_f+1)f_m = 2(\Delta f + f_m) \qquad (3-36)$$

式中：$\Delta f$ 为最大频率偏移。式(3-36)通常称为卡森公式。

以上讨论的是单音调频情况。对于多音或其他任意信号调制的调频波的频谱分析极其复杂。经验表明，对卡森公式做适当修改，即可得到任意限带信号调制时调频信号带宽的估算公式，即

$$B_{FM} = 2(D+1)f_m \qquad (3-37)$$

式中：$f_m$ 为调制信号 $m(t)$ 的最高频率；$D = \Delta f/f_m$ 为频率偏移比，$\Delta f = K_F|m(t)|_{max}$ 为最大频率偏移。

实际应用中，当 $D>2$ 时，用下式计算调频带宽更符合实际情况：

$$B_{FM} = 2(D+2)f_m \qquad (3-38)$$

📻 教学课件
调频信号的产生与
解调

📱 微课
调频信号的产生与
解调

📻 习题
调频信号的产生与
解调

### 3.3.3　调频信号的产生与解调

#### 1. 调频信号的产生

产生调频信号的方法通常有直接法和间接法两种。

（1）直接法

直接法就是利用调制信号直接控制振荡器的频率，使其按调制信号的规律线性变化。振荡频率由外部电压控制的振荡器称为压控振荡器（VCO），它产生的输出频率正比于所加的控制电压，即

$$\omega_o(t) = \omega_c + K_F m(t) \qquad (3-39)$$

式中：$\omega_c$ 为外加控制电压为 0 时压控振荡器的自由振荡频率，也就是压控振荡器的中心频率。若用调制信号做控制电压，产生的就是 FM 波。

控制 VCO 振荡频率的常用方法是改变振荡器谐振回路的电抗元件 $L$ 或 $C$。$L$ 或 $C$ 可控的元件有电抗管、变容管。变容管由于电路简单，性能良好，目前在调频器中广泛使用。

直接法的主要优点是在实现线性调频的要求下，可以获得较大的频率偏移；缺点是频率稳定度不高，往往需要附加稳频电路来稳定中心频率。

（2）间接法

如前所述，间接调频法是先对调制信号积分，再对载波进行相位调制，从而产生调频信号。但这样只能获得窄带调频信号。为了获得宽带调频信号，可利用倍频器把 NBFM 信号变换成 WBFM 信号。其原理框图如图 3-18 所示。

NBFM 信号可以看成正交分量与同相分量的合成，即

$$s_{NBFM}(t) \approx A\cos\omega_c t - A\left[K_F\int_{-\infty}^{t} m(\tau)d\tau\right]\sin\omega_c t \qquad (3-40)$$

因此，可采用图 3-19 所示 NBFM 信号的产生框图实现窄带频率调制。

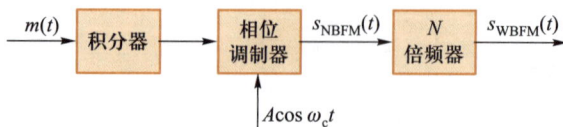

图 3-18　间接调频原理框图

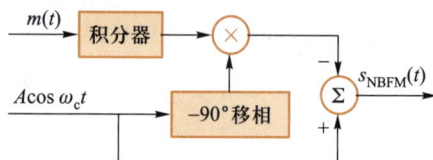

图 3-19　NBFM 信号的产生框图

图 3-18 中倍频器的作用是提高调频指数 $m_f$,从而获得宽带调频。倍频器可以用非线性器件实现,然后用带通滤波器滤去不必要的分量。以理想平方律器件为例,其输入-输出特性为

$$s_o(t) = k s_i^2(t) \tag{3-41}$$

当输入信号 $s_i(t)$ 为调频信号时,有

$$s_i(t) = A\cos[\omega_c t + \varphi(t)] \tag{3-42}$$

$$s_o(t) = \frac{1}{2} k A^2 \{1 + \cos[2\omega_c t + 2\varphi(t)]\} \tag{3-43}$$

由式(3-43)可知,滤除直流成分后可得到一个新的调频信号,其载频和相位偏移均增为 2 倍,由于相位偏移增为 2 倍,因而调频指数也必然增为 2 倍。同理,经 $N$ 次倍频后可以使调频信号的载频和调频指数增为 $N$ 倍。对于因此而导致中心频率(载频)过高的问题,可以采用线性调制,把频谱从很高的频率再搬移到所要求的载波频率上来。倍频法在带宽要求较宽的调频中经常使用。

### 2. 调频信号的解调

由于调频信号的瞬时频率正比于调制信号的幅度,因而调频信号的解调必须能产生正比于输入频率的输出电压,也就是当输入调频信号为

$$s_{FM}(t) = A\cos\left[\omega_c t + K_F \int_{-\infty}^{t} m(\tau)\,d\tau\right] \tag{3-44}$$

时,解调器的输出应当为

$$m_o(t) \propto K_F m(t) \tag{3-45}$$

最简单的解调器是具有频率-电压转换作用的鉴频器。图 3-20 给出了理想鉴频特性。理想鉴频器可看成微分器与包络检波器的级联。微分器输出为

图 3-20　理想鉴频特性

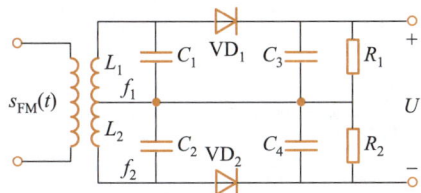

$$s_d(t) = -A[\omega_c + K_F m(t)]\sin\left[\omega_c t + K_F \int_{-\infty}^{t} m(\tau)\,d\tau\right] \tag{3-46}$$

这是一个调幅调频信号,其幅度和频率皆包含调制信息。用包络检波器取出其包络,并滤去直流后输出为

$$m_o(t) = K_d K_F m(t) \tag{3-47}$$

即恢复出原始调制信号。这里,$K_d$ 称为鉴频器灵敏度。

上述解调方法称为包络检测,又称为非相干解调。这种方法的缺点是包络检波器对于由信道噪声和其他原因引起的幅度起伏也有反应。因而,使用中常在微分器之前加一个限幅器和带通滤波器。

微分器实际上是一个 FM-AM 转换器,它可以用一个谐振回路来实现,但其鉴频特性的线性范围较小。实用电路常常采用图 3-21 所示由双谐振回路组成的平衡鉴频器。该电路鉴频线性好,线性范围宽,特别适合于宽带鉴频,因而得到广泛使用。

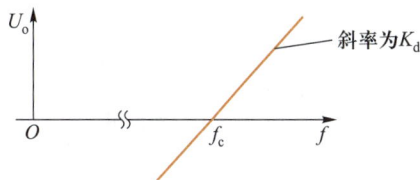

图 3-21　平衡鉴频器

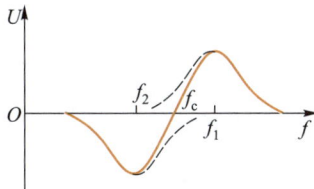

## 复习与思考

1. 什么是频率调制？什么是相位调制？
2. 什么是瞬时相位？什么是瞬时相位偏移？
3. 什么是瞬时角频率？什么是瞬时角频率偏移？
4. 单音调频信号的时域表达式是什么？什么是调频指数？带宽为多少？

### 即测即评

（扫描二维码可进行自我测试）

### 自 测 题

一、选择题

1. 设已调制信号的波形如下所示，其中属于 DSB 波形的为（　　）。

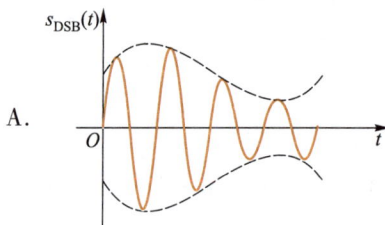

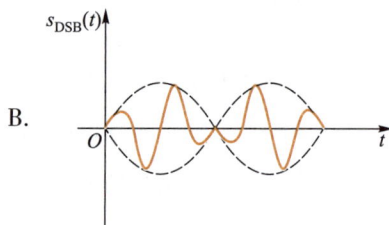

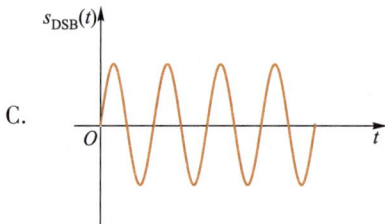

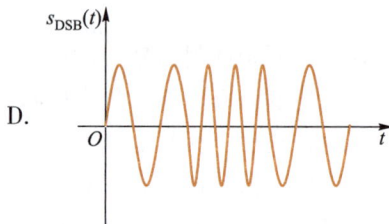

2. 设基带信号频谱如图 3-22 所示，以下模拟调制后的频谱中属于单边带（SSB）调制的是（　　）。

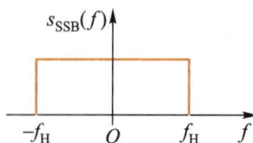

图 3-22　选择题 2 图

A.　

B.　

C.　

D.　

3. 设基带信号频谱如图 3-23 所示,以下模拟调制后的频谱中属于抑制载波双边带调制的是(　　　)。

图 3-23　选择题 3 图

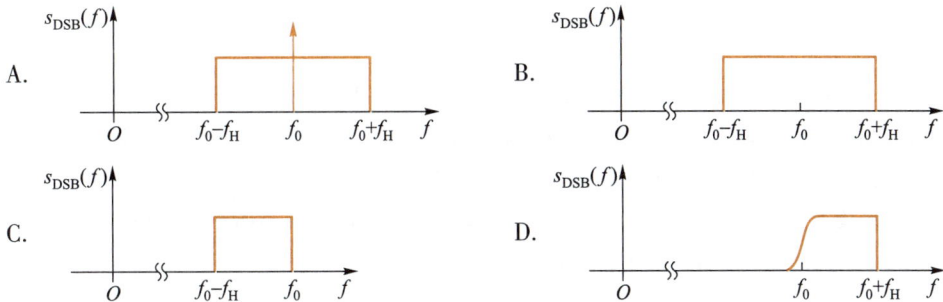

A.　

B.　

C.　

D.　

二、填空题

1. 根据载波变化参数的不同,调制可以分为_____、_____、_____三种基本方式。

2. 在调制技术中通常又将幅度调制称为_____,而将频率调制和相位调制称为_____。

3. 常规双边带调幅可以采用_____或_____方法解调。

4. 在 AM、DSB、SSB、FM 中,_____的有效性最好,_____的可靠性最好,_____的有效性与 DSB 相同。

5. 设基带信号是最高频率为 3.4 kHz 的语音信号,则 AM 信号带宽为_____,SSB 信号带宽为_____,DSB 信号带宽为_____。

三、画图题

1. 设一个载波的表达式为 $c(t) = 5\cos 1\,000\pi t$,基带调制信号的表达式为 $m(t) = 1 + \cos 200\pi t$。试求幅度调制时已调信号的频谱,并画出此频谱图。

2. 已知调制信号 $m(t) = \cos 2\,000\pi t$,载波为 $c(t) = 2\cos 10^4\pi t$,分别写出 AM、DSB、SSB(上边带)、SSB(下边带)信号的表达式,并画出频谱图。

3. 已知调制信号 $m(t) = \cos 2\,000\pi t + \cos 4\,000\pi t$,载波为 $\cos 10^4\pi t$,进行单边带调制,

试确定该单边带信号的表达式,并画出频谱图。

**四、综合题**

1. 什么是频率调制?什么是相位调制?二者关系如何?

2. 设一个频率调制信号的载频为 10 kHz,基带调制信号是频率为 2 kHz 的单一正弦波,调制频率偏移为 5 kHz。试求其调频指数和已调信号带宽。

3. 设已调制信号的波形如图 3-24 所示,指出它们分别属于何种已调制信号,相应的解调分别可采用何种方式。

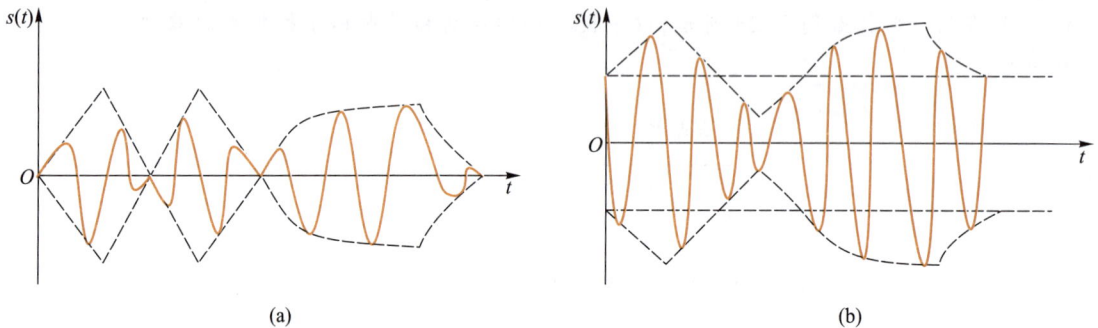

图 3-24 综合题 3 图

4. 设一基带调制信号为正弦波,其频率为 10 kHz,振幅为 1 V。它对频率为 10 MHz 的载波进行相位调制,最大调制相位偏移为 10 rad。试计算此相位调制信号的近似带宽。若现在调制信号的频率变为 5 kHz,试求其带宽。

5. 设角度调制信号的表达式为 $s(t)=10\cos(2\pi\times10^6 t+10\cos2\,000\pi t)$。试求:

(1) 已调信号的最大频率偏移;

(2) 已调信号的最大相位偏移;

(3) 已调信号的带宽。

6. 已知一调频信号为 $s_m(t)=10\cos(10^6\pi t+8\cos10^3\pi t)$。试求该调频信号的幅度、载频、调频指数、最大频率偏移和带宽。

模块 **4**

# 模拟信号的数字传输

通信系统按所传输的信号类别可以分为模拟通信系统与数字通信系统两大类。和模拟通信相比，数字通信具有许多优点，因而应用日益广泛，已成为现代通信的发展方向。但在实际应用中，绝大多数的物理量是以模拟信号的形式出现的，如通信中的电话、图像等信号，它们都是在时间和幅度上连续取值的模拟量。对这些模拟信号，要想利用具有诸多优点的数字通信系统对其实现数字化的交换和传输，首先要做的是将模拟信号变为数字信号。本模块以语音信号的数字化为例，介绍这方面的知识。

📕 **素质目标**

- 能具有职业自豪感。
- 能具有职业担当和责任感。

📖 **知识目标**

- 能复述模拟信号转化为数字信号的过程。
- 会解释奈奎斯特抽样定理。
- 能说出均匀量化和非均匀量化的过程。
- 能比较两种量化的不同之处。
- 能说出 13 折线码位安排。
- 能解释逐次比较编码原理。
- 能说出时分复用的过程及多路数字电话系统的组成。

☑ **能力目标**

- 会绘制模拟信号的数字传输系统框图。
- 会计算量化噪声。
- 会进行 PCM 编码。

## 思维导图

模拟信号的数字传输

**1 抽样定理**
- 模拟信号数字化传输过程
- 抽样定理的基本概念
- 抽样定理的仿真

**2 脉冲振幅调制(PAM)**
- 自然抽样
- 平顶抽样

**3 量化**
- 均匀量化
- 非均匀量化
- 数字压扩技术
  - $A$ 律
  - 13折线压缩特性——$A$ 律的近似
  - $\mu$ 律和15折线压缩特性

**4 脉冲编码调制(PCM)**
- 常用的二进制编码
- 13折线的码位安排
- 跟称重一样的逐次比较型编码
- 编码举例
- 译码
- 脉冲编码调制的仿真

**5 增量调制**
- 增量调制的编码
- 增量调制的译码
- 增量调制系统的量化噪声

**6 时分复用和多路数字电话**
- 时分复用
- 准同步数字体系
- 同步数字体系

**自测题**

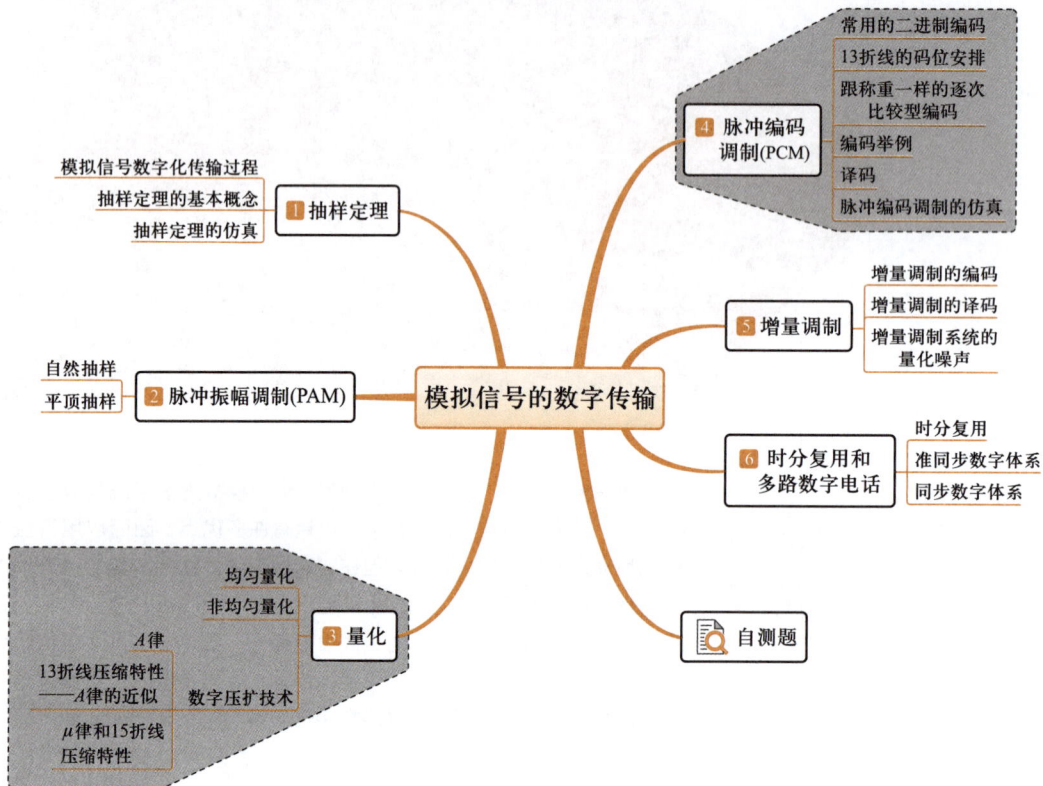

## 课程思政教学建议

教学课件
模拟信号的数字
传输概述

微课
模拟信号的数字
传输概述

习题
模拟信号的数字
传输概述

拓展阅读
固定电话发展史

## 知识点 1　抽样定理

### 4.1.1　模拟信号数字化传输过程

　　将模拟输入信号数字化后,通常变成二进制的码元,用二进制码元表示的过程也是一种编码过程。所以,数字化过程包括抽样、量化和编码三个步骤,如图 4-1 所示。

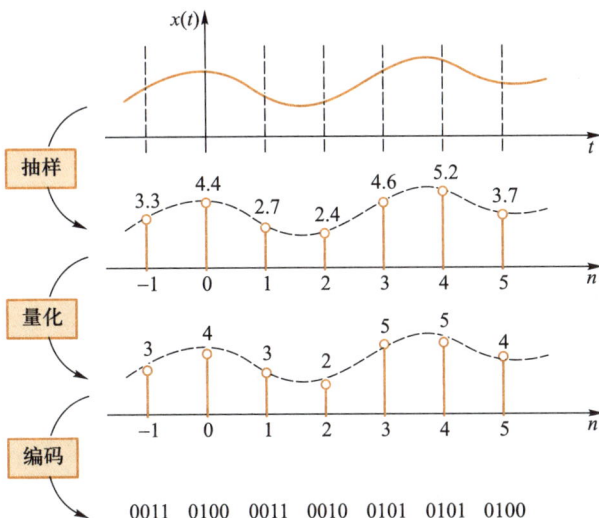

图 4-1　模拟信号的数字化过程

　　第一步是抽样。模拟信号被抽样后,成为抽样信号,它在时间上是离散的,但其取值仍然是连续的,所以是离散模拟信号。第二步是量化。量化的结果使抽样信号变成量化信号,其取值是离散的,故量化信号已经是数字信号了,可以将其看成多进制的数字脉冲信号。第三步是编码。最基本和最常用的编码方法是脉冲编码调制。

　　采用脉冲编码调制的模拟信号数字传输系统如图 4-2 所示。

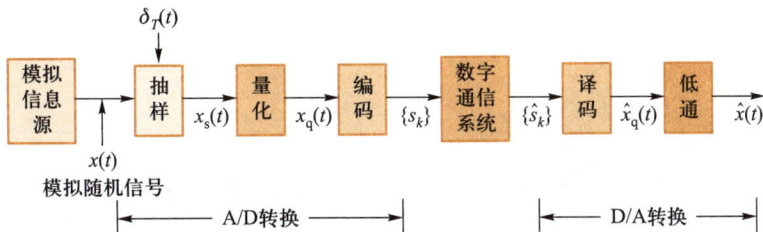

图 4-2　采用脉冲编码调制的模拟信号数字传输系统

教学课件
抽样定理

微课
抽样定理

习题
抽样定理

### 4.1.2　抽样定理的基本概念

拓 展 阅 读

　　电影播放的画面是连续的吗? 和眼睛直接看到的场景一样吗? 答案是否定的,电影里的世界和眼睛直接看到的世界是有差别的。电影播放的不是连续画面,而是由一张张胶片或者说一帧帧画面组成的,其中每一帧都代表着连续变化场景中的一个瞬时画面(即时间样本)。当以足够快的速度看这种连续的样本时,人们就会感觉到是原来连续活动场景的重现。一般情况下,每秒要采集多少样本才会使眼睛觉得这是连续的画面呢? 电影的通常做法是每秒播放 24 帧,也就是说抽样频率为 24 f/s,眼睛就会对画面有一个非常短暂的"视觉停留",这相当于通过对样本信号进行内插来还原原信号。所谓"内插",类似于画正弦函数时尽量多地描出一些点,然后用光滑的曲线把这些点连接起来,形成函数图形的过程。图 4-3 所示为人眼对电影画面进行"内插"处理的示意图。

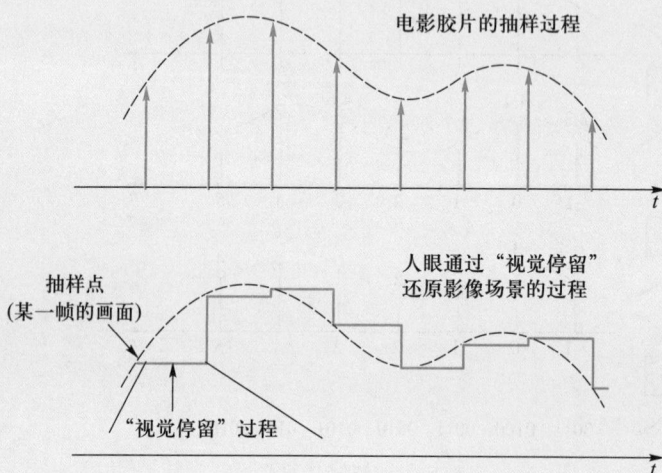

图 4-3　人眼对电影画面进行"内插"处理示意图

24 f/s 的抽样频率在绝大多数情况下是足够的,但在某些情况下可能就不够了。例如,马车的轮子转动得飞快,每秒不止转动 12 圈,在这种情况下,24 f/s 的抽样频率是不够的,观众甚至会看到轮子朝运动的相反方向转动的情形,如图 4-4 所示。摄像机每秒拍摄 24 帧画面,也就是 24 张胶片。假设马车轮每秒转动 18 圈,那么抽样频率就达不到 2 倍频,因此会出现"欠抽样"的情况,

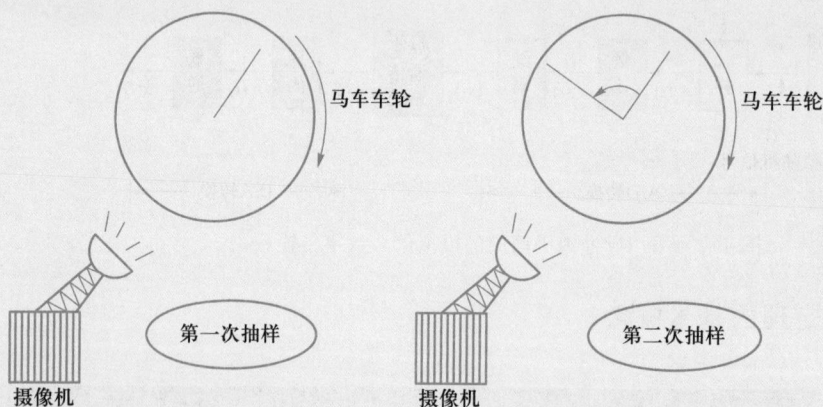

图 4-4　拍摄电影时马车车轮的转动情况

不能完整地反映马车的运动情况。两次抽样的间隔是(1/24) s,马车轮是顺时针转动的,在此段时间内可以转动(1/24)×18 圈 =(3/4)圈,即顺时针转动 270°,而人眼看到的则是逆时针转动了 90°,从而出现轮子反向转动的错觉,即出现"混叠"现象。

模拟信号转换成数字信号的第一步是抽样。与这一步骤相关的抽样定理包括低通抽样定理和带通抽样定理。

低通抽样定理:一个频带限制在$(0, f_H)$内的时间连续信号$f(t)$,如果以不大于$1/(2f_H)$的间隔对它进行等间隔抽样,则$f(t)$将被所得到的抽样值完全确定。也可以这么说:如果以$f_s \geq 2f_H$的抽样频率进行均匀抽样,$f(t)$可以被所得到的抽样值完全确定。而最小抽样频率$f_s = 2f_H$称为奈奎斯特频率。$1/(2f_H)$这个最大抽样时间间隔称为奈奎斯特间隔。

图 4-5 给出了抽样过程在时域及频域中的对照图$(\omega_s \geq 2\omega_H)$,由图 4-5 可以看出,抽样后的信号频谱$M_s(\omega)$是由无限多个间隔为$\omega_s$的$M(\omega)$相叠加形成的,即抽样后的信号$m_s(t)$包含了信号$m(t)$的全部信息。

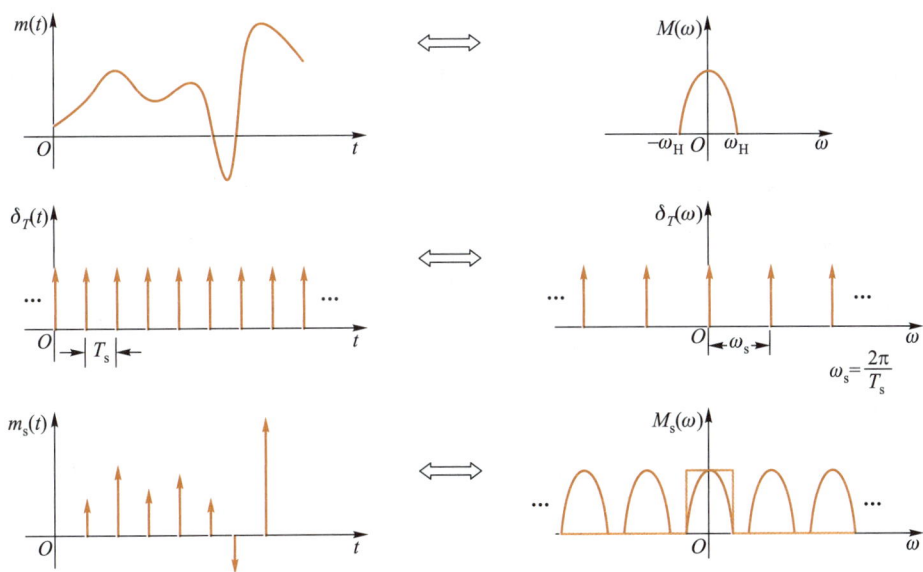

图 4-5　抽样过程在时域及频域中的对照图

由图 4-5 可以看出,当$\omega_s \geq 2\omega_H$时,抽样后的频谱中,相邻的$M(\omega)$之间没有重叠。在接收端可以用一个低通滤波器从$M_s(\omega)$中取出$M(\omega)$,无失真地恢复出原信号。

若$\omega_s < 2\omega_H$,即抽样时间间隔$T_s > 1/(2f_H)$,则抽样后的信号频谱在相邻的频谱间会发生"混叠"现象,如图 4-6 所示。

因此必须满足$T_s \leq 1/(2f_H)$,$m(t)$才能由$m_s(t)$完全确定,这就证明了抽样定理。在工程设计中,考虑到信号绝不会严格带限,以及实际滤波器特性的不理想,通常取抽样频率为$(2.5 \sim 5)f_H$,以避免失真。例如,电话中语音信号的传输带宽通常限制在

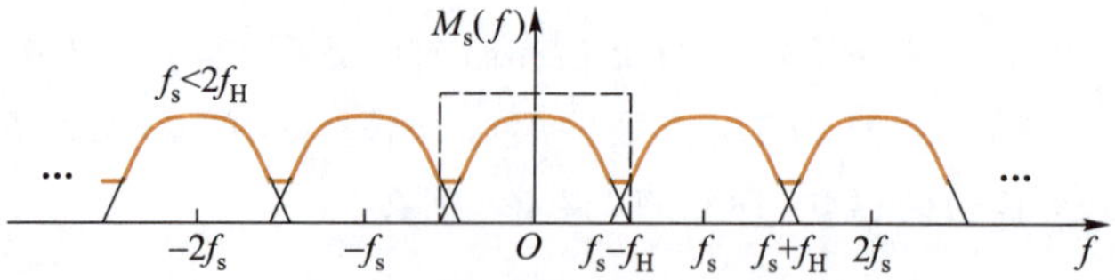

图 4-6　抽样频谱的"混叠"现象

3 400 Hz 左右,因而抽样频率通常选择 8 kHz。

　　实际工程中经常遇到带通型信号,即频谱不是从直流开始,而是在 $f_L$(信号的最低频率)与 $f_H$(信号的最高频率)之间一段频带内。这种信号的带宽 $B$ 远小于其中心频率,而带通信号的抽样频率并不要求达到 $2f_H$ 或更高,只要抽样频率 $f_s$ 满足

$$f_s = 2B\left(1+\frac{M}{N}\right) \qquad (4-1)$$

接收端就可以完全无失真地恢复出原始信号,这就是带通抽样定理。

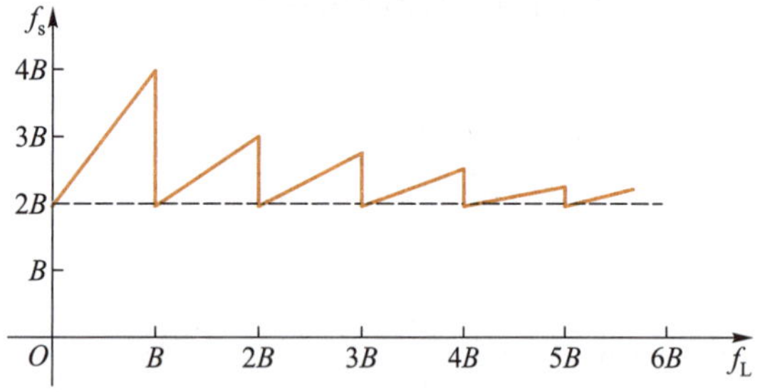

　　式(4-1)中:$B=f_H-f_L$;$M=\dfrac{f_H}{B}-N$;$N$ 为小于 $\dfrac{f_H}{B}$ 的最大正整数。由于 $0 \leqslant M < 1$,带通信号的抽样频率为 $2B \sim 4B$。由式(4-1)可以画出带通信号抽样频率 $f_s$ 和 $f_L$ 的关系,如图 4-7 所示。

图 4-7　带通信号抽样频率 $f_s$ 和 $f_L$ 的关系

### 4.1.3　实训:抽样定理的仿真

#### 一、仿真目的

(1)熟练使用 SystemView 软件,了解各部分功能模块的操作和使用方法。

(2)通过实验进一步掌握低通抽样定理的原理。

#### 二、仿真内容

根据低通抽样定理,可以建立抽样定理的 SystemView 仿真模型,如图 4-8 所示。

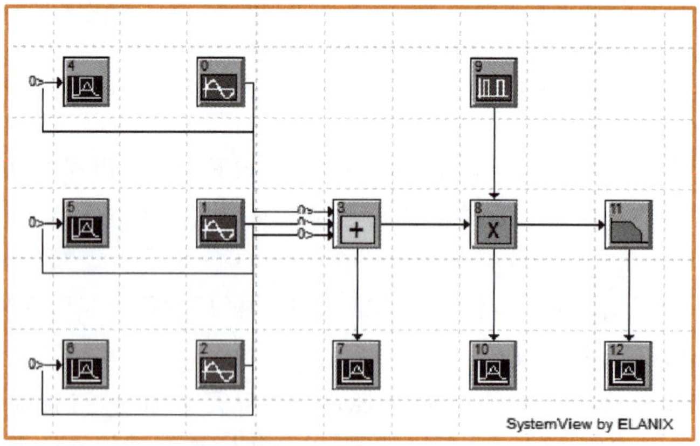

SystemView by ELANIX

图 4-8　抽样定理的 SystemView 仿真模型

系统的时间设置为:采样频率 1 000 Hz,采样点数 1 024。系统各图符的参数设置见表 4-1。

表 4-1　系统各图符的参数设置

| 图符编号 | 库/图符名称 | 参数设置 |
|---|---|---|
| 0 | Source:Sinusoid | Amp = 1 V, Freq = 10 Hz, Phase = 0 deg |
| 1 | Source:Sinusoid | Amp = 1 V, Freq = 12 Hz, Phase = 0 deg |
| 2 | Source:Sinusoid | Amp = 1 V, Freq = 8 Hz, Phase = 0 deg |
| 3 | Adder | — |
| 4～7、10、12 | Sink:Analysis | — |
| 8 | Multiplier | — |
| 9 | Source:Pulse Train | Amp = 1 V, Freq = 30 Hz, PulseW = 10e-3 s, Offset = 0 V, Phase = 0 deg |
| 11 | Operator:Linear Sys | Butterworth Lowpass IIR 4 poles, Fc = 12 Hz |

### 三、仿真步骤及要求（实训报告见附录）

（1）复习有关抽样定理的内容,并按要求设计仿真系统。

（2）画出抽样定理仿真模型图。

（3）独立设计仿真参数并上机调试,观察记录模拟信号的抽样与恢复信号。

（4）观察记录模拟合成信号、抽样波形和恢复波形,三者之间是否存在延时? 如存在,为什么?

（5）调节抽样频率的大小($f$ = 20 Hz、40 Hz、60 Hz),观察记录低通滤波器输出波形的变化,分析变化原因。

（6）观察记录源正弦波、合成正弦波、抽样后信号、恢复信号的功率谱密度,观察有何变化,说明原因。

---

### 复习与思考

1. 模拟信号在抽样后是否会变成时间离散和取值离散的信号?

2. 什么是低通抽样定理? 什么是带通抽样定理?

3. 已抽样信号的频谱混叠是什么原因引起的? 若要求从已抽样信号 $m_s(t)$ 中正确地恢复出原信号 $m(t)$,抽样频率 $f_s$ 应满足什么条件?

---

### 知识点 2　脉冲振幅调制（PAM）

调制技术通常采用连续振荡波形（正弦型信号）作为载波,然而,正弦型信号并非唯一的载波形式。在时间上离散的脉冲串同样可以作为载波,这时的调制是利用基带信号改变脉冲的某些参数而实现的,这种调制通常称为脉冲调制。按基带信号改变脉冲参数（幅度、宽度、时间位置）的不同,可把脉冲调制分为脉冲振幅调制

教学课件
脉冲振幅调制
（PAM）

微课
脉冲振幅调制
（PAM）

习题
脉冲振幅调制
（PAM）

（PAM）、脉冲宽度调制（PDM）和脉冲位置调制（PPM）等,其调制波形如图 4-9 所示。

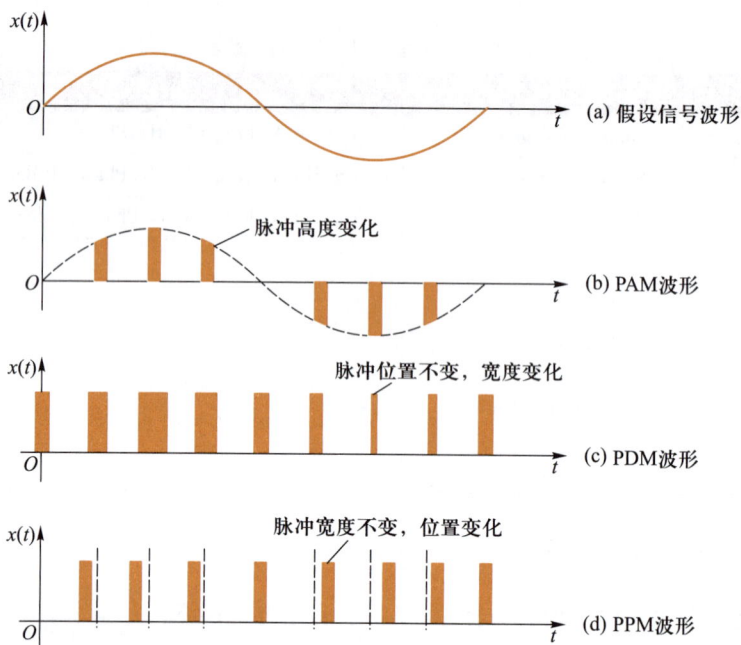

图 4-9    PAM、PDM 及 PPM 信号波形

这三种已调信号在时间上都是离散的,但脉冲参数的变化是连续的,所以都属于模拟信号,因此称这三种调制为模拟脉冲调制。因为模拟脉冲调制的用途比较有限,而脉冲振幅调制是后面要介绍的脉冲编码调制的基础,所以这里只简单介绍脉冲振幅调制。

脉冲振幅调制（PAM）是载波幅度随基带信号变化而变化的调制方式。如果载波由冲激脉冲组成,则抽样定理就是脉冲振幅调制所遵循的原理。由于实际中没有真正的冲激脉冲序列,只能采用窄脉冲序列来实现,因此,研究窄脉冲作为脉冲载波的 PAM方式具有较强的实际应用价值。由于窄脉冲抽样分为自然抽样和平顶抽样,因此 PAM的实现方式也有自然抽样和平顶抽样两种。

### 4.2.1    自然抽样

自然抽样又称曲顶抽样,指抽样后的脉冲幅度（顶部）随被抽样信号 $m(t)$ 变化,即保持 $m(t)$ 的变化规律。自然抽样是由 $m(t)$ 和脉冲序列直接相乘来完成的,如图 4-10所示。

设基带信号 $m(t)$ 的波形及频谱如图 4-11 所示,脉冲载波 $s(t)$ 由脉宽为 $\tau$、周期为 $T$ 的矩形脉冲序列组成,抽样频率取 $f_s = 2f_H$,则已抽样信号 $m_s(t) = m(t)s(t)$,其频谱表示为

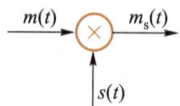

图 4-10    自然抽样
数学模型

$$M_s(\omega) = \frac{1}{2\pi}[M(\omega) * S(\omega)] = \frac{A\tau}{T}\sum_{n=-\infty}^{+\infty} \mathrm{Sa}(n\tau\omega_H)M(\omega - 2n\omega_H) \tag{4-2}$$

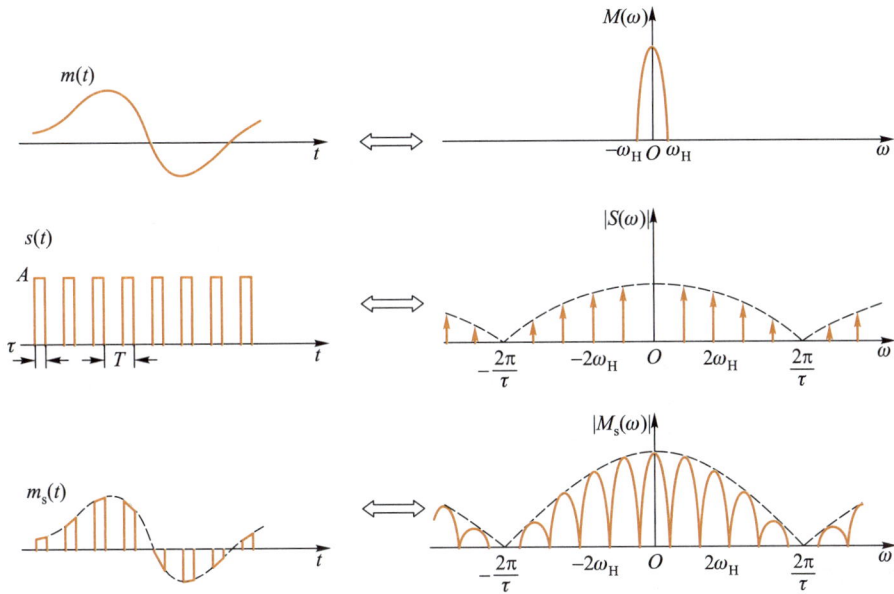

图 4-11　自然抽样的 PAM 波形及频谱

采用窄脉冲抽样的频谱与采用冲激脉冲抽样的频谱类似，区别是其包络按 $Sa(x)$ 函数逐渐衰减。因此，采用低通滤波器可以从 $M_s(\omega)$ 中取出原频谱 $M(\omega)$。

## 4.2.2　平顶抽样

平顶抽样又称瞬时抽样，它与自然抽样的不同之处是抽样后信号中的脉冲均具有相同的形状——顶部平坦的矩形脉冲，矩形脉冲的幅度为瞬时抽样值。常用抽样-保持电路产生 PAM 信号，模拟信号 $m(t)$ 与非常窄的周期脉冲[近似为 $\delta_T(t)$] 相乘，得到 $m_s(t)$，然后通过一个保持电路，将抽样电压保持一定时间，输出脉冲波形保持平顶，其模型如图 4-12(a)所示，其中保持电路的作用是把冲激脉冲变为矩形脉冲，抽样波形如图 4-12(b)所示。

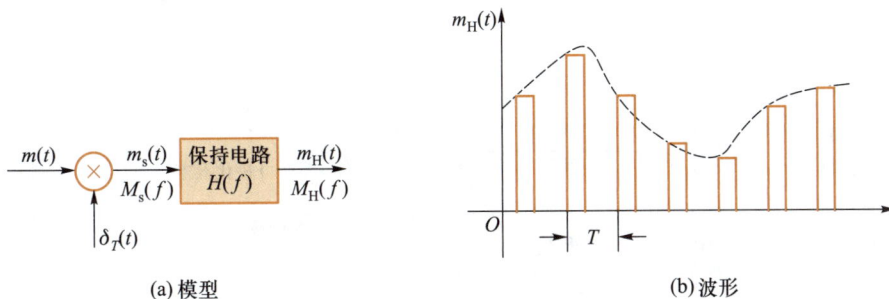

(a) 模型　　　　　　　　　　　　　　　　(b) 波形

图 4-12　平顶抽样模型和波形

设保持电路的传输函数为 $H(f)$，则其输出信号的频谱 $M_H(f)$ 为

$$M_H(f) = M_s(f) H(f) \tag{4-3}$$

$$M_s(f) = \frac{1}{T} \sum_{n=-\infty}^{+\infty} M(f-nf_s) \qquad (4\text{-}4)$$

将式(4-4)代入式(4-3),得

$$M_H(f) = \frac{1}{T} \sum_{n=-\infty}^{+\infty} H(f) M(f-nf_s) \qquad (4\text{-}5)$$

式(4-5)和式(4-4)的区别是,式(4-5)中的每一项都被 $H(f)$ 加权。因此,不能用低通滤波器恢复(解调)原始模拟信号。但是从原理上看,若在低通滤波器之前加一个传输函数为 $1/H(f)$ 的修正滤波器,就能无失真地恢复原模拟信号了。

### 复习与思考

试比较理想抽样、自然抽样和平顶抽样的异同。

教学课件
量化原理

微课
量化原理

习题
量化原理

## 知识点3 量化

模拟信号抽样后变成在时间上离散的信号,但仍然是模拟信号。这个抽样信号必须经过量化才能成为数字信号。下面讨论模拟抽样信号的量化。

设模拟信号的抽样值为 $m(kT)$,其中 $T$ 是抽样周期,$k$ 是整数。此抽样值仍然是一个取值连续的变量。若仅用 $N$ 个不同的二进制数字码元代表此抽样值的大小,则 $N$ 个不同的二进制码元只能代表 $M=2^N$ 个不同的抽样值。因此,必须将抽样值的范围划分成 $M$ 个区间,每个区间用一个电平表示。共有 $M$ 个离散电平,称为量化电平。用这 $M$ 个量化电平表示连续抽样值的方法称为量化。图 4-13 给出一个量化过程的例子。图中,$m(kT)$ 表示模拟信号抽样值,即信号实际值;$m_q(kT)$ 表示量化后的信号量化值;$q_1, q_2, \cdots, q_i, \cdots,$ $q_6$ 是量化后信号的 6 个可能输出电平;$m_1, m_2, \cdots, m_i, \cdots, m_5$ 为量化区间的端点。则可以写出一般公式

$$m_q(kT) = q_i, \quad m_{i-1} \leqslant m(kT) < m_i \qquad (4\text{-}6)$$

按照式(4-6)做变换,就可把模拟抽样信号 $m(kT)$ 变换成量化后的离散抽样信号,即量化信号。

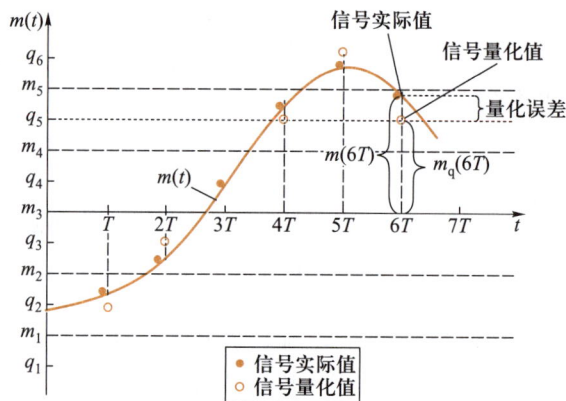

图 4-13　量化过程的例子

在原理上,量化过程可以认为是在一个量化器中完成的。量化器的输入信号为 $m(kT)$,输出信号为 $m_q(kT)$,如图 4-14 所示。在实际中,量化过程常是和后续的编码过程结合在一起完成的,不一定存在独立的量化器。

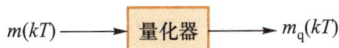

$$m(kT) \longrightarrow \boxed{量化器} \longrightarrow m_q(kT)$$

图 4-14　量化器

### 4.3.1　均匀量化

把信号 $m(t)$ 的值域按等幅值分割的量化过程称为均匀量化,图 4-13 所示的量化过程就是均匀量化。从图 4-13 中可以看到,每个量化区间的量化电平均取在各区间的中点。其量化间隔(量化台阶)$\Delta$ 取决于 $m(t)$ 的变化范围和量化电平数。当信号的变化范围和量化电平数确定后,量化间隔也被确定。例如,假设信号 $m(t)$ 的最小值和最大值分别用 $a$ 和 $b$ 表示,量化电平数为 $M$,那么均匀量化时的量化间隔为

$$\Delta = \frac{b-a}{M} \tag{4-7}$$

且量化区间的端点为

$$m_i = a + i\Delta, \quad i = 0, 1, \cdots, M \tag{4-8}$$

若量化输出电平 $q_i$ 取为量化间隔的中点,则

$$q_i = \frac{m_i + m_{i-1}}{2}, \quad i = 1, \cdots, M \tag{4-9}$$

显然,量化输出电平和量化前信号的抽样值一般不同,即量化输出电平有误差。这个误差称为量化误差,也常称为量化噪声,用信号功率与量化噪声功率之比可衡量其对信号影响的大小。

经计算,信号功率和量化噪声功率分别为

$$S = \frac{M^2 \Delta^2}{12} \tag{4-10}$$

$$N_q = \frac{\Delta^2}{12} \tag{4-11}$$

所以,平均信号量化信噪比为

$$\frac{S}{N_q} = M^2 \tag{4-12}$$

若 $M$ 是 2 的整数次幂,即 $M = 2^N$,其中 $N$ 是正整数,则式(4-12)可表示为

$$\frac{S}{N_q} = 2^{2N}$$

或

$$\left(\frac{S}{N_q}\right)_{dB} = 10\lg(2^{2N}) = 20N\lg 2 \approx 6N \ (dB) \tag{4-13}$$

由式(4-13)可以看出,量化器的平均信号量化信噪比随量化电平数 $M$ 的增大而提高;$N$ 每增加 1 位,量化信噪比就提高 6 dB。

在实际应用中,对于给定的量化器,量化电平数 $M$ 和量化间隔 $\Delta$ 都是确定的,量化噪声功率 $N_q$ 也是确定的。但是,信号的强度可能随时间变化(如语音信号),当信号小时,信号量化信噪比也小。所以,这种均匀量化器对于小输入信号很不利。为了克服

这个缺点,改善小信号时的信号量化信噪比,在实际应用中常采用非均匀量化。

### 4.3.2 非均匀量化

非均匀量化根据信号的不同区间来确定量化间隔。对于信号取值小的区间,其量化间隔 Δ 也小;反之,量化间隔 Δ 就大。这样可以提高小信号时的量化信噪比,适当减小大信号时的量化信噪比。与均匀量化相比,非均匀量化有以下两个突出的优点。

① 当输入量化器的信号具有非均匀分布的概率密度(如语音)时,非均匀量化器的输出端可以得到较高的平均信号量化信噪比。

② 非均匀量化时,量化噪声功率的均方根值基本上与信号抽样值成比例。因此,量化噪声对大、小信号的影响大致相同,即改善了小信号时的量化信噪比。

实际中,非均匀量化的实现方法通常是对抽样值进行压缩后再均匀量化。所谓压缩就是对大信号进行压缩而对小信号进行较大的放大的过程。信号经过这种非线性压缩电路处理后,改变了大信号和小信号之间的比例关系,使大信号的比例基本不变或变得较小,而小信号相应地按比例增大,即"压大补小"。在接收端将收到的相应信号进行扩张,以恢复原始信号对应关系。扩张特性与压缩特性相反。

### 4.3.3 数字压扩技术

图 4-15(a)所示为采用压扩技术的系统框图,图 4-15(b)所示为采用压扩技术的非均匀量化原理示意图。图 4-15 中,发送端依次输入了一个小信号 $a$ 和一个大信号 $b$,信号经过压缩器后,对小信号 $a$ 进行了较大的放大,使其成为 $a'$,大信号 $b$ 基本不变,成为 $b'$。由于小信号的幅度得到较大的放大,因此小信号的信噪比大为改善,这就相当于展宽了信号的动态范围,经此压缩处理之后,再进行均匀量化、编码,送入信道传输。在接收端,译码后输出的信号分别是 $a'$、$b'$,它们经过具有与发送端压缩特性相反的扩张特性的扩张器,恢复成原来的输入信号 $a$ 和 $b$。

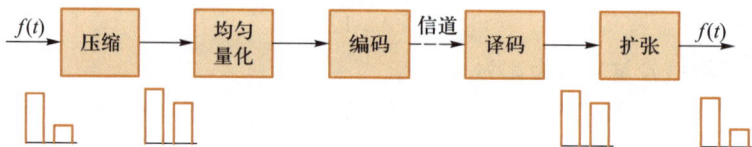

(a) 采用压扩技术的系统框图

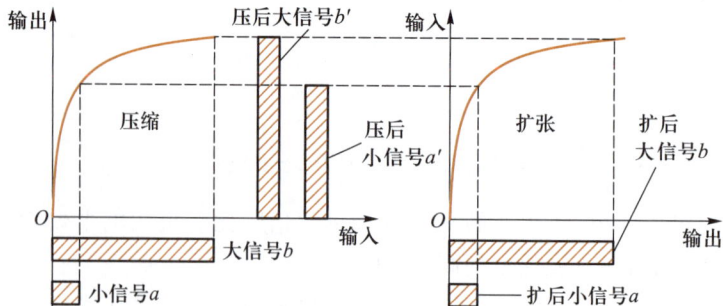

(b) 采用压扩技术的非均匀量化原理示意图

图 4-15 采用压扩技术的系统框图和非均匀量化原理示意图

关于语音信号的压缩特性,国际电信联盟(ITU)制定了两种建议,即 $A$ 压缩律(简称 $A$ 律)和 $\mu$ 压缩律(简称 $\mu$ 律),以及相应的近似算法——13 折线法和 15 折线法。我国、欧洲各国以及国际间互连时采用 $A$ 律及相应的 13 折线法;北美各国,以及日本、韩国等少数国家采用 $\mu$ 律及相应的 15 折线法。下面分别讨论这两种压缩律及其近似实现方法。

### 1. $A$ 律

$A$ 律是指符合下式的对数压缩规律:

$$y=\begin{cases} \dfrac{Ax}{1+\ln A}, & 0\leqslant x\leqslant \dfrac{1}{A} \\[3mm] \dfrac{1+\ln(Ax)}{1+\ln A}, & \dfrac{1}{A}\leqslant x\leqslant 1 \end{cases} \tag{4-14}$$

式中:$x$ 为压缩器归一化输入电压;$y$ 为压缩器归一化输出电压;$A$ 为常数,它决定压缩程度。

作为常数的压缩参数 $A$,一般为一个较大的数,如 $A=87.6$。在这种情况下,可以得到 $x$ 的放大量为

$$\frac{\mathrm{d}y}{\mathrm{d}x}=\begin{cases} \dfrac{A}{1+\ln A}=16, & 0\leqslant x\leqslant \dfrac{1}{A} \\[3mm] \dfrac{A}{(1+\ln A)Ax}=\dfrac{0.182\,7}{x}, & \dfrac{1}{A}\leqslant x\leqslant 1 \end{cases}$$

当信号 $x$ 很小时(即小信号时),信号被放大了 16 倍,这相当于与无压缩特性比较,量化间隔比均匀量化时减小了 16 倍,因此,量化误差大大降低;而对于大信号的情况(如 $x=1$),量化间隔比均匀量化时增大了 5.47 倍,因此,量化误差增大。这实际上就实现了"压大补小"的效果。

### 2. 13 折线压缩特性——$A$ 律的近似

早期的 $A$ 律压缩特性是用非线性模拟电路实现的,其精度和稳定性都受到很大的限制。现在由于数字电路技术的发展,这种特性很容易用数字电路来实现。13 折线压缩特性就是近似于 $A$ 律的特性,如图 4-16 所示。

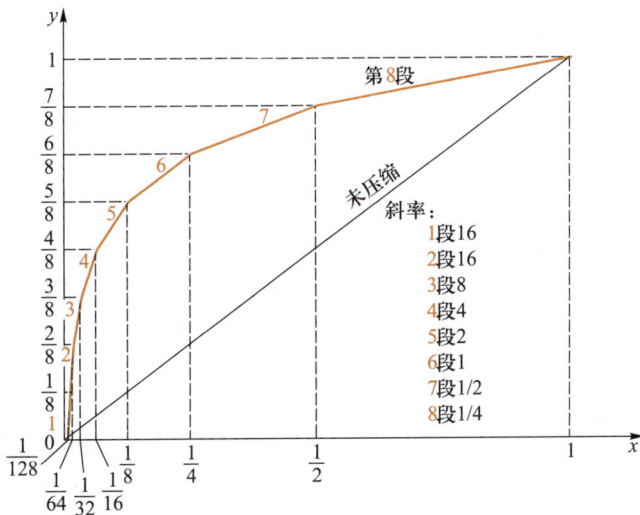

图 4-16　13 折线压缩特性

图 4-16 中,将 $x$ 轴的 0~1 区间分为不均匀的 8 段。1/2~1 间的线段为第 8 段,1/4~1/2 间的线段为第 7 段,1/8~1/4 间的线段为第 6 段,以此类推,直到 0~1/128 间的线段为第 1 段。$y$ 轴的 0~1 区间则均匀地划分为 8 段。将与这 8 段相应的坐标点 $(x,y)$ 相连,可得到一条折线。除第 1 段和第 2 段外,其他各段折线的斜率都不相同。表 4-2 中列出了这些斜率。

表 4-2    A 律各段落的斜率

| 折线段落 | 1 | 2 | 3 | 4 | 5 | 6 | 7 | 8 |
|---|---|---|---|---|---|---|---|---|
| 斜率 | 16 | 16 | 8 | 4 | 2 | 1 | 1/2 | 1/4 |

因为语音信号为交流信号,即输入电压有正负极性。所以,上述压缩特性只是实用压缩特性的 1/2。$x$ 的取值还有 -1~0,在坐标系的第 3 象限还有对原点奇对称的另一半曲线,如图 4-17 所示。在图 4-17 中,第 1 象限中的第 1 段和第 2 段折线斜率相同,所以构成一条直线。同样,第 3 象限中的第 1 段和第 2 段折线斜率也相同,并且和第 1 象限中的第 1 段和第 2 段折线斜率相同。所以,这 4 段折线构成一条直线。于是,该压缩特性中共有 13 段折线,故称其为 13 折线压缩特性。

13 折线压缩特性包含 16 个折线段,在输入端,如果将每个折线段再均匀地划分 16 个量化级,也就是在每段折线内进行均匀量化,这样第 1 段和第 2 段的最小量化间隔相同,即

$$\Delta_{1,2} = \frac{1}{128} \cdot \frac{1}{16} = \frac{1}{2\,048} \tag{4-15}$$

由于输出端是均匀划分的,各段间隔均为 1/8,每段再 16 等分,因此每个量化间隔为 $1/(8\times16) = 1/128$。

用 13 折线法进行压缩和量化后,可以做出量化信噪比与输入信号间的关系曲线,如图 4-18 所示。

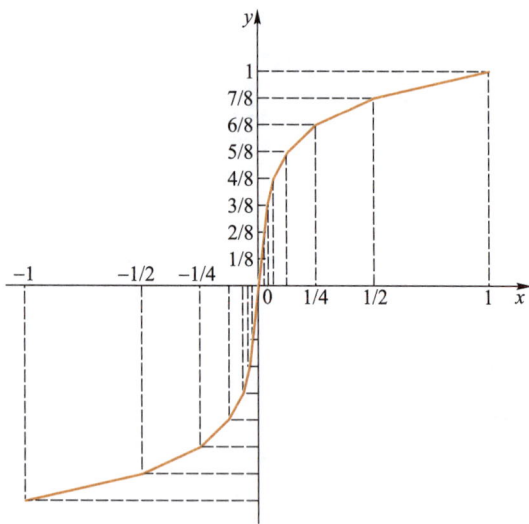

图 4-17    对称输入 13 折线压缩特性

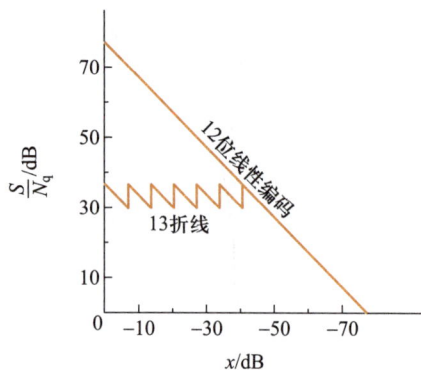

图 4-18    两种编码方法量化信噪比的比较

从图 4-18 中可以看到,在小信号区域,13 折线法的量化信噪比与 12 位线性编码的相同,但在大信号区域,13 折线法 8 位码的量化信噪比不如 12 位线性编码。

### 3. $\mu$ 律和 15 折线压缩特性

$\mu$ 律的压缩特性表示为

$$y = \frac{\ln(1+\mu x)}{\ln(1+\mu)} \tag{4-16}$$

式中:$\mu = 255$。

由于 $\mu$ 律同样不易用电子线路准确实现,所以目前实际中采用特性近似的 15 折线代替 $\mu$ 律。和 A 律一样,也把 $y$ 轴的 0~1 区间进行 8 等分。对应于各转折点的横坐标 $x$ 值可以按下式计算:

$$x = \frac{256^{y}-1}{255} = \frac{256^{i/8}-1}{255} = \frac{2^{i}-1}{255} \tag{4-17}$$

计算结果列于表 4-3 中。将这些转折点用线段相连就构成了 8 段折线,如图 4-19 所示。表 4-3 中还列出了各段折线的斜率。

表 4-3　$\mu$ 律各段落的斜率

| $i$ | 0 | 1 | 2 | 3 | 4 | 5 | 6 | 7 | 8 |
|---|---|---|---|---|---|---|---|---|---|
| $y=i/8$ | 0 | 1/8 | 2/8 | 3/8 | 4/8 | 5/8 | 6/8 | 7/8 | 1 |
| $x=(2^{i}-1)/255$ | 0 | 1/255 | 3/255 | 7/255 | 15/255 | 31/255 | 63/255 | 127/255 | 1 |
| 斜率×255 | 1/8 | | 1/16 | 1/32 | 1/64 | 1/128 | 1/256 | 1/512 | 1/1 024 |
| 折线段落 | 1 | | 2 | 3 | 4 | 5 | 6 | 7 | 8 |

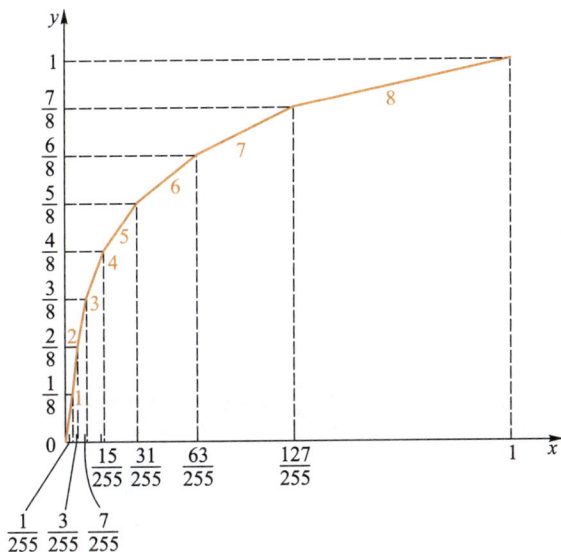

图 4-19　15 折线压缩特性

由于其第 1 段和第 2 段的斜率不同,不能合并为一条直线,故当考虑电压信号的正负极性时,仅正电压第 1 段和负电压第 1 段的斜率相同,可以连成一条直线。于是,得到的压缩特性是 15 段折线,故称其为 15 折线压缩特性。

复习与思考

1. 信号量化的目的是什么？
2. 对语音信号进行非均匀量化有什么优点？
3. 我国采用的语音信号量化标准是 $A$ 律(13折线法)还是 $\mu$ 律(15折线法)？

教学课件
脉冲编码调制
（PCM）

微课
脉冲编码调制
（PCM）

习题
脉冲编码调制
（PCM）

## 知识点4　脉冲编码调制（PCM）

　　模拟信号经过抽样和量化以后,可以得到一系列输出,它们共有 $M$ 个电平状态。当 $M$ 比较大时,如果直接传输 $M$ 进制的信号,其抗噪声性能很差,因此,通常在发送端通过编码器把 $M$ 进制信号变换为 $n$ 位二进制数字信号,而在接收端将收到的二进制码元经过译码器再还原为 $M$ 进制信号,这种系统就是脉冲编码调制（PCM）系统。

　　简而言之,把量化后的信号变换成代码的过程称为编码,相反的过程称为译码。编码不仅用于通信,还广泛用于计算机、数字仪表、遥控遥测等领域。

　　编码的问题在我国古代的通信中就涉及了,烽火通信的过程中,每种狼烟的组合代表不同的含义,这就是一种简单的编码;在航海通信中使用的旗语的不同挥旗方式和灯塔的亮灯样式都是编码;电视剧《潜伏》中,在余则成潜伏至敌人后方时,组织上呼唤他回家的暗号也是一种编码;人们熟悉的用于早期电报的莫尔斯电码更是一种经典的编码方式。这些编码方式有很多共同之处,例如,它们都希望用最简洁的方式让对方明白自己的意思(也就是传达信息)而不引起不必要的误会(误码)。

　　编码方法是多种多样的。按编码的速度,编码方法大致可分为两大类:低速编码和高速编码。通信中一般都采用高速编码。编码器的种类可以归结为三种,即逐次比较(反馈)型、折叠级联型、混合型。这几种不同形式的编码器都具有自己的特点,这里仅介绍目前应用较为广泛的逐次比较型编码和译码原理。

### 4.4.1　常用的二进制编码

　　二进制码具有很好的抗噪声性能,并易于再生,因此 PCM 中一般采用二进制码。常用的二进制码有自然二进制码和折叠二进制码。表4-4列出了用4位码表示16个量化级时,这两种二进制码的编码规律。

表4-4　常用的二进制码

| 量化级序号 | 量化电压极性 | 自然二进制码 | 折叠二进制码 |
|---|---|---|---|
| 15 | | 1111 | 1111 |
| 14 | | 1110 | 1110 |
| 13 | | 1101 | 1101 |
| 12 | | 1100 | 1100 |
| 11 | 正极性 | 1011 | 1011 |
| 10 | | 1010 | 1010 |
| 9 | | 1001 | 1001 |
| 8 | | 1000 | 1000 |

续表

| 量化级序号 | 量化电压极性 | 自然二进制码 | 折叠二进制码 |
|---|---|---|---|
| 7 | | 0111 | 0000 |
| 6 | | 0110 | 0001 |
| 5 | | 0101 | 0010 |
| 4 | 负极性 | 0100 | 0011 |
| 3 | | 0011 | 0100 |
| 2 | | 0010 | 0101 |
| 1 | | 0001 | 0110 |
| 0 | | 0000 | 0111 |

　　自然二进制码是大家最熟悉的二进制码，从左至右其权值分别为 8、4、2、1，故有时也称为 8421 二进制码。

　　折叠二进制码是目前 A 律 13 折线 PCM 30/32 路设备所采用的码型。因为语音信号是交流信号，故在表 4-4 中将 16 个双极性量化值分成两部分。第 0～7 个量化值对应于负极性电压，第 8～15 个量化值对应于正极性电压。显然，对于自然二进制码，这两部分之间没有什么对应联系。但是，对于折叠二进制码，除了最高位符号相反外，其上、下两部分还呈现映像关系，或称折叠关系。这种码用最高位表示电压的极性正负，而用其他位来表示电压的绝对值。这就是说，在用最高位表示极性后，双极性电压可以采用单极性编码方法处理，从而使编码电路和编码过程大为简化。

　　折叠二进制码的另一个优点是误码对于小电压的影响较小。例如，若有 1 个码组为 1000，在传输或处理时发生 1 个符号错误，变成 0000。从表 4-4 中可见，若它为自然二进制码，则它所代表的电压值对应的量化级序号将从 8 变成 0，误差为 8 个量化级；若它为折叠二进制码，则对应的量化级序号将从 8 变成 7，误差为 1 个量化级。但是，若一个码组从 1111 错成 0111，则自然二进制码对应的量化级序号将从 15 变成 7，误差仍为 8 个量化级；而折叠二进制码对应的量化级序号则将从 15 错成为 0，误差增大为 15 个量化级。这表明，折叠二进制码对于小信号有利。由于语音信号小电压出现的概率较大，所以折叠二进制码有利于减小语音信号的平均量化噪声。

　　在语音通信中，通常采用 8 位 PCM 编码就能够保证满意的通信质量。

## 4.4.2　13 折线的码位安排

　　在逐次比较型编码方法中，无论采用几位码，一般均按极性码、段落码和段内码的顺序对码位进行安排。下面结合我国采用的 13 折线的编码来加以说明。

　　在 13 折线法中，无论输入信号是正还是负，均按 8 段折线（8 个段落）进行编码。若用 8 位折叠二进制码来表示输入信号的抽样量化值，则可用第 1 位表示量化值的极性，其余 7 位（第 2～8 位）表示抽样量化值的绝对大小。具体做法是：用第 2～4 位（段落码）的 8 种可能状态分别代表 8 个段落，其他 4 位码（段内码）的 16 种可能状态分别代表每一段落的 16 个均匀划分的量化级。上述编码方法是把压缩、量化和编码合为一体的方法。根据上述分析，用于 13 折线 A 律特性的 8 位非线性编码的码组结构如下：

$$\underbrace{M_1}_{\text{极性码}} \qquad \underbrace{M_2 M_3 M_4}_{\text{段落码}} \qquad \underbrace{M_5 M_6 M_7 M_8}_{\text{段内码}}$$

第 1 位码 $M_1$ 的数值"1"或"0"分别代表信号的正、负极性,称为极性码。从折叠二进制码的规律可知,对于两个极性不同,但绝对值相同的样值脉冲,用折叠二进制码表示时,除极性码 $M_1$ 不同外,其余几位码完全一样。因此在编码过程中,只要判断出样值脉冲的极性,编码器是以样值脉冲的绝对值进行量化和输出码组的。这样只要考虑 13 折线中对应于正输入信号的 8 段折线即可。

第 2~4 位码即 $M_2 M_3 M_4$ 称为段落码,因为 8 段折线用 3 位码就能表示。段落码的具体划分如表 4-5 所列。

$M_5 M_6 M_7 M_8$ 称为段内码,每一段中的 16 个量化级可以用这 4 位码表示。段内码的具体划分如表 4-6 所列。

表 4-5　段　落　码

| 段落序号 | 段落码 |
| --- | --- |
| | $M_2 M_3 M_4$ |
| 8 | 111 |
| 7 | 110 |
| 6 | 101 |
| 5 | 100 |
| 4 | 011 |
| 3 | 010 |
| 2 | 001 |
| 1 | 000 |

表 4-6　段　内　码

| 电平序号 | 段内码 | 电平序号 | 段内码 |
| --- | --- | --- | --- |
| | $M_5 M_6 M_7 M_8$ | | $M_5 M_6 M_7 M_8$ |
| 15 | 1111 | 7 | 0111 |
| 14 | 1110 | 6 | 0110 |
| 13 | 1101 | 5 | 0101 |
| 12 | 1100 | 4 | 0100 |
| 11 | 1011 | 3 | 0011 |
| 10 | 1010 | 2 | 0010 |
| 9 | 1001 | 1 | 0001 |
| 8 | 1000 | 0 | 0000 |

需要指出,在上述编码方法中,虽然各段内的 16 个量化级是均匀的,但因段落长度不等,故不同段落间的量化级是非均匀的。当输入信号小时,段落短,量化间隔小;反之,量化间隔大。在 13 折线中,第 1 段和第 2 段最短,其归一化长度是 1/128,再将

它等分为 16 小段后,根据式(4-15)的计算结果,每一小段长度为 1/2 048,这就是最小的量化间隔 $\Delta$。根据 13 折线的定义,以最小的量化间隔 $\Delta$ 为最小计量单位,可以计算出 13 折线 $A$ 律每一个量化段的电平范围、起始电平 $I_{si}$、段内码对应权值和各段落内量化间隔 $\Delta_i$。具体计算结果如表 4-7 所示。

表 4-7    13 折线 $A$ 律有关参数表

| 段落序号 $i=1\sim8$ | 电平范围/ $\Delta$ | 段落码 $M_2M_3M_4$ | 段落起始电平 $I_{si}/\Delta$ | 量化间隔 $\Delta_i/\Delta$ | 段内码对应权值/$\Delta$ | | | |
|---|---|---|---|---|---|---|---|---|
| | | | | | $M_5$ | $M_6$ | $M_7$ | $M_8$ |
| 8 | 1 024 ~ 2 048 | 111 | 1 024 | 64 | 512 | 256 | 128 | 64 |
| 7 | 512 ~ 1 024 | 110 | 512 | 32 | 256 | 128 | 64 | 32 |
| 6 | 256 ~ 512 | 101 | 256 | 16 | 128 | 64 | 32 | 16 |
| 5 | 128 ~ 256 | 100 | 128 | 8 | 64 | 32 | 16 | 8 |
| 4 | 64 ~ 128 | 011 | 64 | 4 | 32 | 16 | 8 | 4 |
| 3 | 32 ~ 64 | 010 | 32 | 2 | 16 | 8 | 4 | 2 |
| 2 | 16 ~ 32 | 001 | 16 | 1 | 8 | 4 | 2 | 1 |
| 1 | 0 ~ 16 | 000 | 0 | 1 | 8 | 4 | 2 | 1 |

### 4.4.3    跟称重一样的逐次比较型编码

逐次比较型编码器编码的方法与用天平称重物的过程极为相似,因此,首先分析天平称重的过程:当重物放入托盘以后就开始称重,第 1 次称重所加砝码(在编码术语中称为"权",它的大小称为权值)是估计的,这种权值当然不能正好使天平平衡。若砝码的权值大了,换一个小一些的砝码再称。请注意,第 2 次所加砝码的权值是根据第 1 次做出判断的结果确定的。若第 2 次称的结果说明砝码小了,就要在第 2 次权值的基础上加上一个更小的砝码。如此进行下去,直到接近平衡为止。这个过程称为逐次比较称重过程。"逐次"的含意可理解为称重是一次次由粗到细进行的。而"比较"则是将上一次称重的结果作为参考,比较得到下一次输出权值的大小,如此反复进行下去,使所加权值逐步逼近物体真实重量。

图 4-20 所示为逐次比较型编码器原理图。从图中可以看出,它由极性判决电路、整流器、保持电路、比较器及本地译码电路(包括记忆电路、7/11 变换电路等)等组成,下面简单介绍各部件的功能。

① 极性判决电路:用于确定信号的极性。由于输入 PAM 信号是双极性信号,当其样值为正时,在位脉冲到来时刻输出"1"码;当样值为负时,输出"0"码。

② 整流器:用于将双极性的样值信号变成单极性信号。其输出表示样值电流 $I_s$ 的幅度大小。

③ 保持电路:保持输入信号的抽样值在整个比较过程中具有确定不变的幅度。

④ 比较器:编码器的核心。它的作用是通过比较样值电流 $I_s$ 和标准电流 $I_w$,从而对输入信号抽样值实现非线性量化和编码。每比较一次,输出 1 位二进制代码,并且当 $I_s>I_w$ 时,输出"1"码,反之输出"0"码。由于在 13 折线法中用 7 位二进制代码来

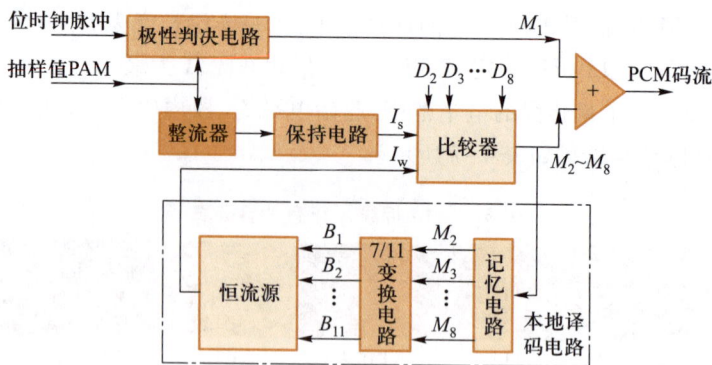

图 4-20　逐次比较型编码器原理图

代表段落码和段内码,所以对一个输入信号的抽样值需要进行 7 次比较。每次所需的标准电流 $I_w$ 均由本地译码电路提供。

⑤ 记忆电路:用于寄存二进制代码,因为除第一次比较外,其余各次比较都要依据前几次比较的结果来确定标准电流 $I_w$ 的值,因此,7 位码组中的前 6 位状态均应由记忆电路寄存下来。

⑥ 7/11 变换电路:用于将 7 位非线性码转换成 11 位线性码。因为恒流源有 11 个基本权值电流支路,需要 11 个控制脉冲来控制,所以必须经过变换,把 7 位码变成 11 位码,使之能够产生所需的标准电流 $I_w$。

下面举例说明 13 折线编码过程。

**例 4-1**　设输入信号抽样值 $I_s = +1\,270\Delta$($\Delta$ 是一个量化单位,表示输入信号归一化值的 1/2 048),采用逐次比较型编码器,按 A 律 13 折线编成 8 位码 $M_1 M_2 M_3 M_4 M_5 M_6 M_7 M_8$。

**解:**编码过程如下。

(1) 确定极性码 $M_1$。由于输入信号抽样值 $I_s$ 为正,故极性码 $M_1 = 1$。

(2) 确定段落码 $M_2 M_3 M_4$。参看表 4-5 可知,由于段落码中的 $M_2$ 用来表示输入信号抽样值处于 8 个段落的前 4 段还是后 4 段,故输入比较器的标准电流应选择为 $I_w = 128\Delta$。现在输入信号抽样值 $I_s = 1\,270\Delta$,大于标准电流,故第 1 次比较结果为 $I_s > I_w$,所以 $M_2 = 1$。它表示输入信号抽样值处于 8 个段落中的后 4 段(第 5~8 段)。

$M_3$ 用来进一步确定它处于第 5~6 段还是第 7~8 段,因此标准电流应选择为 $I_w = 512\Delta$。第 2 次比较结果为 $I_s > I_w$,故 $M_3 = 1$。它表示输入信号抽样值处于第 7~8 段。

同理,确定 $M_4$ 的标准电流应为 $I_w = 1\,024\Delta$。第 3 次比较结果为 $I_s > I_w$,故 $M_4 = 1$。

由以上三次比较得段落码为"111",因此,输入信号抽样值 $I_s = 1\,270\Delta$ 应属于第 8 段。

(3) 确定段内码 $M_5 M_6 M_7 M_8$。由编码原理可知,段内码是在已经确定输入信号所处段落的基础上用来表示输入信号处于该段落的哪一量化级。$M_5 M_6 M_7 M_8$ 的取值与量化级之间的关系见表 4-7。上面已经确定输入信号处于第 8 段,该段中的 16 个量化级之间的量化间隔均为 $64\Delta$,故确定 $M_5$ 的标准电流应选为

$$I_w = 段落起始电平 + 8 \times 量化间隔 = (1\,024 + 8 \times 64)\Delta = 1\,536\Delta$$

第 4 次比较结果为 $I_s < I_w$,故 $M_5 = 0$。它说明输入信号抽样值应处于第 8 段中的第

$0 \sim 7$ 量化级。

同理,确定 $M_6$ 的标准电流应选为

$$I_w = 段落起始电平 + 4 \times 量化间隔 = (1\,024 + 4 \times 64)\Delta = 1\,280\Delta$$

第 5 次比较结果为 $I_s < I_w$,故 $M_6 = 0$。它说明输入信号抽样值应处于第 8 段中的第 $0 \sim 3$ 量化级。

确定 $M_7$ 的标准电流应选为

$$I_w = 段落起始电平 + 2 \times 量化间隔 = (1\,024 + 2 \times 64)\Delta = 1\,152\Delta$$

第 6 次比较结果为 $I_s > I_w$,故 $M_7 = 1$。它说明输入信号抽样值应处于第 8 段中的第 $2 \sim 3$ 量化级。

最后,确定 $M_8$ 的标准电流应选为

$$I_w = 段落起始电平 + 3 \times 量化间隔 = (1\,024 + 3 \times 64)\Delta = 1\,216\Delta$$

第 7 次比较结果为 $I_s > I_w$,故 $M_8 = 1$。它说明输入信号抽样值应处于第 8 段中的第 3 量化级,如图 4-21 所示。

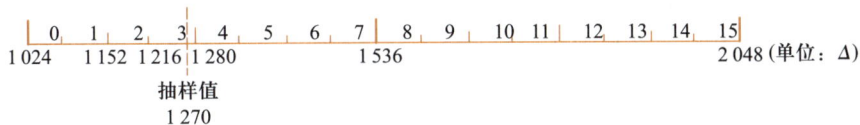

图 4-21　第 8 段落量化级

经上述 7 次比较,编出的 8 位码为 11110011。它表示输入信号抽样值位于第 8 段第 3 量化级,其量化电平为 $1\,216\Delta + 32\Delta = 1\,248\Delta$,故量化误差等于 $(1\,270 - 1\,248)\Delta = 22\Delta$。

### 4.4.4　译码

译码的作用是把接收端收到的 PCM 信号还原成相应的 PAM 信号,即实现数模转换(D/A 转换)。$A$ 律 13 折线译码器原理框图如图 4-22 所示,与图 4-20 中本地译码电路基本相同,所不同的是增加了极性控制部分和带有寄存读出的 7/11 变换电路。图中,极性控制部分的作用是根据收到的极性码 $M_1$ 是"1"还是"0"来辨别 PCM 信号的极性,使译码后的 PAM 信号的极性恢复成与发送端相同的极性;串/并变换记忆电路的作用是将输入的串行 PCM 码变为并行码,并记忆下来,与编码器中译码电路的记忆作用基本相同;7/11 变换电路的作用是将 7 位非线性码转变为 11 位线性码;寄存读出电路的作用是将输入的串行码在存储器中寄存起来,待全部接收后再一起读出,送入解码网络;11 位线性解码电路主要由恒流源和电阻网络组成,其作用与编码器中的解码网络类似,在寄存读出电路的控制下输出相应的 PAM 信号。

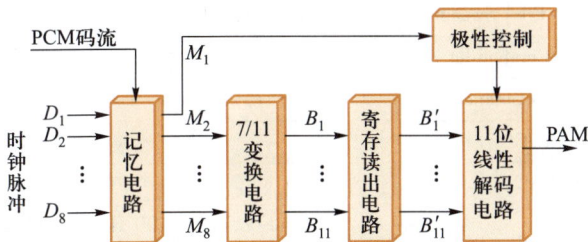

图 4-22　$A$ 律 13 折线译码器原理框图

例如,设译码器输入的 PCM 码字(除极性码外)为 1110011,由例 4 – 1 可知 1110011 表示 $I_s$ 位于第 8 段第 3 量化级内,因此其对应的译码电平应该在此量化级的中间,以便减小最大误码误差,所以译码电平为

$$I_D = I_C + \frac{\Delta_i}{2} = \left(1\ 216 + \frac{64}{2}\right)\Delta = 1\ 248\Delta$$

式中:$\Delta_i$ 为第 $i$ 段的量化间隔。由表 4-7 可知,第 8 段的量化间隔 $\Delta_8 = 64\Delta$。

译码后的量化误差为

$$(1\ 270 - 1\ 248)\Delta = 22\Delta$$

这样,量化误差小于量化间隔的 1/2,即 $22\Delta < 64\Delta/2$。

### 4.4.5　实训:脉冲编码调制的仿真

教学课件
脉冲编码调制的仿真

微课
脉冲编码调制的仿真

习题
脉冲编码调制的仿真

#### 一、仿真目的

(1) 学习软件 SystemView 的使用方法。

(2) 掌握 PCM 编码译码原理。

#### 二、仿真内容

根据 PCM 编码原理,可以建立 PCM 编码的 SystemView 仿真模型,如图 4-23 所示。

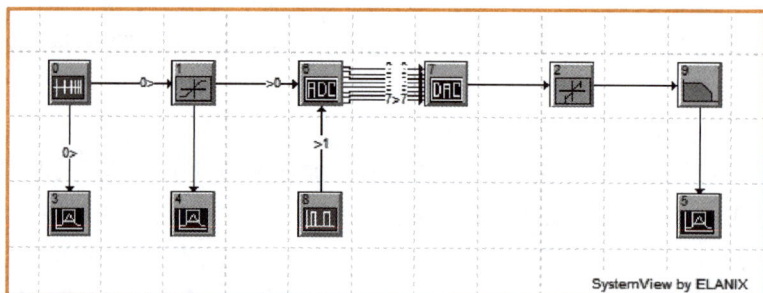

图 4-23　PCM 编码的 SystemView 仿真模型

系统的时间设置为:采样频率 200 Hz,采样点数 256。系统各图符的参数设置见表 4-8。

表 4-8　系统各图符的参数设置

| 图符编号 | 库/图符名称 | 参数设置 |
| --- | --- | --- |
| 0 | Source:Freq Sweep | Stop Frq = 25 Hz |
| 1 | Comm:Compander | — |
| 2 | Comm:DeCompand | — |
| 6 | Logic:ADC | — |
| 7 | Logic:DAC | — |
| 8 | Source:Pulse Train | Amp = 1 V,Freq = 100 Hz,PulseW = 5e−3 s, Offset = −500e−3 V,Phase = 0 deg |

续表

| 图符编号 | 库/图符名称 | 参数设置 |
|---|---|---|
| 9 | Operator:Linear Sys | Butterworth Lowpass IIR 5 poles,Fc = 25 Hz |
| 3 ~ 5 | Sink:Analysis | — |

### 三、仿真步骤及要求（实训报告见附录）

（1）复习有关 PCM 编码的内容，并按要求设计仿真系统。

（2）画出 PCM 系统仿真模型图。

（3）独立设计仿真参数并上机调试（压缩器采用预设的 $\mu$ 律），记录仿真过程中的相关波形。

（4）压缩器改为 $A$ 律，观察记录信号源波形、压缩后波形和接收端恢复的波形，并与 $\mu$ 律的各波形进行比较。

## 复习与思考

1. 什么是脉冲编码调制？

2. 在 PCM 语音信号中，为什么常用折叠二进制码进行编码？

## 知识点 5　增量调制

增量调制简称 $\Delta M$，它是继 PCM 之后出现的又一种模拟信号数字化方法。其最早由法国工程师 De Loraine 于 1946 年提出，目的在于简化模拟信号的数字化方法。之后的三十多年，增量调制有了很大发展，特别是在军事和工业部门的专用通信网和卫星通信中得到广泛应用，近年来，其在高速超大规模集成电路中已被用作 A/D 转换器。

增量调制获得广泛应用的原因主要有以下几点。

① 比特率较低时，增量调制的量化信噪比高于 PCM 的量化信噪比。

② 增量调制的抗误码性能好，能工作于误码率为 $10^{-2} \sim 10^{-3}$ 的信道中，而 PCM 要求误比特率通常为 $10^{-4} \sim 10^{-6}$。

③ 增量调制的编译码器比 PCM 简单。

增量调制最主要的特点就是它所产生的二进制代码表示模拟信号前后两个抽样值的差别（增加还是减少），而不代表抽样值本身的大小，因此把它称为增量调制。在增量调制系统的发送端，调制后的二进制代码 1 和 0 只表示信号这一个抽样时刻相对于前一个抽样时刻是增加（用 1 码）还是减少（用 0 码）。接收端译码器每收到一个 1 码，译码器的输出相对于前一个时刻的值上升一个量化台阶；每收到一个 0 码，译码器的输出相对于前一个时刻的值下降一个量化台阶。

### 4.5.1　增量调制的编码

1 位二进制码只能代表两种状态，当然不可能表示模拟信号的抽样值。但是，用 1

教学课件
增量调制

微课
增量调制

习题
增量调制

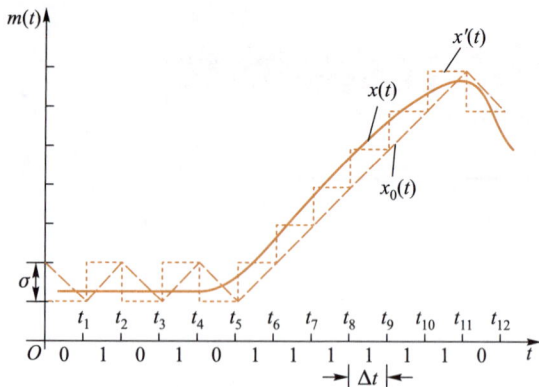

图 4-24    简单增量调制的编码过程

位码却可以表示相邻抽样值的相对大小,而相邻抽样值的相对变化同样能反映模拟信号的变化规律。因此,采用 1 位二进制码去描述模拟信号是完全可能的。

假设有一个模拟信号 $x(t)$ [为作图方便,令 $x(t) \geq 0$ ],可以用一时间间隔为 $\Delta t$、幅度差为 $\pm\sigma$ 的阶梯波形 $x'(t)$ 去逼近它,如图 4-24 所示。只要 $\Delta t$ 足够小,即抽样频率 $f_s = 1/\Delta t$ 足够高,且 $\sigma$ 足够小,则 $x'(t)$ 可以近似于 $x(t)$。其中,$\sigma$ 称为量化台阶,$\Delta t = T$ 称为抽样间隔。

$x'(t)$ 逼近 $x(t)$ 的物理过程是这样的:在 $t_i$ 时刻用 $x(t_i)$ 与 $x'(t_{i-})$($t_{i-}$ 表示 $t_i$ 时刻前瞬间)比较,倘若 $x(t_i) > x'(t_{i-})$,就让 $x'(t_i)$ 上升一个量化台阶,同时 $\Delta M$ 调制器输出二进制"1";反之就让 $x'(t_i)$ 下降一个量化台阶,同时 $\Delta M$ 调制器输出二进制"0"。根据这样的编码思路,结合图 4-24 所示的波形,可以得到一个二进制代码序列 010101111110…。除了用阶梯波 $x'(t)$ 去近似 $x(t)$ 以外,也可以用锯齿波 $x_0(t)$ 去近似 $x(t)$。而锯齿波 $x_0(t)$ 也只有斜率为正($\sigma/\Delta t$)和斜率为负($-\sigma/\Delta t$)两种情况,因此也可以用"1"码表示正斜率,用"0"码表示负斜率,以获得一个二进制代码序列。

### 4.5.2    增量调制的译码

与编码相对应,译码也有两种情况:一种是收到"1"码上升一个量化台阶(跳变),收到"0"码下降一个量化台阶(跳变),这样就可以把二进制代码经过译码变成 $x'(t)$ 这样的阶梯波;另一种是收到"1"码后产生一个正斜变电压,在 $\Delta t$ 时间内上升一个量化台阶,收到"0"码后产生一个负斜变电压,在 $\Delta t$ 时间内下降一个量化台阶,这样就可以把二进制代码经过译码变成 $x_0(t)$ 这样的锯齿波。考虑电路上实现的简易程度,一般都采用后一种方法。这种方法可用一个简单 $RC$ 积分电路把二进制代码变为 $x_0(t)$ 波形,如图 4-25 所示,图中假设二进制双极性代码为 1010111。

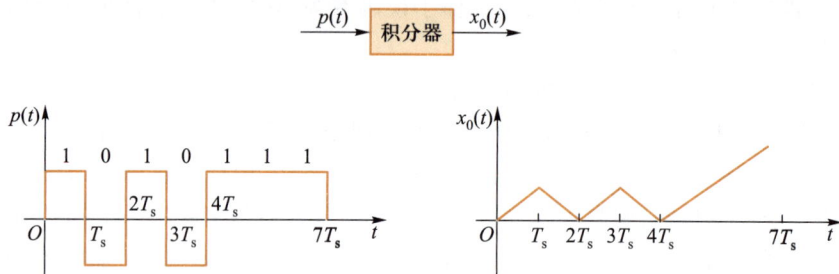

图 4-25    简单增量调制的译码原理图

### 4.5.3    增量调制系统的量化噪声

由增量调制原理可知,译码器恢复的信号是阶梯电压经过低通滤波平滑后的解调电压。它与编码器输入模拟信号的波形近似,但是存在失真。这种失真称为量化噪声,其产生原因有两个。一个原因是编译码时用阶梯波去近似表示模拟信号波形,由阶梯波本身的电压突跳产生失真,如图4-26(a)所示。这是增量调制的基本量化噪声,又称一般量化噪声。它伴随着信号永远存在,即只要有信号,就有这种噪声。另一个原因是信号变化过快引起失真,这种失真称为过载量化噪声,如图4-26(b)所示。它发生在输入信号斜率的绝对值过大时。当抽样频率和量化台阶一定时,阶梯波的最大可能斜率是一定的。若信号上升的斜率超过阶梯波的最大可能斜率,则阶梯波的上升速度赶不上信号的上升速度,因此产生了过载量化噪声。图4-26给出的这两种量化噪声是经过输出低通滤波器前的波形。

教学课件
增量调制系统的
量化噪声

微课
增量调制系统的
量化噪声

习题
增量调制系统的
量化噪声

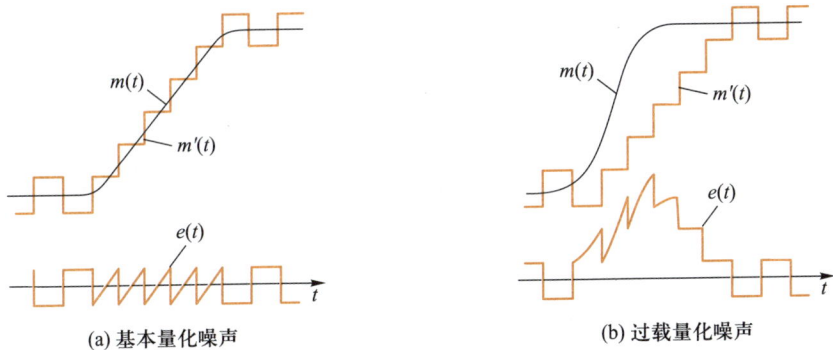

(a) 基本量化噪声　　　　(b) 过载量化噪声

图 4-26　增量调制的量化噪声

设抽样周期为 $T_s$,抽样频率为 $f_s = 1/T_s$,量化台阶为 $\sigma$,则一个阶梯台阶的斜率 $k$ 为

$$k = \sigma/T_s = \sigma f_s \, (\mathrm{V/s}) \tag{4-18}$$

$k$ 是译码器的最大跟踪斜率。当输入信号斜率超过这个最大值时,就会产生过载量化噪声。为了避免产生过载量化噪声,必须使 $\sigma$ 和 $f_s$ 的乘积足够大,使信号的斜率不超过这个值。另外,$\sigma$ 值直接和基本量化噪声的大小有关,若取 $\sigma$ 值太大,势必增大基本量化噪声。所以,用增大 $f_s$ 的办法增大 $\sigma f_s$,才能保证基本量化噪声和过载量化噪声两者都不超过要求。实际中,增量调制采用的抽样频率 $f_s$ 比 PCM 的抽样频率大很多;对于语音信号而言,增量调制采用的抽样频率为几十千赫到几百千赫。

## 复习与思考

1. 什么是增量调制? 它与脉冲编码调制有何异同?
2. 增量调制系统的量化噪声有哪些类型?

## 知识点6　时分复用和多路数字电话

为了提高通信系统信道的利用率,语音信号的传输往往采用多路复用通信的方式。复用的目的是扩大通信链路的容量,在一条链路上传输多路独立的信号,即实现多路复用。复用的方法有很多种,时分复用(TDM)是其中一种重要的复用方法。

教学课件
PCM 时分多路复用
信号帧结构

微课
PCM 时分多路复用
信号帧结构

习题
PCM 时分多路复用
信号帧结构

### 4.6.1　时分复用

时分复用是建立在抽样定理基础上的。抽样定理使连续(模拟)的基带信号有可能被在时间上离散出现的抽样脉冲值所代替。这样,当抽样脉冲占据较短时间时,在抽样脉冲之间就留出了时间空隙,利用这种空隙可以传输其他信号的抽样值。因此,有可能沿一条信道同时传送若干个基带信号。

时分复用原理示意图如图 4-27(a)所示。图中在发送端和接收端分别有一个机械旋转开关,以抽样频率同步地旋转。在发送端,此开关依次对输入信号抽样,开关旋转 1 周得到的多路信号抽样值合为 1 帧。各路信号是断续地发送的。由抽样定理可知,时间上连续的信号可以用它的离散抽样来表示,只要其抽样频率足够高。因此,可以利用抽样的间隔时间传输其他路的抽样信号。例如,若语音信号用 8 kHz 的频率抽样,则旋转开关应每秒旋转 8 000 周。设旋转周期为 $T_s$,共有 $N$ 路信号,则每路信号在每周中占用的时间为 $T_s/N$。此旋转开关采集到的信号如图 4-27(b)~(d)所示。每路信号实际上是 PAM 调制的信号。在接收端,若开关同步旋转,则对应各路的低通滤波器输入端能得到相应路的 PAM 信号。

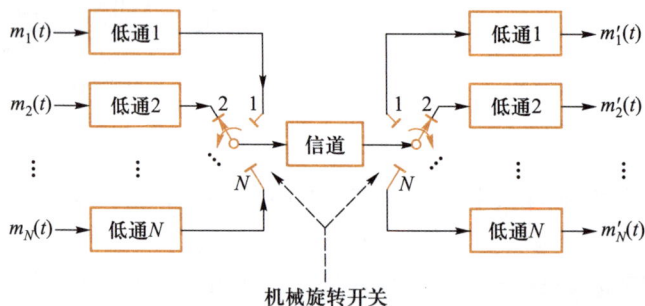

(a) 时分复用原理示意图

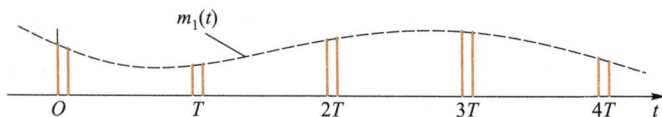

(b) 信号 $m_1(t)$ 的采样

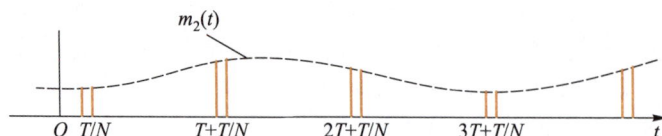

(c) 信号 $m_2(t)$ 的采样

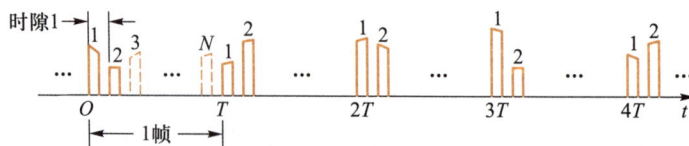

(d) 旋转开关采集到的信号

图 4-27　时分复用

　　上述时分复用基本原理中的机械旋转开关在实际电路中是用抽样脉冲取代的。因此,各路抽样脉冲的频率必须严格相同,而且相位也需要有确定的关系,使各路抽样脉冲保持等间隔的距离。在一个多路复用设备中使各路抽样脉冲严格保持这种关系并不难,因为可以由同一时钟提供各路抽样脉冲。

　　时分复用的主要优点是便于实现数字通信,易于制造,适于采用集成电路实现,生产成本较低。

　　模拟脉冲调制目前几乎不再用于传输。抽样信号一般都在量化编码后以数字信号的形式传输。故上述仅是时分复用的基本原理。

　　对于时分复用多路电话通信系统,ITU 制定了准同步数字体系(PDH)和同步数字体系(SDH)的建议,下面将对其进行简单介绍。

## 4.6.2　准同步数字体系

　　准同步数字体系(PDH)是在数字通信网的每个节点上分别设置高精度的时钟,这些时钟的信号具有统一的标准速率。尽管每个时钟的精度都很高,但还是有一些微小的差别。为了保证通信的质量,要求这些时钟的差别不能超过规定的范围。因此,这种同步方式严格来说不是真正的同步,所以称为"准同步"。在以往的电信网中多使用 PDH 设备。国际上主要有两大系列的准同步数字体系,都经 ITU-T 推荐,即 PCM 24 路系列(或称 T 体系)和 PCM 30/32 路系列(或称 E 体系)。E 体系被我国、欧洲各国和国际连接所采用,而 T 体系被北美各国、日本以及其他少数国家和地区所采用,即 A 律压缩特性采用 PCM 30/32 路系列,$\mu$ 律压缩特性采用 PCM 24 路系列。本节主要介绍 E 体系。

　　PCM 30/32 路系列的基础信号是 64 kbit/s 的 PCM 信号,30 路 PCM 语音信号合为一次群,其帧和复帧结构如图 4-28 所示。

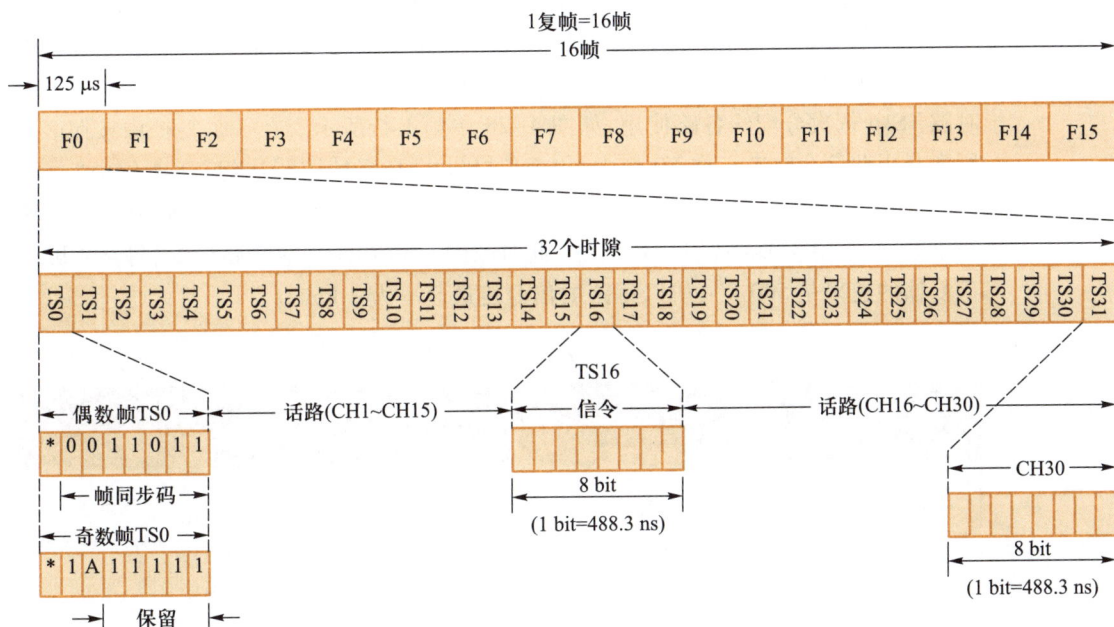

图 4-28　PCM 一次群的帧和复帧结构

从图4-28中可以看到,在PCM 30/32路的制式中,一个复帧由16帧组成,一帧由32个时隙组成,一个时隙为8位(bit)码组。时隙1~15、17~31共30个时隙用作话路,传送语音信号,时隙0(TS0)是"帧同步码组",时隙16(TS16)用于传输信令。

从时间上讲,由于抽样重复频率为8 000 Hz,因此,抽样周期为(1/8 000)s=125 μs,这也就是PCM 30/32的帧周期;一个复帧由16帧组成,这样复帧周期为2 ms;一帧内要时分复用32路,则每路占用的时隙为125 μs/32≈3.9 μs;每时隙包含8位码组,因此,每位码元占488.3 ns。

从传码率上讲,每秒能传送8 000帧,而每帧包含32×8 bit=256 bit,因此,总码率为256 bit/f×8 000 f/s=2 048 kbit/s。对于每个话路来说,每秒要传输8 000个时隙,每个时隙为8 bit,所以可得每个话路数字化后信息传输速率为8×8 000 bit/s=64 kbit/s。

从时隙比特分配上讲,在话路比特中,第1位为极性码,第2~4位为段落码,第5~8位为段内码。下面分别介绍时隙TS0和TS16的比特分配。

时隙TS0的功能在偶数帧和奇数帧下不同。规定在偶数帧的时隙TS0发送一次帧同步码。帧同步码含7 bit,为"0011011",规定占用时隙TS0的后7位。时隙TS0的第1位"*"供国际通信用;若不是国际链路,则它也可以给国内通信用。奇数帧的时隙TS0留作告警等其他用途。在奇数帧中,TS0第1位"*"的用途和偶数帧的相同;第2位"1"用以区别偶数帧的"0",辅助表明其后不是帧同步码;第3位"A"用于远端告警,"A"在正常状态下为"0",在告警状态下为"1";第4~8位保留作维护、性能监测等其他用途,在没有其他用途时,在跨国链路上应该全为"1"。

时隙TS16可以用于传输信令,但是当无须用于传输信令时,它也可以像其他30路一样用于传输语音。信令是电话网中传输的各种控制和业务信息,如电话机上由键盘发出的电话号码信息等。在电话网中传输信令的方法有两种:一种是共路信令(CCS),是将各路信令通过一个独立的信令网络集中传输;另一种是随路信令(CAS),是将各路信令放在传输各路信息的信道中和各路信息一起传输。在ITU-T提出的E体系建设中为随路信令做了具体规定。采用随路信令时,需将16个帧组成一个复帧,时隙TS16依次分配给各路使用,如图4-28中第1行所示。在一个复帧中按照表4-9所列共用此信令时隙。在F0帧中,前4位"0000"是复帧同步码组;后4位中"x"为备用,无用时全置为"1","y"用于向远端指示告警,在正常工作状态下为"0",在告警状态下为"1"。在其他帧(F1~F15)中,此时隙的8 bit用于传送2路信令,每路4 bit。由于复帧的速率是500 f/s,所以每路的信令传送速率为2 kbit/s。

表4-9　随路信令

| 帧 | bit | | | | | | | |
|---|---|---|---|---|---|---|---|---|
| | 1 | 2 | 3 | 4 | 5 | 6 | 7 | 8 |
| F0 | 0 | 0 | 0 | 0 | x | y | x | X |
| F1 | CH1 | | | | CH16 | | | |
| F2 | CH2 | | | | CH17 | | | |
| F3 | CH3 | | | | CH18 | | | |
| ⋮ | ⋮ | | | | ⋮ | | | |
| F15 | CH15 | | | | CH30 | | | |

### 4.6.3　同步数字体系

教学课件
同步数字体系

微课
同步数字体系

习题
同步数字体系

随着数字通信的迅速发展,点到点的直接传输越来越少,而大部分数字传输都要经过转接,因而 PDH 便不能适应现代电信业务开发及现代化电信网管理的需要。SDH 就是为了适应这种新的需要而出现的传输体系。SDH 的概念最早由美国贝尔通信研究所提出,称为光同步网络(SONET)。它是高速、大容量光纤传输技术和高度灵活又便于管理控制的智能网技术的有机结合。其最初的目的是在光路上实现标准化,便于不同厂家的产品在光路上互通,从而提高网络的灵活性。1988 年,国际电报电话咨询委员会(CCITT)接受了 SONET 的概念,重新命名为“同步数字体系(SDH)”。

SDH 有全世界统一的网络节点接口(NNI),并且在整个网络中各设备的时钟都来自同一个极其精确的时间标准,从而简化了信号的互通以及信号的传输、复用、交叉连接等过程。SDH 有一套标准化的信息结构等级,称为同步传递模块(STM)。一个 STM 主要由信息有效负荷和段开销(SOH)组成块状帧结构,其重复周期为 125 μs。按照模块的大小和传输速率不同,目前 SDH 规定了 4 级标准,如表 4-10 所示。STM 的基本模块是 STM-1,STM-1 包含 1 个管理单元群(AUG)和段开销(SOH)。STM-64 包含 64 个 AUG 和相应的 SOH。目前,4 个等级的容量相邻之间为 4 倍关系,速率也是 4 倍关系,级间没有额外开销。

表 4-10　SDH 的等级划分

| 等级 | 速率/(Mbit/s) |
|---|---|
| STM-1 | 155.52 |
| STM-4 | 622.08 |
| STM-16 | 2 488.32 |
| STM-64 | 9 953.28 |

SDH 复用的基本原则是将多个低等级信号适配进高等级通道,并将一个或多个高等级通道的信号适配进线路复用层。SDH 的结构如图 4-29 所示。复用过程中的复用单元有容器 C、虚容器 VC、支路单元 TU、支路单元群 TUG、管理单元 AU 和管理单元群 AUG。可以看出,无论采用哪种复用途径,最多只需两次指针调整(相当于 PDH 的码速调整)。

容器 C 是一种信息结构。PDH 的输入信号首先进入容器 $C\text{-}n(n=1\sim4)$。这里,容器为后接的虚容器 VC-$n$ 组成与网络同步的信息有效负荷。

映射是在 SDH 网的边界处使支路信号与虚容器相匹配的过程,在图 4-29 中用细实线箭头指出。ITU 的建议中只规定有几种速率不同的标准容器和虚容器,每一种虚容器都对应一种容器。

虚容器 VC 也是一种信息结构。它由信息有效负荷和路径开销信息组成帧,每帧长 125 μs 或 500 μs。虚容器有两种,即低阶虚容器 VC-$n(n=1,2,3)$ 和高阶虚容器 VC-$n(n=3,4)$。低阶虚容器包括一个容器 C-$n(n=1,2,3)$ 和低阶虚容器的路径开销。高阶虚容器包括一个容器 C-$n(n=3,4)$ 或几个支路单元群(TUG-2 或 TUG-3),以及虚容器路径开销。虚容器的输出可以进入支路单元 TU-$n$。

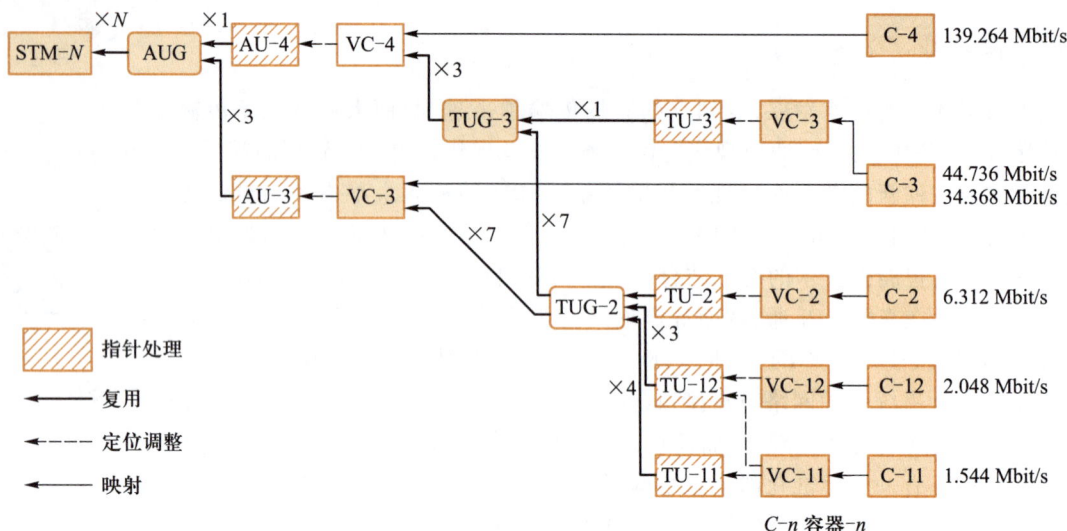

图 4-29    SDH 的结构

支路单元 TU-$n$($n$=1,2,3)也是一种信息结构,它的功能是为低阶路径层和高阶路径层进行适配。它由一信息有效负荷(低阶虚容器 VC-$n$)和一个支路单元指针组成。支路单元指针指明有效负荷帧起点相对于高阶虚容器帧起点的偏移量。

支路单元群 TUG 由一个或几个支路单元组成。后者在高阶 VC-$n$ 有效负荷中占据不变的规定的位置。TUG 可以混合不同容量的支路单元以增强传送网络的灵活性。例如,一个 TUG-2 可以由相同的几个 TU-1 或一个 TU-2 组成,一个 TUG-3 可以由相同的几个 TUG-2 或一个 TU-3 组成。

管理单元 AU-$n$($n$=3,4)也是一种信息结构,它为高阶路径层和复用段层提供适配。管理单元由一个信息有效负荷(高阶虚容器)和一个管理单元指针组成,此指针指明有效负荷帧的起点相对于复用段帧起点的偏移量。管理单元有两种,即 AU-3 和 AU-4。AU-4 由一个 VC-4 和一个管理单元指针组成,此指针指明 VC-4 相对于 STM-$N$ 帧的相位定位调整量。AU-3 由一个 VC-3 和一个管理单元指针组成,此指针指明 VC-3 相对于 STM-$N$ 帧的相位定位调整量。在每种情况下,管理单元指针的位置相对于 STM-$N$ 帧总是固定的。

管理单元群 AUG 由一个或多个管理单元组成。它在一个 STM 有效负荷中占据固定的规定位置。一个 AUG 由几个相同的 AU-3 或一个 AU-4 组成。

各种速率等级的数据流先进入相应的接口容器 C-$n$($n$=1~4)。图 4-29 中的 C-11 和 C-12 表示两种不同体系(E 体系和 T 体系)的容器 C-1。由标准容器输出的统一数据流加上通道开销构成相应的虚容器,由虚容器输出的数据流按图 4-29 规定的路线进入管理单元或支路单元。

SDH 由一些基本网络单元组成,在光纤、微波、卫星等多种介质中进行同步信息传输、复接和交叉连接,具有以下优越性。

① 确定了全球光接口标准,使不同厂家的设备可以互通,节省了成本。

② 采用同步复用方式和灵活的复用映射结构,净负荷与网络是同步的,避免了对

全部高速信息进行逐级分解复接的做法,简化了上、下业务作业。

③ 帧结构中富余比特多,使网络检测故障、监测传输等能力大大加强。

④ 将标准的光接口综合进各种不同的网络单元,减少了将传输和复用分开的需要,从而简化了硬件。

⑤ 完全兼容 PDH,还能容纳各种新业务信号。

⑥ SDH 信号结构的设计考虑了网络传输和交换的最佳性。

上述特点中最核心的有三条,即同步复用、标准光接口和强大的网络管理能力。当然,SDH 也有不足之处,主要体现在如下几个方面。

① 频带利用率不如传统的 PDH 系统高(可从复用结构中看出)。

② 采用指针调整基数会使时钟产生较大的抖动,造成传输损失。

③ 大规模使用软件控制和将业务量集中在少数几个高速链路和交叉节点上,这些关键部位出现问题可能导致网络的重大故障,甚至造成全网瘫痪。

④ SDH 与 PDH 互连时(在从 PDH 到 SDH 的过渡时期,会形成多个 SDH"同步岛"经 PDH 互连的局面),由于指针调整产生的相位跃变,使经过多次 SDH/PDH 变换的信号在低频抖动和漂移上比纯粹的 PDH 或 SDH 信号更严重。

由于 SDH 具有上述显著优点,它将成为实现信息高速公路的基础技术之一。但是在与信息高速公路相连接的支路和岔路上,PDH 设备仍将有用武之地。

## 复习与思考

什么是时分复用? 它与频分复用有何区别?

## 即测即评

（扫描二维码可进行自我测试）

## 自测题

一、填空题

1. 当原始信号是模拟信号时,必须经过_____后才能通过数字通信系统进行传输,并经过_____后还原成原始信号。

2. PCM 方式的模拟信号数字化要经过_____、_____、_____三个过程。

3. 将模拟信号进行数字化传输的基本方法有_____和_____两种。

4. 在模拟信号转变成数字信号的过程中,抽样过程是为了实现＿＿＿＿＿＿＿＿的离散,量化过程是为了实现＿＿＿＿＿＿＿的离散。

5. 抽样是将时间＿＿＿＿＿＿＿的信号变换为＿＿＿＿＿＿离散的信号。

6. 一个模拟信号在经过抽样后,其信号属于＿＿＿＿信号,再经过量化后,其信号属于＿＿＿＿信号。

7. 量化是将幅值＿＿＿＿＿＿＿的信号变换为幅值＿＿＿＿＿＿＿＿的信号。

8. 采用非均匀量化的目的是为了提高＿＿＿＿＿＿的量化 SNR,代价是减少＿＿＿＿的量化 SNR。

9. 设某样值为 $-2\,048\Delta$,则 $A$ 律 13 折线 8 位码为＿＿＿＿＿＿＿＿,译码后输出的样值为＿＿＿＿＿＿＿＿。

10. PCM 30/32 基群帧结构中,$TS_0$ 时隙主要用于传输＿＿＿＿＿＿＿信号,$TS_{16}$ 时隙主要用于传输＿＿＿＿＿＿信号。

11. PCM 30/32 基群帧结构一共划分有＿＿＿＿＿＿＿时隙,其中同步码在＿＿＿＿＿＿＿时隙。

12. 产生已抽样信号频谱混叠的原因是＿＿＿＿＿＿。若要求从已抽样信号中正确恢复最高频率为 $f_m$ 的模拟基带信号,则其抽样频率 $f_s$ 应满足＿＿＿＿＿＿条件。

13. 简单增量调制中所产生的两种量化噪声是＿＿＿＿＿＿和＿＿＿＿＿＿。

14. 语音对数压缩的两个国际标准分别是＿＿＿＿＿＿,我国采用＿＿＿＿＿＿。

二、简答题

1. 设信号 $f(t)$ 的带宽为 250 kHz,请问用下列哪些频率对它进行采样,可以从采样信号中无误差地恢复出原信号?

(1) 125 kHz;(2) 200 kHz;(3) 400 kHz;(4) 550 kHz;(5) 1 000 kHz。

2. 简述平顶抽样带来的失真及弥补方法。

3. 试比较理想抽样、自然抽样和平顶抽样的异同点。

4. 简述带通信号不宜采用低通抽样定理进行抽样的原因。

5. 简述非均匀量化原理。与均匀量化相比较,非均匀量化的主要优缺点有哪些?

三、画图题

1. 已知一低通信号 $m(t)$ 的频谱 $M(f)$ 为

$$M(f) = \begin{cases} 1 - \dfrac{|f|}{200}, & |f| < 200 \text{ Hz} \\ 0, & \text{其他} \end{cases}$$

(1) 假设以 $f_s = 300$ Hz 的频率对 $m(t)$ 进行理想抽样,试画出已抽样信号 $m_s(t)$ 的频谱草图;

(2) 若用 $f_s = 400$ Hz 的频率抽样,重做上题;

(3) 若用 $f_s = 500$ Hz 的频率抽样,重做上题;

(4) 试比较以上结果。

2. 已知某信号 $m(t)$ 的频谱 $M(\omega)$ 如图 4-30(b)所示。将它通过传输函数为 $H_1(\omega)$ 的滤波器后再进行理想抽样,如图 4-30(a)所示。

(1) 试求此时的抽样频率;

（2）若用 $f_s = 3f_1$ 的频率抽样，画出已抽样信号 $m_s(t)$ 的频谱；

（3）接收端的 $H_2(\omega)$ 应具有怎样的传输特性才能不失真地恢复 $m(t)$？

(a)

(b)

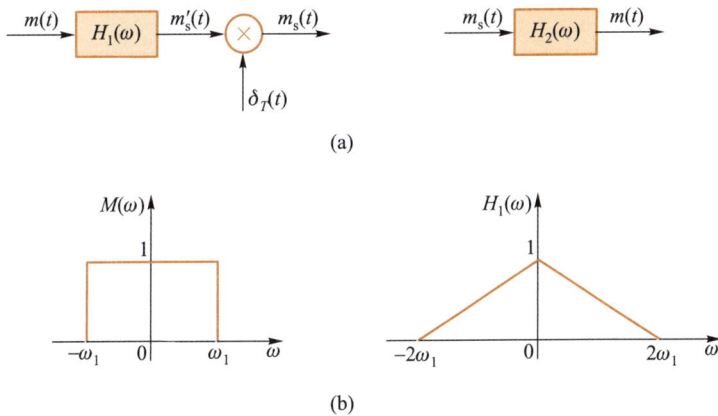

图 4-30　画图题 2 图

四、计算题

1. 编 A 律 13 折线 8 位码，设最小量化间隔单位为 $1\Delta$，已知抽样脉冲值为 $+321\Delta$ 和 $-2\,100\Delta$。

（1）试求此时编码器输出的码组，并计算量化误差；

（2）写出与此相对应的 11 位线性码。

2. 设语音信号的带宽为 300～3 400 Hz，抽样频率为 8 000 Hz。

（1）试求编 A 律 13 折线 8 位码和线性 12 位码时的码元速率；

（2）现将 10 路编 8 位码的语音信号进行 PCM 时分复用传输，试求此时的码元速率。

3. 采用 13 折线 A 律编码，设最小量化间隔为 1 个量化单位，已知抽样脉冲为 $+635$ 量化单位。

（1）试求此时编码器输出码组，并计算量化误差；

（2）写出对应于该 7 位（不包括极性码）的均匀量化 11 位码（采用自然二进制码）。

4. 设信号频率范围为 0～4 kHz，幅值在 $-4.096$～$+4.096$ V 间均匀分布。

（1）若采用均匀量化编码，以 PCM 方式传送，量化间隔为 2 mV，用最小抽样频率进行抽样，求传送该 PCM 信号实际需要最小带宽和量化信噪比；

（2）若采用 13 折线 A 律对该信号进行非均匀量化编码，求这时的最小量化间隔。

5. 若对 12 路语音信号（每路信号的最高频率均为 4 kHz）进行抽样和时分复用，将所得脉冲用 PCM 基带系统传输，信号占空比为 1。

（1）抽样后信号按 8 级量化，求 PCM 信号谱零点带宽；

（2）抽样后信号按 128 级量化，求 PCM 信号谱零点带宽。

模块 **5**

## 数字信号的基带传输

模块 1 指出，与模拟通信相比，数字通信具有许多优良的特性，它的主要缺点是设备复杂并且需要较大的传输带宽。近年来，随着大规模集成电路的出现，数字系统的设备复杂程度和技术难度大大降低，同时高效的数字压缩技术及光纤等大容量传输介质的使用正逐步使带宽等问题得到解决。因此，数字传输方式日益受到欢迎。

**素质目标**
- 能具有严谨规范的意识。
- 能具有精益求精的精神。

**知识目标**
- 能复述数字基带信号码型设计的原则。
- 能解释基带传输系统码间串扰的原因。
- 会解释奈奎斯特第一准则。
- 能说出眼图形成的原理并对模型进行解释。

**能力目标**
- 会对几种常用码型进行编码。
- 会绘制数字基带传输系统的框图。
- 会根据给出条件判断一个系统是否存在码间串扰。
- 会对眼图进行仿真。

## 思维导图

数字基带传输系统简介
数字基带信号的码型设计原则
数字基带信号的常用码型
数字基带信号的功率谱
NRZ、RZ信号的产生及其功率谱仿真
AMI码的产生及其功率谱仿真

1 基带信号的码型

4 眼图

眼图的概念
眼图原理及模型
眼图的仿真

数字基带传输系统的工作原理
码间串扰的形成

2 码间串扰

数字信号的基带传输

5 改善数字基带
传输系统性能
的措施

均衡技术
部分响应系统

无码间串扰的基带传输系统
基带传输系统的抗干扰性能
验证奈奎斯特第一准则的仿真

3 无码间串扰

自测题

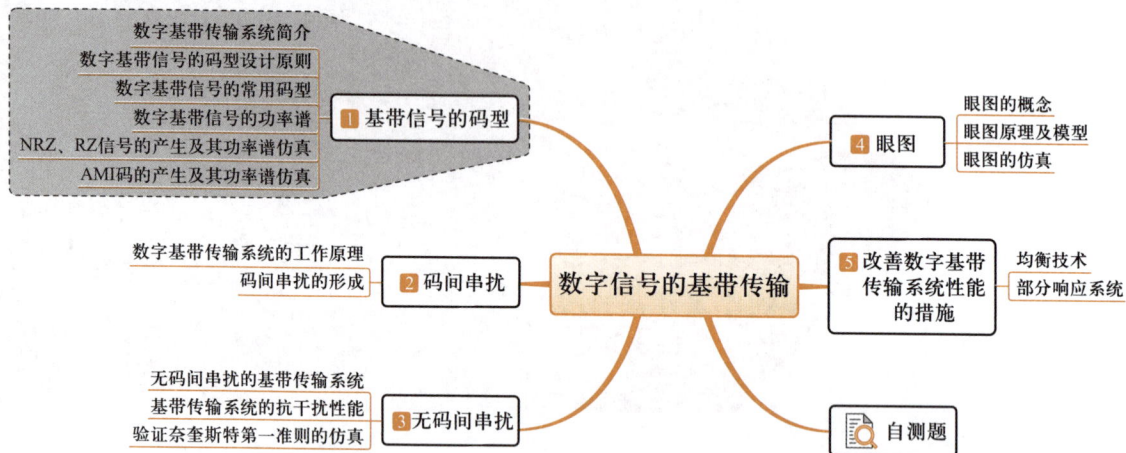

## 课程思政教学建议

## 知识点 1　基带信号的码型

### 5.1.1　数字基带传输系统简介

　　数字传输系统中传输的数字信息既可以是来自计算机、电传机等数据终端的各种数字信号,也可以是来自模拟信号经数字化处理后的脉冲编码调制(PCM)信号等。在原理上,数字信息可以直接用数字代码序列表示和传输,但在实际传输中,根据系统的要求和信道情况,一般需要进行不同形式的编码,并且选用一组取值有限的离散波形来表示。这些取值离散的波形可以是未经调制的数字信号,也可以是调制后的信号。其中,未经调制的数字信号所占据的频谱是从零频或很低频率开始的,所以一般称为数字基带信号。基带信号由于直流或低频成分丰富、提取同步信息不便以及易产生码间串扰等,一般不能在普通信道中传输。但在某些有线信道中,尤其是传输距离不太远的情况下,基带信号可以不经载波调制而直接传输,如在计算机局域网中直接传输基带脉冲,这类系统称为数字基带传输系统。包括调制和解调过程的传输系统则称为数字频带传输系统。

　　目前,数字基带传输系统不如数字频带传输系统那样应用广泛,但对于基带传输系统的研究仍是非常有意义的。这是因为:第一,在利用对称电缆构成的近程数据通信系统中广泛采用了这种传输方式;第二,随着数字通信技术的发展,基带传输方式也有迅速发展的趋势,目前它不仅用于低速数据传输,也用于高速数据传输;第三,基带传输中包含频带传输的许多基本问题;第四,任何一个采用线性调制的频带传输系统,都可以等效为一个基带传输系统来研究。

### 5.1.2　数字基带信号的码型设计原则

　　数字基带信号是消息代码的电脉冲表示——电波形。在实际基带传输系统中,并非所有基带波信号都适合在信道中传输。例如,含有丰富直流和低频成分的基带信号就不适宜在低频传输特性差的信道中传输,因为它有可能造成信号严重畸变;又如,当消息码元序列中包含长串的连续"1"或"0"符号时,基带信号会呈现出连续的固定电平,因而无法获取定时信息。实际的基带传输系统还可能提出其他要求,从而对基带信号也存在各种可能的要求。归纳来说,对传输用的基带信号的要求主要有以下两点。

　　① 对代码的要求:原始消息代码必须编成适合传输的码型。

　　② 对所选码型的电波形的要求:电波形应适合基带传输系统的传输。

　　前者属于传输码型的选择,后者属于基带脉冲的选择。这是两个既彼此独立又相互联系的问题,也是基带传输原理中十分重要的两个问题。

　　传输码又称为线路码,它的结构取决于实际信道的特性和系统工作的条件。在选择传输码型时,一般应遵循以下原则。

　　① 不含直流分量,且低频分量尽量少。

　　② 码型中高频分量尽量少。这样既可以节省传输频带,提高信道的频带利用率,

还可以减少串扰。串扰是指同一电缆内不同线对之间的相互干扰,基带信号的高频分量越大,对邻近线对产生的干扰越严重。

③ 含有丰富的定时信息,以便于从接收码流中提取定时信号。

④ 具有内在的检错能力,即码型应具有一定的规律性,以便利用这一规律性进行宏观监测。

⑤ 不受信息源统计特性的影响,即能适应于信息源的变化。

⑥ 低误码增殖。对于某些基带传输码型,信道中产生的单个误码会扰乱一段译码过程,从而导致译码输出信息中出现多个错误,这种现象称为误码增殖。

⑦ 高编码效率。

⑧ 编、译码简单,可以降低通信延时和成本。

并不是任何基带传输码型均能完全满足上述各项原则,但很多码型可依照实际要求满足其中的若干项。

### 5.1.3　数字基带信号的常用码型

数字基带信号的码型种类繁多,下面仅以矩形脉冲组成的基带信号为例,介绍一些目前常用的基本码型。常用的几种二进制数字基带信号码型的波形如图5-1所示。

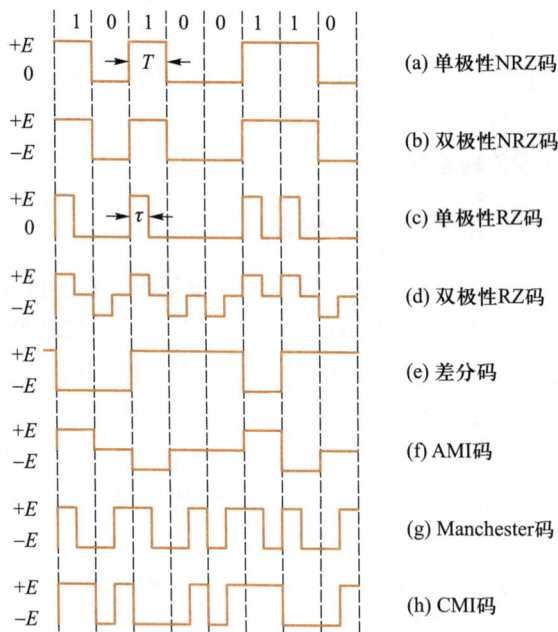

图5-1　二进制数字基带信号码型的波形

#### 1. 单极性 NRZ(非归零)码

单极性 NRZ 码如图5-1(a)所示。在表示一个码元时,二进制符号"1"和"0"分别对应基带信号的正电平和零电平,在整个码元持续时间内,电平保持不变。

单极性 NRZ 码具有如下特点。

① 发送能量大,有利于提高接收端信噪比。

② 在信道上占用频带较窄。

③ 有直流分量,将导致信号的失真与畸变,且由于直流分量的存在,无法使用一些交流耦合的线路和设备。

④ 不能直接提取位同步信息。

⑤ 抗噪性能差。接收单极性 NRZ 码的判决电平应取"1"码电平的 1/2。由于信道衰减或特性随各种因素变化时,接收波形的振幅和宽度容易变化,因而判决门限不能稳定在最佳电平,使抗噪性能变坏。

⑥ 传输时需一端接地。

由于单极性 NRZ 码的诸多缺点,基带数字信号传输中很少采用这种码型,故其只适合极短距离传输。

### 2. 双极性 NRZ(非归零)码

在此编码中,"1"和"0"分别对应正、负电平,如图 5-1(b)所示。其特点除与单极性 NRZ 码的特点①、②、④相同外,还包括以下几项。

① 直流分量小。当二进制符号"1""0"等概率出现时,无直流成分。

② 接收端判决门限为 0,容易设置并且稳定,因此抗干扰能力强。

③ 可以在电缆等无接地线上传输。

双极性 NRZ 码常在 ITU-T 的 V 系列接口标准或 RS-232 接口标准中使用。

### 3. 单极性 RZ(归零)码

RZ(归零)码是指其有电脉冲宽度比码元宽度窄,每个脉冲都回到零电平,即还没有到一个码元终止时刻就回到零值的码型。

单极性 RZ 码如图 5-1(c)所示,在传送"1"码时发送 1 个宽度小于码元持续时间的归零脉冲,在传送"0"码时不发送脉冲。脉冲宽度 $\tau$ 与码元宽度 $T$ 之比 $\tau/T$ 称为占空比。

与单极性 NRZ 码相比,单极性 RZ 码的缺点是发送能量小、占用频带宽,主要优点是可以直接提取同步信号。此优点虽不意味着单极性 RZ 码能广泛应用到信道上传输,但它却是其他码型提取同步信号需采用的一个过渡码型。即对于适合信道传输但不能直接提取同步信号的码型,可先变为单极性 RZ 码,再提取同步信号。

### 4. 双极性 RZ(归零)码

双极性 RZ 码的构成原理与单极性 RZ 码相同,如图 5-1(d)所示。"1"和"0"在传输线路上分别用正和负脉冲表示,且相邻脉冲间必存在零电平区域。

对于双极性 RZ 码,在接收端根据接收波形归于零电平便可知道当前一比特信息已接收完毕,以便准备下一比特信息的接收。所以,在发送端不必按一定的周期发送信息。可以认为正、负脉冲前沿起了启动信号的作用,后沿起了终止信号的作用。因此,可以经常保持正确的比特同步,即收发之间无须特别定时,且各符号独立地构成起止方式。此方式也称自同步方式。

双极性 RZ 码具有双极性 NRZ 码的抗干扰能力强及码中不含直流成分的优点,应用比较广泛。

教学课件
线路码型:单/双极性 NRZ 码、单/双极性 RZ 码

微课
线路码型:单/双极性 NRZ 码、单/双极性 RZ 码

习题
线路码型:单/双极性 NRZ 码、单/双极性 RZ 码

### 5. 差分码

在差分码中,"1""0"分别用电平跳变或不变来表示。若用电平跳变表示"1",称为传号差分码(在电报通信中,"1"称为传号,"0"称为空号),如图5-1(e)所示。若用电平跳变表示"0",则称为空号差分码。由图5-1(e)可见,这种码型在形式上与单极性或双极性码型相同,但它代表的信息符号与码元本身电位或极性无关,而仅与相邻码元的电位变化有关。差分码也称相对码,而相应地称前面的单极性或双极性码为绝对码。

差分码的特点是即使接收端收到的码元极性与发送端完全相反,也能正确地进行判决。

### 6. AMI码

AMI码的全称是传号交替反转码。此方式是单极性方式的变形,即把单极性方式中的"0"码仍与零电平对应,而"1"码对应发送极性交替的正、负电平,如图5-1(f)所示。这种码型实际上把二进制脉冲序列变为三电平的符号序列(故称三元序列),其优点如下。

① 在"1""0"码不等概率的情况下,也无直流成分,且零频附近低频分量小。因此,对具有变压器或其他交流耦合的传输信道来说,不易受隔直特性的影响。

② 若接收端收到的码元极性与发送端的完全相反,也能正确判决。

③ 便于观察误码情况。

此外,AMI码还有编、译码电路简单等优点,是一种基本的线路码,使用广泛。

不过,AMI码有一个重要缺点,即当用它来获取定时信息时,由于可能出现长的"连0"串,因而会导致难以提取定时信号。

### 7. HDB3码

为了保持AMI码的优点,克服其缺点,人们提出了许多种类的改进AMI码,其中广为人们所接受的是高密度双极性码HDB$n$码。三阶高密度双极性码HDB3码就是高密度双极性码中最重要的一种。

HDB3码的编码规则如下。

① 先把消息代码变成AMI码,然后检查AMI码的"连0"串情况,若无3个以上"连0"码,则此时的AMI码就是HDB3码。

② 当出现4个或4个以上"连0"码时,则将每4个"连0"小段的第4个"0"变换成"非0"码。这个由"0"码改变而来的"非0"码称为破坏符号,用符号$V$表示;而原来二进制码元序列中所有的"1"码称为信码,用符号$B$表示。当信码序列中加入破坏符号以后,信码$B$与破坏符号$V$的正、负必须满足如下两个条件。

a. $B$码和$V$码各自都应始终保持极性交替变化的规律,以确保编好的码中没有直流成分。

b. $V$码必须与前一个码(信码$B$)同极性,以便和正常的AMI码相区分。如果这个条件得不到满足,那么应该在4个"连0"码的第1个"0"码位置上加一个与$V$码同极性的补信码,用符号$B'$表示,并做调整,使$B$码和$B'$码合起来保持条件a中信码(含$B$及$B'$)极性交替变换的规律。

例如:

教学课件
线路码型:AMI码、HDB3码

微课
线路码型:AMI码、HDB3码

习题
线路码型:AMI码、HDB3码

| 消息代码： | 0　1　0　0　0　0　1　1　0　0　0　0　0　1　0　1 |
|---|---|
| AMI 码： | 0　+1　0　0　0　0　−1　+1　0　0　0　0　0　−1　0　+1 |
| 加 $V$： | 0　+1　0　0　0　$V_+$　−1　+1　0　0　0　$V_-$　0　−1　0　+1 |
| 加 $B'$ 并调整 $B$ 及 $B'$ 极性： | 0　+1　0　0　0　$V'_+$　−1　+1　$B'_-$　0　0　$V_-$　0　+1　0　−1 |
| HDB3： | 0　+1　0　0　0　+1　−1　+1　−1　0　0　−1　0　+1　0　−1 |

虽然 HDB3 码的编码规则比较复杂，但译码却比较简单。从上述原理可以看出，每一破坏符号总是与前一"非 0"符号同极性。据此，从收到的符号序列中很容易找到破坏点 $V$，于是断定 $V$ 符号及其前面的 3 个符号必定是"连 0"符号，从而恢复 4 个"连 0"码，再将所有的+1、−1 变成"1"，即可得到原信息代码。

HDB3 的特点是明显的，它除了保持 AMI 码的优点外，还增加了使"连 0"串减少至不多于 3 个的优点，而不管信息源的统计特性如何，这对于定时信号的恢复是极为有利的。HDB3 是 ITU−T 推荐使用的码型之一。

#### 8. Manchester(曼彻斯特)码

Manchester 码又称为数字双相码或分相码。它的特点是每个码元用两个连续极性相反的脉冲来表示。如"1"码用正、负脉冲表示，"0"码用负、正脉冲表示，如图 5−1(g)所示。该码的优点是无直流分量，最长"连 0""连 1"数为 2，定时信息丰富，编、译码电路简单；但其码元速率比输入的信码速率提高了 1 倍。

分相码适用于数据终端设备在中速短距离上传输，如以太网采用分相码作为线路传输码。

分相码当极性反转时会引起译码错误，为解决此问题，可以采用差分码的概念，将分相码中用绝对电平表示的波形改为用电平相对变化来表示。这种码型称为条件分相码或差分 Manchester 码。数据通信的令牌网即采用这种码型。

#### 9. CMI 码

CMI 码是传号反转码的简称，在此编码中，"1"码交替用"00"和"11"表示，"0"码用"01"表示，如图 5−1(h)所示。CMI 码的优点是没有直流分量，且频繁出现波形跳变，便于提取定时信息，具有误码监测能力。

由于 CMI 码具有上述优点，再加上编、译码电路简单，容易实现，因此在高次群脉冲编码调制终端设备中广泛用作接口码型，在速率低于 8 448 kbit/s 的光纤数字传输系统中也被建议作为线路传输码型。

除了图 5−1 给出的线路码外，近年来，高速光纤数字传输系统中还应用了 5B6B 码，其将每 5 位二元码输入信息编成 6 位二元码码组输出(分相码和 CMI 码属于 1B2B 码)。这种码型输出虽比输入增加 20%的码速，但却具有便于提取定时信息、低频分量小、同步迅速等优点。

#### 10. 多进制码

上面介绍的是应用较多的二进制码，而在实际应用中还常用到多进制码，其波形特点是多个二进制符号对应一个脉冲码元。图 5−2(a)、(b)所示分别为两种四进制码波形。其中，图 5−2(a)为单极性信号，只有正电平，分别用+3$E$、+2$E$、+$E$、0 对应两个二进制符号(一位四进制)00、01、10、11；而图 5−2(b)为双极性信号，具有正、负电平，分别用+3$E$、+$E$、−$E$、−3$E$ 对应两个二进制符号(一位四进制)00、01、10、11。

教学课件
线路码型：差分码、CMI 码、DMI 码、多进制码

微课
线路码型：差分码、CMI 码、DMI 码、多进制码

习题
线路码型：差分码、CMI 码、DMI 码、多进制码

由于这种码型的一个脉冲可以代表多个二进制符号,故在高数据速率传输系统中,采用这种信号形式是适宜的。多进制码的目的是在码元速率一定的情况下提高信息速率。

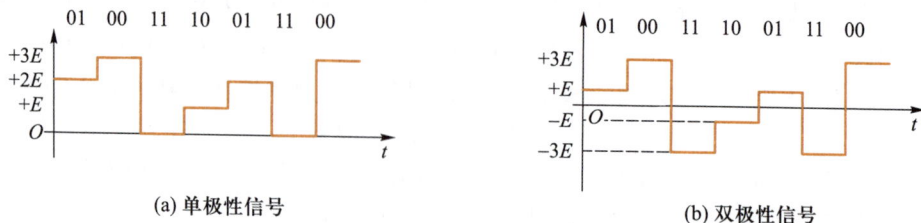

(a) 单极性信号　　　　　　(b) 双极性信号

图 5-2　四进制码波形

**教学课件**
传输码功率谱

**微课**
传输码功率谱

**习题**
传输码功率谱

实际上,组成基带信号的单个码元波形并非一定是矩形的。根据实际需要,还可以有多种多样的波形形式,如升余弦脉冲、高斯形脉冲等。

### 5.1.4　数字基带信号的功率谱

在实际通信中,被传送的信息是收信者事先未知的,因此数字基带信号是随机的脉冲序列。由于随机信号不能用确定的时间函数表示,也就没有确定的频谱函数,因此只能从统计学的角度,用功率谱来描述它的频域特性。如图 5-3 所示,二进制随机脉冲序列的功率谱一般包含连续谱和离散谱两部分。

连续谱总是存在的,通过连续谱在功率谱上的分布,可以看出信号功率在频谱上的分布情况,从而确定传输数字信号的带宽。离散谱却不一定存在,它与脉冲波形及出现的概率有关。离散谱的存在与否,关系到能否从脉冲序列中直接提取定时信号。如果一个二进制随机脉冲序列的功率谱中没有离散谱,则要设法变换基带信号的码型,使功率谱中出现离散部分,以利于定时信号的提取。图 5-3 所示的功率谱是一种典型的数字基带信号功率谱,其分布似花瓣状。功率谱第 1 个过零点之内的花瓣最大,称为主瓣。主瓣内集中了信号的绝大部分功率,所以主瓣的宽度可以作为

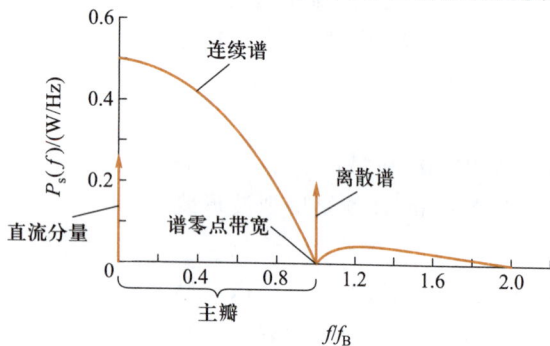

图 5-3　数字基带信号功率谱

**教学课件**
NRZ、RZ 信号的产生及其功率谱仿真

**微课**
NRZ、RZ 信号的产生及其功率谱仿真

**习题**
NRZ、RZ 信号的产生及其功率谱仿真

信号的近似带宽,通常称为谱零点带宽。图 5-3 中的横坐标为 $f/f_B$,其中 $f_B$ 为码元传输速率。

### 5.1.5　实训:NRZ、RZ 信号的产生及其功率谱仿真

#### 一、仿真目的

(1)学习 SystemView 软件的使用方法。
(2)学习如何生成数字基带信号 NRZ、RZ。
(3)掌握 NRZ、RZ 信号的功率谱。

## 二、仿真内容

根据 NRZ、RZ 码的产生原理,可以建立 NRZ、RZ 码的 SystemView 仿真模型,如图 5-4 所示。

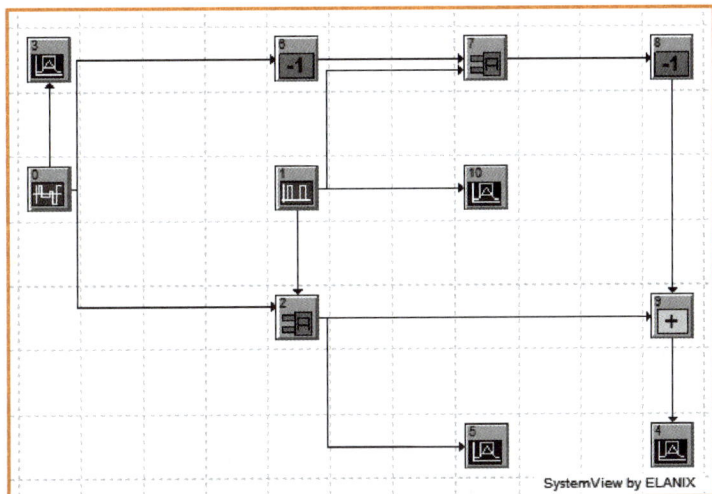

图 5-4　NRZ、RZ 码的 SystemView 仿真模型

系统的时间设置为:采样频率 1 000 Hz,采样点数 1 024。系统各图符的参数设置见表 5-1。

表 5-1　系统各图符的参数设置

| 图符编号 | 库/图符名称 | 参数设置 |
|---|---|---|
| 0 | Source:PN Seq | Amp = 1 V,Offset = 0 V,Rate = 50 Hz,Levels = 2,Phase = 0 deg |
| 1 | Source:Pulse Train | Amp = 1 V,Freq = 50 Hz,PulseW = 10e-3 s,Offset = 0 V,Phase = 0 deg |
| 2、7 | Operator:And | — |
| 3 ~ 5、10 | Sink:Analysis | — |
| 6、8 | Operator:Negate | — |
| 9 | Adder | — |

## 三、仿真步骤及要求(实训报告见附录)

(1)复习有关 NRZ、RZ 信号产生的内容,并按要求设计仿真系统。

(2)画出 NRZ、RZ 信号仿真模型图。

(3)独立设计仿真参数并上机调试,观察记录 NRZ、RZ 信号。

(4)观察记录单极性 RZ 码、双极性 RZ 码和双极性 NRZ 码在波形上的表现形式及各自的特点。

（5）了解上述三种波形表示的原始码元。

（6）观察比较单极性 RZ 码、双极性 RZ 码和双极性 NRZ 码的带宽，并说明它们之间的区别。

（7）观察比较单极性 RZ 码、双极性 RZ 码和双极性 NRZ 码的功率谱，并说明它们之间的区别。

教学课件
AMI 码的产生及其
功率谱仿真

微课
AMI 码的产生及其
功率谱仿真

习题
AMI 码的产生及其
功率谱仿真

### 5.1.6　实训：AMI 码的产生及其功率谱仿真

**一、仿真目的**

（1）学习 SystemView 软件的使用方法。

（2）学习如何生成 AMI 码。

（3）掌握 AMI 码的功率谱。

**二、仿真内容**

根据 AMI 码的产生原理，可以建立 AMI 码的 SystemView 仿真模型，如图 5–5 所示。

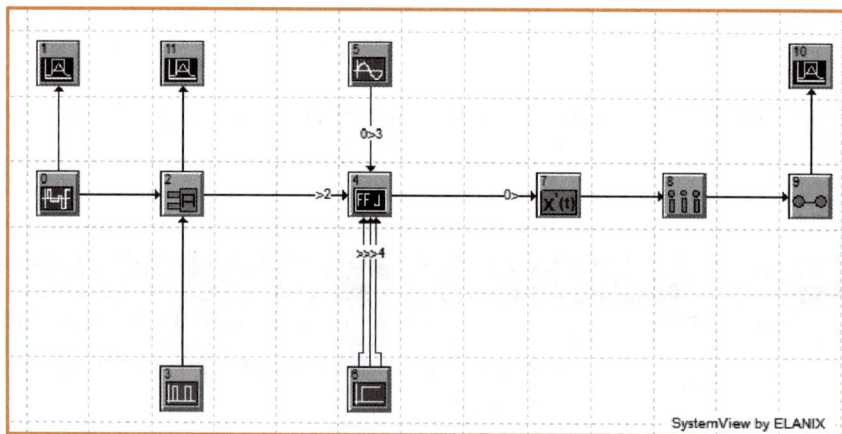

图 5–5　AMI 码的 SystemView 仿真模型

系统的时间设置为：采样频率 1 000 Hz，采样点数 1 024。系统各图符的参数设置见表 5–2。

表 5–2　系统各图符的参数设置

| 图符编号 | 库/图符名称 | 参数设置 |
|---|---|---|
| 0 | Source：PN Seq | Amp = 1 V，Offset = 0 V，Rate = 50 Hz，Levels = 2，Phase = 0 deg |
| 2 | Operator：Add | — |
| 3 | Source：Pulse Train | Amp = 1 V，Freq = 50 Hz，PulseW = 10e-3 s，Offset = −500e-3 V，Phase = 0 deg |

续表

| 图符编号 | 库/图符名称 | 参数设置 |
|---|---|---|
| 4 | Logic：FFJK | Gate Delay = 0 s，Threshold = 1 V，True Output = 1 V，False Output = −1 V，Rise Time = 0 s，Fall Time = 0 s，Set\* = t6 Output 0，J = t6 Output 0，Clock = t2 Output 0，K\* = t5 Output 0，Clear\* = t6 Output 0，Output0 = Q t7，Output 1 = Q\* |
| 5 | Source：Sinusoid | Amp = 1 V，Freq = 50 Hz，Phase = 0 deg，Output 0 = Sinet 4，Output 1 = Cosine |
| 6 | Source：Step Fct | Amp = 1 V，Start = 0 s，Offset = 0 V |
| 7 | Operator：Derivative | — |
| 8 | Operator：Sampler | — |
| 9 | Operator：hold | — |
| 1、10、11 | Sink：Analysis | — |

### 三、仿真步骤及要求（实训报告见附录）

（1）复习有关 AMI 码产生的内容，并按要求设计仿真系统。

（2）画出 AMI 码仿真模型图。

（3）独立设计仿真参数并上机调试，观察记录 AMI 码信号。

（4）观察记录 AMI 码的频谱，并与 NRZ 码相比较，说明其特点。

## 复习与思考

1. 数字基带信号有哪些常见的形式？它们各有什么特点？

2. 构成 AMI 码和 HDB3 码的规则是什么？它们各有什么优缺点？

## 知识点 2　码间串扰

### 5.2.1　数字基带传输系统的工作原理

典型数字基带传输系统框图如图 5-6 所示。它主要由信道信号形成器（发送滤波器）、信道、接收滤波器和抽样判决器组成。为了保证系统可靠、有序地工作，还应有同步系统。

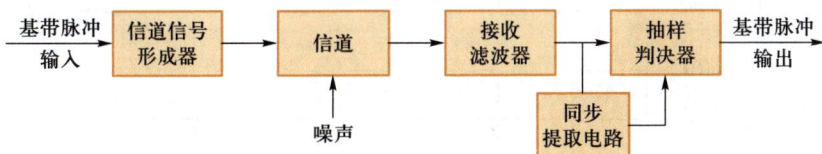

图 5-6　典型数字基带传输系统框图

教学课件
数字基带传输系统的工作原理

微课
数字基带传输系统的工作原理

习题
数字基带传输系统的工作原理

图5-6中各部分的功能和信号传输的物理过程如下。

① 信道信号形成器(发送滤波器):用于产生适合于信道传输的基带信号波形。数字基带传输系统的输入一般是经过码型编码器产生的传输码,相应的基本波形通常是矩形脉冲,其频谱很宽,不利于传输。信道信号形成器可压缩输入信号频带,把传输码变换成适宜于信道传输的基带信号波形。

② 信道:允许基带信号通过的媒质,通常为有线信道,如双绞线、同轴电缆等。信道的传输特性一般不满足无失真传输条件,因此会引起传输波形的失真。另外,信道还会引入噪声 $n(t)$,并假设其是均值为零的高斯白噪声。

③ 接收滤波器:用于接收信号,滤除信道噪声和其他干扰,对信道特性进行均衡,使输出的基带波形有利于抽样判决。

④ 抽样判决器:用于在传输特性不理想及噪声背景下,在规定时刻(由位定时脉冲控制)对接收滤波器的输出波形进行抽样判决,以恢复或再生基带信号。

⑤ 同步提取电路:用于从接收信号中提取定时脉冲。

图5-7所示为基带传输系统的各点波形示意图。图5-7(a)所示为输入的基带信号,这是最常见的单极性 NRZ 信号;图5-7(b)所示为进行码型变换后的波形;图5-7(c)对图5-7(a)而言进行了码型及波形的变换,是一种适合在信道中传输的码型;图5-7(d)所示为信道输出信号,由于信道传输特性的不理想,波形产生了失真并叠加上了噪声;图5-7(e)所示为接收滤波器的输出波形,与图5-7(d)相比,失真和噪声减弱;图5-7(f)所示为位定时同步脉冲;图5-7(g)所示为恢复的信息,其中第7个码元发生了误码。

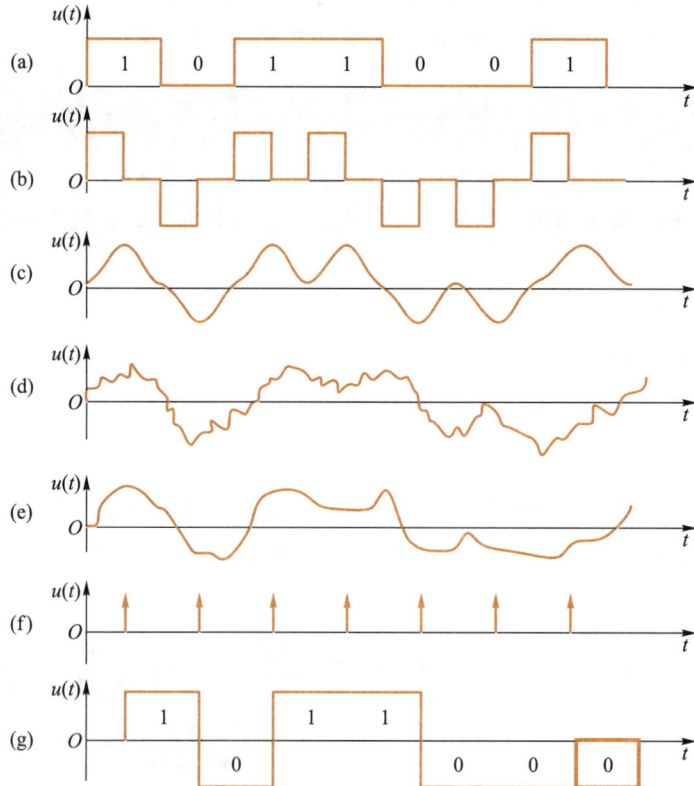

图5-7  基带传输系统的各点波形示意图

## 5.2.2　码间串扰的形成

**教学课件**
码间串扰的形成及消除

**微课**
码间串扰的形成及消除

**习题**
码间串扰的形成及消除

实际通信中,信道的带宽不可能无穷大,而数字基带信号在频域内又是无限延伸的。如果信道带宽设在零至第一个谱零点处,那么当这个基带信号通过该信道时,第一个谱零点后的频率就被截掉了,成为一个带限信号,这就引起了较大的传输失真。

一个时间有限的信号,如门信号,它的傅里叶变换在频域上是正、负频率方向无限延伸的,如抽样信号;反之,一个频带受限的频域信号在时域上必定是无限延伸的。这样,前面的码元对后面的若干码元就会造成不良影响,如图 5-8 所示。这种影响就是码间串扰或符号间串扰。

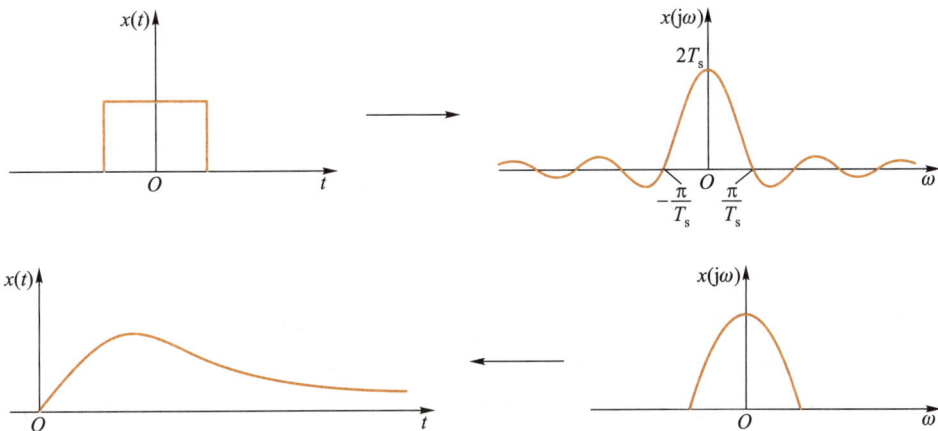

图 5-8　码间串扰

数字基带信号通过基带传输系统时,由于系统(主要是信道)传输特性不理想,或者由于信道中加性噪声的影响,使接收端脉冲展宽,延伸到邻近码元中,从而造成对邻近码元的干扰,这种现象称为码间串扰。

例如,假定发送端采用双极性码,当输入二进制码元序列中的"1"码时,经过信道信号形成器后,输出正的升余弦波形;当输入"0"码时,输出负的升余弦波形。当输入的二进制码元序列为 1110 时,经过实际信道以后,信号将有延时和失真,在不考虑噪声影响下,接收滤波器输出端得到的波形如图 5-9 所示。第一个码元的最大值出现在 $t_0$ 时刻,而且波形拖得很宽,这个时候对这个码元的抽样判决应选在 $t=t_0$ 时刻,对第二个码元的抽样判决应选在 $t=t_0+T_1$ 时刻,以此类推,将在 $t=t_0+3T_1$ 时刻对第 4 个码元 0 进行抽样判决。从图 5-9 中可以看出,在 $t=t_0+3T_1$ 时刻,第 1 个码元、第 2 个码元、第 3 个码元的值还没有消失,这样势必影响第 4 个码元的抽样判决。即接收端接收到的

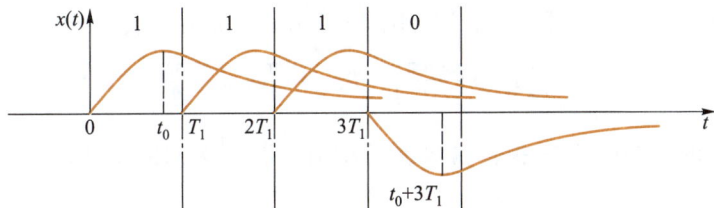

图 5-9　码间串扰示例图

前 3 个码元的波形串到第 4 个码元抽样判决的时刻,影响第 4 个码元的抽样判决。这种影响就是码间串扰。

复习与思考

什么是码间串扰? 它是怎样产生的?

教学课件
无码间串扰的基带
传输系统

微课
无码间串扰的基带
传输系统

习题
无码间串扰的基带
传输系统

拓展阅读
香农定理与奈奎斯
特定理

### 知识点 3  无码间串扰

#### 5.3.1  无码间串扰的基带传输系统

在数字信号传输中,信息携带在码元波形幅度上。接收端经过再生判决如果能准确地恢复出幅度信息,则原始信号就能无误地得到传送。因此,即便整个波形在信号传输后发生了变化,但只要再生判决点的抽样值能反映其所携带的幅度信息,那么仍然可以准确无误地恢复原始码元。也就是说,只需研究特定时刻的波形幅值怎样可以无失真传输即可,而不必要求整个波形保持不变。

如图 5-10 所示,码元 1 的接收波形除了在 $t=0$ 时刻抽样值为 $S_0$ 外,在 $t=kT(k \neq 0)$ 的其他抽样时刻皆为 0;而码元 2 的接收波形除了在 $t=T$ 时刻抽样值为 $-S_0$ 外,在 $t=kT$ $(k \neq 1)$ 的其他抽样时刻皆为 0;以此类推,这样仅在码元的抽样时刻上有最大值,而对其他码元的抽样时刻信号值无影响,就能达到无码间串扰。

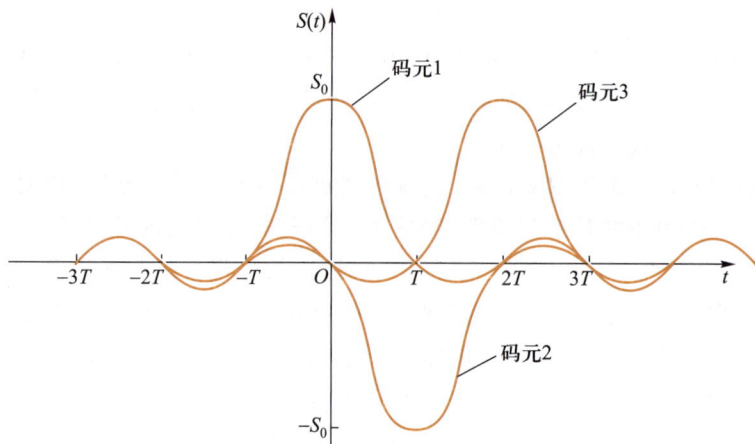

图 5-10  无码间串扰

这里不做烦琐的公式推导,直接给出满足上述条件的信道传输公式:

$$\sum_{n=-\infty}^{+\infty} H\left(\omega+\frac{2n\pi}{T}\right) = T, \quad -\frac{\pi}{T} \leqslant \omega \leqslant \frac{\pi}{T} \tag{5-1}$$

式(5-1)的物理意义是,把传输函数在 $\omega$ 轴上以 $\frac{2\pi}{T}$ 为间隔切开,然后分段沿 $\omega$ 轴平移到 $\left(-\frac{\pi}{T}, \frac{\pi}{T}\right)$ 区间内,将它们叠加起来,其结果应当为一个常数,如图 5-11 所示。

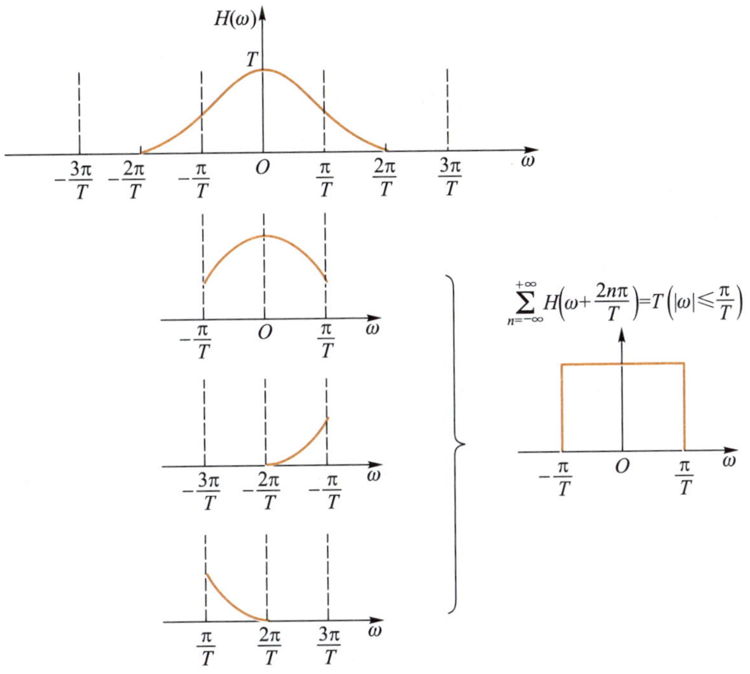

图 5-11   无失真传输条件

满足式(5-1)的函数有很多,如直线滚降和升余弦滚降特性等。前者是理想情况下的波形,而在实际中得到广泛应用的是后者。图 5-12 和图 5-13 所示分别为奇对称的升余弦滚降特性及升余弦滚降特性示例。

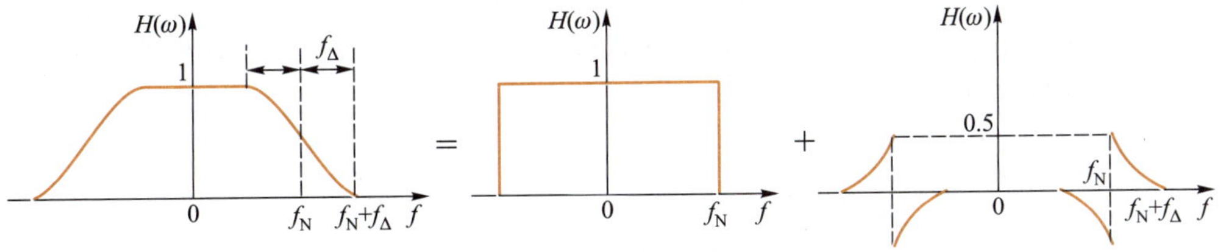

图 5-12   奇对称的升余弦滚降特性

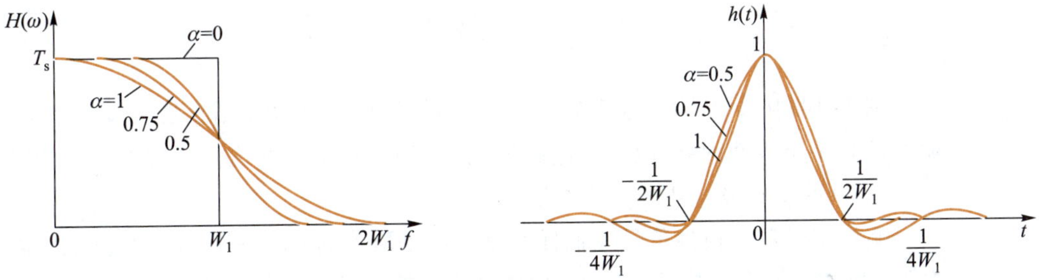

图 5-13   升余弦滚降特性示例

1924 年,奈奎斯特提出在理想低通信道下的最高码元传输速率为 $2B$ Baud,这就是奈奎斯特第一准则。其中,$B$ 为理想低通信道的带宽,单位为 Hz;Baud 为码元传输速率的单位,1 Baud 即每秒传送 1 个码元。

奈奎斯特第一准则的意义在于它说明了理想低通信道每赫兹带宽的最高码元传输速率是每秒 2 个码元。若码元的传输速率超过了奈奎斯特第一准则所给出的数值,则将出现码元之间的互相干扰,以致在接收端就无法正确判定码元是"1"还是"0"。奈奎斯特第一准则是在理想条件下推导得出的。在实际条件下,最高码元传输速率要比理想条件下得出的数值小。

在截止频率为 $B$ 的理想基带传输系统中,$T=1/(2B)$ 为系统传输无码间串扰的最小码元间隔,称为奈奎斯特间隔。相应地,$R_B=1/T=2B$ 称为奈奎斯特速率,它是系统的最大码元传输速率。

相反,输入序列若以 $1/T$ 的码元传输速率进行无码间串扰传输,则所需的最小传输带宽为 $1/(2T)$。通常称 $1/(2T)$ 为奈奎斯特带宽。

频带利用率 $\eta$ 是指码元传输速率 $R_B$ 和带宽 $B$ 的比值,即单位频带所能传输的码元速率,其表达式为

$$\eta = \frac{R_B}{B} \tag{5-2}$$

显然,理想低通传输函数的频带利用率为 2 Baud/Hz。这是最大的频带利用率,因为如果系统用高于 $1/T$ 的码元传输速率传送信码,将存在码间串扰。若降低码元传输速率,即增加码元宽度 $T$,使之为 $1/(2B)$ 的整数倍,则在抽样点上也不会出现码间串扰;但是,这时系统的频带利用率将相应降低。

### 5.3.2 基带传输系统的抗干扰性能

教学课件
基带传输系统的
抗干扰性能

微课
基带传输系统的
抗干扰性能

习题
基带传输系统的
抗干扰性能

码间串扰和信道噪声是影响接收端正确判决的两个主要因素。本节主要分析在无码间串扰的情况下,由信道噪声引起的误码特性。该特性用误码率表征,其分析模型如图 5-14 所示。

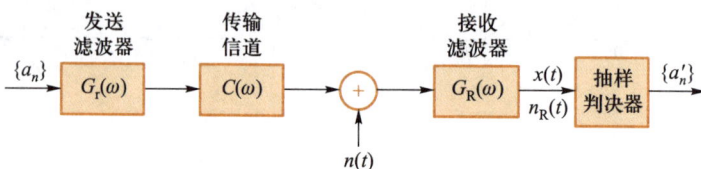

图 5-14 基带传输系统的分析模型

图 5-14 中,$n(t)$ 为加性高斯白噪声,均值为 0,双边功率谱密度为 $n_0/2$。因为接收滤波器是一个线性网络,故判决电路输入噪声 $n_R(t)$ 也是均值为 0 的平稳高斯噪声。

#### 1. 二进制双极性基带传输系统

假设二进制双极性信号在抽样时刻的电平取值为 $+A$ 或 $-A$(分别对应于信码"1"或"0"),则在一个码元持续时间内,抽样判决器输入端的(信号+噪声)波形 $x(t)$ 在抽样时刻的取值为

$$x(kT) = \begin{cases} A+n_R(kT), & \text{发送"1"时} \\ -A+n_R(kT), & \text{发送"0"时} \end{cases} \tag{5-3}$$

当发送"1"时，$A+n_R(kT)$ 的一维概率密度函数为

$$f_1(x) = \frac{1}{\sqrt{2\pi}\,\sigma_n}\exp\left[-\frac{(x-A)^2}{2\sigma_n^2}\right] \tag{5-4}$$

当发送"0"时，$-A+n_R(kT)$ 的一维概率密度函数为

$$f_0(x) = \frac{1}{\sqrt{2\pi}\,\sigma_n}\exp\left[-\frac{(x+A)^2}{2\sigma_n^2}\right] \tag{5-5}$$

相应的曲线如图 5-15 所示。

在 $-A \sim +A$ 之间选择一个适当的电平 $V_d$ 作为判决门限，根据判决规则将会出现以下几种情况：

对"1"码 $\begin{cases} x > V_d \text{ 判为"1"码(正确)} \\ x \leqslant V_d \text{ 判为"0"码(错误)} \end{cases}$

对"0"码 $\begin{cases} x \leqslant V_d \text{ 判为"0"码(正确)} \\ x > V_d \text{ 判为"1"码(错误)} \end{cases}$

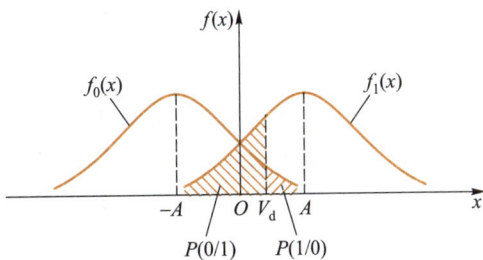

图 5-15　$x$ 的概率密度曲线

可见，在二进制基带信号传输过程中，噪声引起的误码有两种差错形式：发送的"1"码被错判为"0"码；发送的"0"码被错判为"1"码。发送的"1"码被错判为"0"码的概率为 $P(0/1)$；发送的"0"码被错判为"1"码的概率为 $P(1/0)$。它们分别如图 5-15 中的阴影部分所示。

假设信源发送"1"码的概率为 $P(1)$，发送"0"码的概率为 $P(0)$，则二进制基带传输系统的总误码率为

$$P_e = P(1)P(0/1) + P(0)P(1/0) \tag{5-6}$$

误码率与发送概率 $P(1)$、$P(0)$，信号峰值 $A$，噪声功率 $\sigma_n^2$，以及判决门限电平 $V_d$ 有关。因此，在 $P(1)$、$P(0)$ 给定时，误码率最终由 $A$、$\sigma_n^2$ 和 $V_d$ 决定。在 $A$ 和 $\sigma_n^2$ 一定的条件下，可以找到一个使误码率最小的判决门限电平，称为最佳判决门限电平。若令

$$\frac{\partial P_e}{\partial V_d} = 0$$

则可求得最佳判决门限电平为

$$V_d^* = \frac{\sigma_n^2}{2A}\ln\frac{P(0)}{P(1)} \tag{5-7}$$

若 $P(1) = P(0) = 1/2$，则有

$$V_d^* = 0 \tag{5-8}$$

这时，基带传输系统的总误码率为

$$P_e = \frac{1}{2}\mathrm{erfc}\left(\frac{A}{\sqrt{2}\,\sigma_n}\right) \tag{5-9}$$

由式(5-9)可见，当发送概率相等且在最佳判决门限电平条件下时，双极性基带传输系统的总误码率仅依赖于信号峰值 $A$ 与噪声方均根值 $\sigma_n$ 的比值，而与采用什么样的信号形式无关，且比值 $A/\sigma_n$ 越大，$P_e$ 越小。

### 2. 二进制单极性基带传输系统

对于单极性信号,若设它在抽样时刻的电平取值为 $+A$ 或 $0$(分别对应于信码"1"或"0"),则只需将图 5-15 中 $f_0(x)$ 曲线的分布中心由 $-A$ 移到 $0$ 即可。这时可得到最佳判决门限电平为

$$V_{\mathrm{d}}^* = \frac{A}{2} + \frac{\sigma_{\mathrm{n}}^2}{A}\ln\frac{P(0)}{P(1)} \tag{5-10}$$

若 $P(1) = P(0) = 1/2$,则有

$$V_{\mathrm{d}}^* = \frac{A}{2} \tag{5-11}$$

$$P_{\mathrm{e}} = \frac{1}{2}\mathrm{erfc}\left(\frac{A}{2\sqrt{2}\,\sigma_{\mathrm{n}}}\right) \tag{5-12}$$

比较双极性和单极性基带传输系统的误码率可知,当比值 $A/\sigma_{\mathrm{n}}$ 一定时,双极性基带传输系统的误码率比单极性的低,抗噪声性能好。此外,在等概率条件下,双极性基带传输系统的最佳判决门限电平为 $0$,与信号幅度无关,因而不随信道特性变化而变,故能保持最佳状态;而单极性基带传输系统的最佳判决门限电平为 $A/2$,它易受信道特性变化的影响,从而导致误码率增大。因此,双极性基带传输系统比单极性基带传输系统应用得更为广泛。

## 5.3.3　实训:验证奈奎斯特第一准则的仿真

### 一、仿真目的

(1)加深对数字基带信号传输无失真条件的了解。

(2)熟悉奈奎斯特第一准则的验证方法。

### 二、仿真内容

根据奈奎斯特第一准则的原理,可以建立数字基带信号无失真传输的 SystemView 仿真模型,如图 5-16 所示。

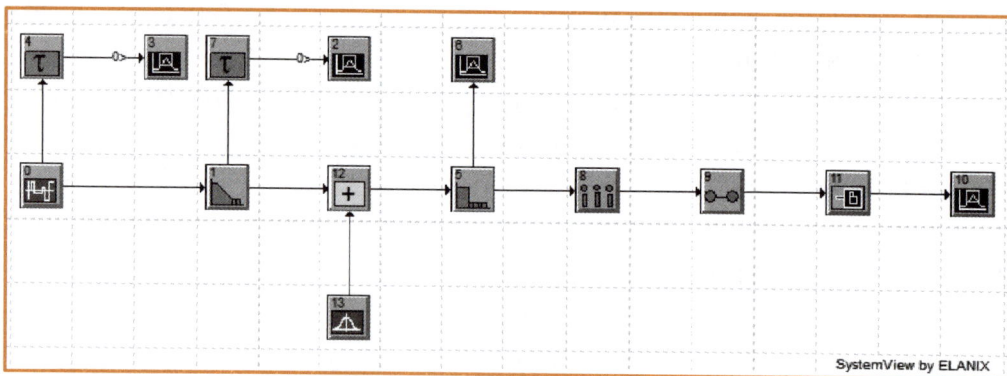

SystemView by ELANIX

图 5-16　数字基带信号无失真传输的 SystemView 仿真模型

系统的时间设置为:采样频率 1 000 Hz,采样点数 512。系统各图符的参数设置见表 5-3。

表 5-3　系统各图符的参数设置

| 图符编号 | 库/图符名称 | 参数设置 |
|---|---|---|
| 0 | Source:PN Seq | Amp = 1 V,Offset = 0 V,Rate = 100 Hz,Levels = 2,Phase = 0 deg |
| 1 | Operator:Linear Sys | Comm,Raised Cosine,Roll-off Factor = 0.3,<br>Symbol Rate = 100 Hz,Number of FIR Taps = 50,<br>Input Sample Rate Fs = 1 000 Hz |
| 4 | Operator:Delays | Delay Type = Non-Interpolating,Delay = 0.16 |
| 7 | Operator:Delays | Delay Type = Non-Interpolating,Delay = 0.135 |
| 12 | Adder | — |
| 5 | Operator:Linear Sys | FIR,Lowpass,Gain = 0 dB/-60 dB,Rel Freq = 0.05/0.06 |
| 8 | Operator:Sampler | Sample Rate = 100 Hz,Aperture = 0 s,Jitter = 0 s,<br>Sample Type = Interpolating |
| 9 | Operator:hold | Hold Value = Last Sample,Gain = 1 |
| 11 | Logic:Buffer | Gate Delay = 0 s,Threshold = 0.5 V,True Output = 1 V |
| 2、3、6、10 | Sink:Analysis | — |

### 三、仿真步骤及要求(实训报告见附录)

(1) 复习有关奈奎斯特第一准则的内容,并按要求设计仿真系统。

(2) 画出奈奎斯特第一准则仿真模型图。

(3) 独立设计仿真参数并上机调试,关闭噪声信号,运行仿真,将输入信号波形与输出信号波形进行叠加,观察记录仿真结果。

(4) 开启噪声信号,记录比较输入信号与输出信号的波形。

(5) 改变噪声幅度,观察记录输出信号的变化。

(6) 将伪随机信号的码元速率改为 150 Baud,运行仿真,再次观察记录输入、输出信号波形的差别。

## 复习与思考

1. 为了消除码间串扰,基带传输系统的传输函数应满足什么条件?

2. 何谓奈奎斯特速率和奈奎斯特带宽?此时的频带利用率有多大?

## 知识点 4　眼图

从理论上讲,在信道特性确知的条件下,可以通过精心设计系统传输特性达到消除码间串扰的目的。但在实际中难免存在滤波器的设计误差和信道特性的变化,所以无法实现理想的传输特性,使得抽样时刻上存在码间串扰,从而导致系统性能下降。而且计算由这些因素所引起的误码率非常困难,尤其在码间串扰和噪声同时存在的情况下,系统性能的定量分析更是难以进行,因此在实际应用中需要用简便的实验手段来定性评价系统性能。下面介绍一种有效的实验方法——眼图。

教学课件
眼图

微课
眼图

习题
眼图

### 5.4.1　眼图的概念

眼图是指通过用示波器观察接收端的基带信号波形,从而估计和调整系统性能的一种方法。具体做法是:用一个示波器跨接在抽样判决器的输入端,然后调整示波器水平扫描周期,使其与接收码元的周期同步。此时可以从示波器显示的图形上观察码间串扰和信道噪声等因素影响的情况,从而估计系统性能的优劣程度。因为在传输二进制信号波形时,示波器显示的图形很像人的眼睛,所以称为"眼图"。

### 5.4.2　眼图原理及模型

#### 1. 无噪声时的眼图

为解释眼图和系统性能之间的关系,图 5-17 给出了无噪声情况下,无码间串扰和有码间串扰的眼图。

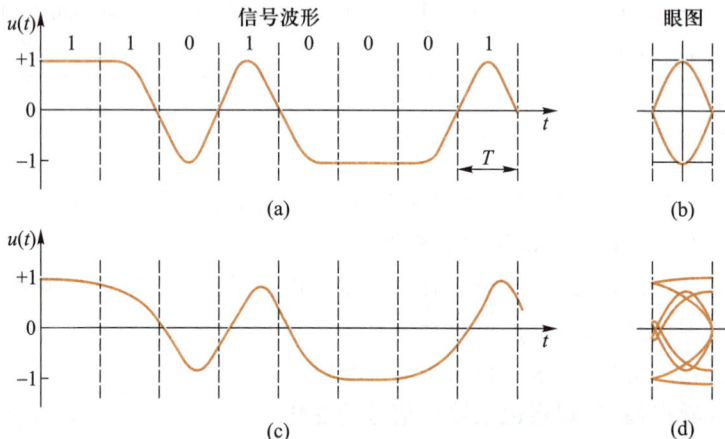

图 5-17　基带信号波形及眼图

图 5-17(a)所示为无码间串扰的双极性基带脉冲序列,用示波器观察它,并将水平扫描周期调到与码元周期 $T$ 一致,由于荧光屏的余辉作用,扫描线所得的每一个码元波形将重叠在一起,形成如图 5-17(b)所示的线迹细而清晰的大"眼睛";图 5-17(c)所示为有码间串扰的双极性基带脉冲序列,由于存在码间串扰,此波形已经失真,当用示波器观察时,示波器的扫描迹线不会完全重合,于是形成的眼图线迹杂乱且不清晰,"眼睛"张开得较小,且眼图不端正,如图 5-17(d)所示。

对比图 5-17(b)和图 5-17(d)可知,眼图的"眼睛"张开的大小反映码间串扰的强弱。"眼睛"张开得越大,眼图越端正,则码间串扰越小;反之,码间串扰越大。

#### 2. 存在噪声时的眼图

当存在噪声时,噪声将叠加在信号上,观察到的眼图的线迹会变得模糊不清。若同时存在码间串扰,"眼睛"将张开得更小。与无码间串扰时的眼图相比,原来清晰端正的细线迹变成比较模糊的带状线,而且不是很端正。噪声越大,线迹越宽,越模糊;码间串扰越大,眼图越不端正。

### 3. 眼图的模型

眼图为展示数字信号传输系统的性能提供了很多有用的信息:可以从中看出码间串扰的大小和噪声的强弱,有助于直观地了解码间串扰和噪声的影响,评价一个基带传输系统的性能优劣;可以指示接收滤波器的调整,以减小码间串扰。为了说明眼图和系统性能的关系,把眼图简化为图 5-18 所示的形状,称为眼图的模型。

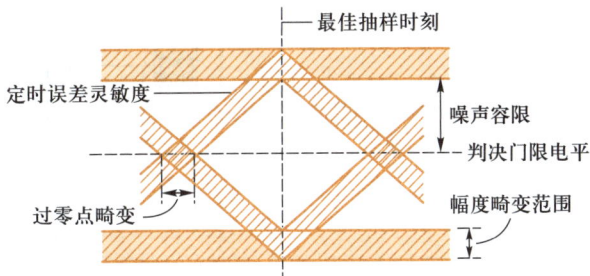

图 5-18　眼图的模型

图 5-18 具有如下意义。

(1) 最佳抽样时刻是"眼睛"张开最大的时刻。

(2) 定时误差灵敏度是眼图斜边的斜率。斜率越大,对定时误差越敏感。

(3) 图中阴影区的垂直高度表示抽样时刻上信号受噪声干扰的畸变程度。

(4) 图中央的横轴位置对应于判决门限电平。

(5) 抽样时刻上、下两阴影区间隔距离的 1/2 为噪声容限,若噪声瞬时值超过它,则可能发生错判。

(6) 图中倾斜阴影带与横轴相交的区间表示接收波形零点位置的变化范围,即过零点畸变,它对于利用信号零交点的平均位置来提取定时信息的接收系统有很大影响。

图 5-19 所示为二进制双极性升余弦频谱信号在示波器上显示的两张眼图照片。其中,图 5-19(a)是在几乎无噪声和无码间串扰的情况下得到的,而图 5-19(b)则是在一定噪声和码间串扰的情况下得到的。

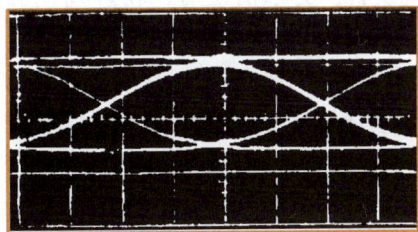

(a)

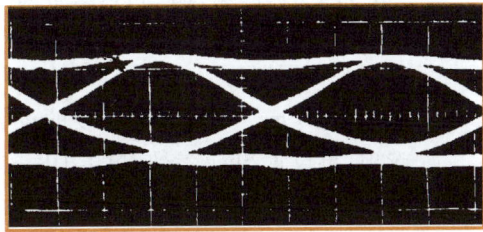

(b)

图 5-19　眼图照片

## 5.4.3　实训:眼图的仿真

### 一、仿真目的

(1) 加深对数字基带信号传输无失真条件的了解。

(2) 掌握眼图的仿真方法并了解其在数字基带传输系统中的作用。

(3) 掌握眼图及误码率的分析方法。

### 二、仿真内容

为了研究噪声和基带传输信道对信号的影响,可以建立图 5-20 所示的用于观察眼图的基带传输系统 SystemView 仿真模型。

教学课件
眼图的仿真

微课
眼图的仿真

习题
眼图的仿真

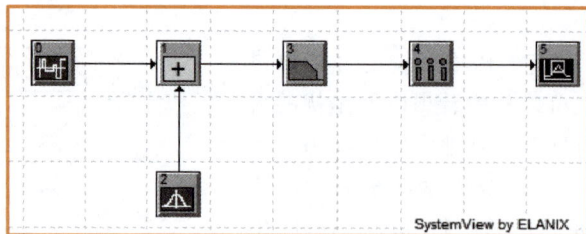

图 5-20　用于观察眼图的基带传输系统 SystemView 仿真模型

系统的时间设置为：采样频率 1 000 Hz，采样点数 4 096。系统各图符的参数设置见表 5-4。

表 5-4　系统各图符的参数设置

| 图符编号 | 库/图符名称 | 参数设置 |
|---|---|---|
| 0 | Source：PN Seq | Amp = 1 V，Offset = 0 V，Rate = 100 Hz，Levels = 2，Phase = 0 deg |
| 1 | Adder | — |
| 2 | Source：Gauss Noise | Std Dev = 0 V，Mean = 0 V |
| 3 | Operator：Linear Sys | Butterworth Lowpass IIR 3 poles，Fc = 50 Hz |
| 4 | Operator：Sampler | Interpolating，Rate = 100 Hz |
| 5 | Sink：Analysis | — |

可以利用 SystemView 接收计算器（Sink Calculator）的时间切片绘图功能观察眼图。时间切片绘图功能可以把接收计算器在多个时间段内记录到的数据重叠起来显示，时间段的起始位置和长度都可由计算器设置。为了满足时间切片周期和码元同步，并且能完整地观察到一个眼图的要求，一般将时间切片的长度设置为当前采样频率下采样周期的 2 倍时长。例如，采样频率为 100 Hz，采样周期为 10 ms，则时间切片应设为 20 ms。时间切片长度的设置如图 5-21 所示，在接收计算器窗口中选择 Style 选项，再设置 Slice 参数，单击 OK 按钮后退出，即可看到生成的眼图。

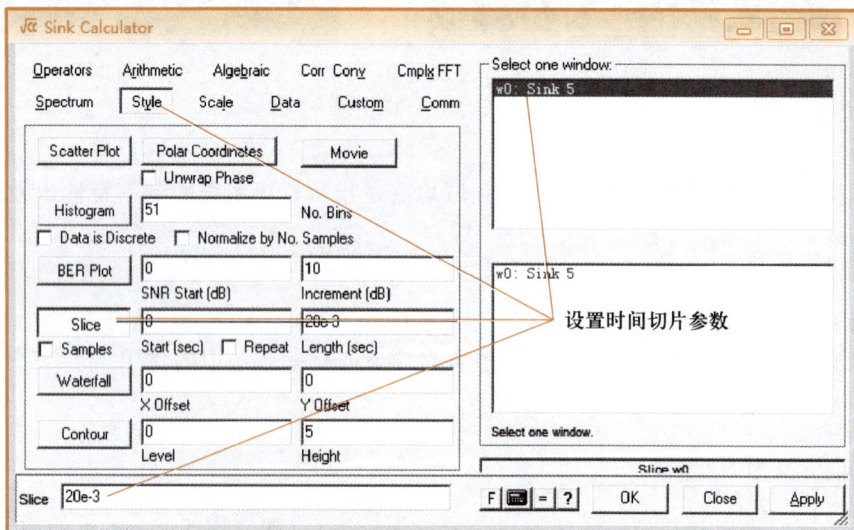

图 5-21　时间切片长度的设置

**三、仿真步骤及要求（实训报告见附录）**

（1）复习有关眼图的内容，并按要求设计仿真系统。

（2）画出眼图仿真模型图。

（3）独立设计仿真参数并上机调试，记录仿真过程中的相关波形。

（4）分析码速与码间串扰间的关系，根据仿真中观测到的眼图描述各仿真参数对眼图的影响。

（5）在信道中加入噪声，改变高斯噪声图符 2 的参数（如设置 Std Dev = 0.5 V）。重新运行系统，观察记录并分析眼图的变化。

（6）进一步增大噪声幅度并改变信道的带宽，如把图符 3 改为 40 Hz 的滤波器，使传输系统不满足无码间串扰的条件，观察记录并分析眼图的变化。

## 复习与思考

1. 什么是眼图？它有什么用处？
2. 由眼图模型可以说明基带传输系统的哪些性能？

## 知识点 5　改善数字基带传输系统性能的措施

本节将针对实际系统介绍两种改善系统性能的措施：一是针对减小码间串扰而采用的均衡技术；二是针对提高频带利用率而采用的部分响应系统。

### 5.5.1　均衡技术

实际的基带传输系统不可能完全满足无码间串扰的条件，都会有一定的偏差，从而引起码间串扰，因此要尽可能地减少码间串扰所带来的影响。当串扰严重时，必须对系统的传输函数 $H(\omega)$ 进行校正，使其达到或接近无码间串扰要求的特性。实践表明，在接收端抽样判决器之前插入一种可调滤波器，可减少码间串扰的影响，甚至使实际系统的性能十分接近最佳系统性能。这种对系统进行校正的过程称为均衡。实现均衡的滤波器称为均衡器。

均衡分为频域均衡和时域均衡。频域均衡是指从校正系统的频率特性出发，利用一个可调滤波器的频率特性去补偿信道或系统的频率特性，使包括可调滤波器在内的基带传输系统的总特性接近无失真传输条件。而时域均衡则是指利用均衡器产生的响应波形去补偿已畸变的波形，使包括可调滤波器在内的整个系统的冲激响应满足无码间串扰条件。

频域均衡在信道特性不变，且传输低速数据时是适用的；而时域均衡可以根据信道特性的变化进行调整，能够有效地减小码间串扰，故在数字传输系统尤其是高速数据传输中得以广泛应用。

### 5.5.2　部分响应系统

理想低通传输特性的频带利用率可以达到基带传输系统的理论极限值 2 Baud/Hz,但它不能物理实现,且响应波形 Sa($x$)的尾巴振荡幅度大、收敛慢,从而对定时要求十分严格;升余弦滚降特性虽然能解决理想低通系统存在的问题,但代价是所需频带加宽,频带利用率下降,因此不利于高速传输的发展。

奈奎斯特第二准则告诉我们:人为地、有规律地在码元的抽样时刻引入码间串扰,并在接收端判决前加以消除,可以达到改善频谱特性、压缩传输频带、使频带利用率提高到理论最大值、加速传输波形尾巴的衰减和降低对定时精度要求的目的。通常,将这种波形称为部分响应波形。利用部分响应波形进行传输的基带传输系统称为部分响应系统。

复习与思考

1. 什么是时域均衡？什么是频域均衡？
2. 什么是部分响应波形？什么是部分响应系统？

### 即测即评

(扫描二维码可进行自我测试)

### 自测题

一、选择题

若以下传输特性是可实现的,并设数字信号的码元速率为 $f_B$,则最适合该数字信号传输的传输特性为(　　)。

A.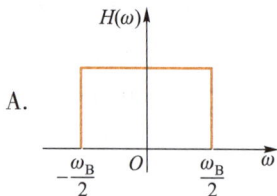

B.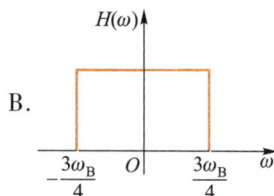

C.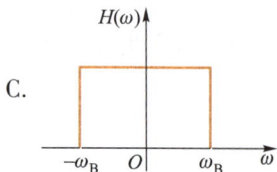

D.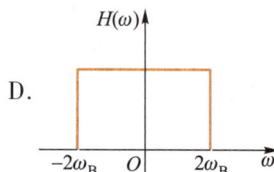

**二、填空题**

1. 传输码型应满足：易于时钟提取；无直流分量，高频和低频分量要少；尽可能提高传输码的传输效率；＿＿＿＿＿＿＿＿；＿＿＿＿＿＿＿＿等。

2. 在 HDB3 中，每当出现＿＿＿＿个"连 0"码时，要用破坏符号代替。

3. 与 AMI 码相比，HDB3 码弥补了 AMI 码中＿＿＿＿的问题，其方法是用＿＿＿＿替代＿＿＿＿。

4. 根据功率密度谱关系式，一个可用的数字基带信号功率密度谱中必然包含＿＿＿＿分量。

5. 由功率谱的数学表达式可知，随机序列的功率谱包括＿＿＿＿和＿＿＿＿两大部分。

6. 设码元速率为 2.048 MB，则滚降系数 $\alpha = 1$ 时的传输带宽为＿＿＿＿。

7. 理想低通时的频谱利用率为＿＿＿＿＿＿＿＿，升余弦滚降时的频谱利用率为＿＿＿＿＿＿＿＿。

8. 将满足 $\sum\limits_{n \to -\infty}^{+\infty} H\left(\omega + \dfrac{2\pi n}{T}\right) = T$，$|\omega| \leqslant \dfrac{\pi}{T}$ 条件的数字基带传输系统特性称为＿＿＿＿特性。具有该特性的数字基带传输系统可实现＿＿＿＿传输。

9. 可以消除码间串扰的三类特性（系统）是＿＿＿＿特性、＿＿＿＿特性和＿＿＿＿系统。

10. 在满足无码间串扰的条件下，频带利用率最大可达到＿＿＿＿。

11. 通过眼图，可以观察到＿＿＿＿和＿＿＿＿的大小。

12. 速率为 100 kbit/s 的二进制基带传输系统，理论上的最小传输带宽为＿＿＿＿。

**三、问答题**

1. 在数字基带传输系统中，传输码的结构应具备哪些基本特性？

2. 根据传输码应具备的特性，判断 NRZ、RZ、AMI、HDB3 可否作为传输码。

3. 试比较传输码 AMI 码和 HDB3 码的异同。

4. 简述无码间串扰条件 $H_{eq}(\omega) = \begin{cases} \sum\limits_{n \to -\infty}^{+\infty} H\left(\omega + \dfrac{2\pi n}{T}\right) = T, & |\omega| \leqslant \dfrac{\pi}{T} \\ 0, & \text{其他} \end{cases}$ 的含义。

5. 在数字基带传输系统中，是什么原因导致码间串扰？部分响应波形中是否存在码间串扰？

6. 简述观察眼图的作用以及正确进行眼图观察的方法。

7. 某数字通信系统接收端的组成如图 5-22 所示，指出眼图应在哪一点进行观察。若眼图的线迹宽而不清晰，请判断原因。

**四、画图题**

1. 设有一数字序列为 1011000101，画出相应的单极性 NRZ（非归零）码、单极性 RZ（归零）码、差分码和双极性 RZ（归零）码的波形。

2. 设有一数字序列为 1011000101，画出相应

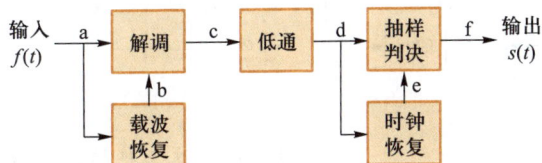

图 5-22　问答题 7 图

的单极性 NRZ 码、单极性 RZ 码、双极性 RZ 码、AMI 码的波形。

3. 设有一数字序列为 100100000010110000000001，试编为 AMI 码和 HDB3 码，并分别画出编码后的波形（第 1 个非零码编为 -1）。

4. 画出眼图的模型结构，并解释各部分所代表的含义。

五、计算题

1. 设基带传输系统的发送滤波器、信道及接收滤波器组成总特性为 $H(\omega)$，若要求以 $2/T_s$（Baud）的速率进行数据传输，试检验图 5-23 中各种 $H(\omega)$ 是否满足消除抽样点上码间串扰的条件。

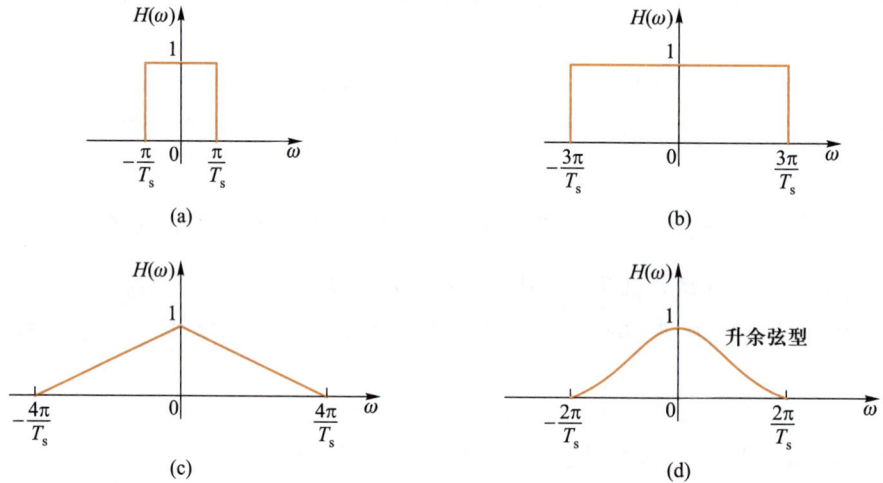

图 5-23　计算题 1 图

2. 设数字基带传输系统的传输特性 $H(\omega)$ 如图 5-24 所示，其中 $\alpha$ 是某个常数（$0 \leqslant \alpha \leqslant 1$）。

（1）检验该系统能否实现无码间串扰传输；

（2）求该系统的最大码元速率以及此时的系统频带利用率。

3. 设有一码元速率为 $R_B = 1\,000$ B 的数字信号，通过图 5-25 所示的三种不同传输特性的信道进行传输。

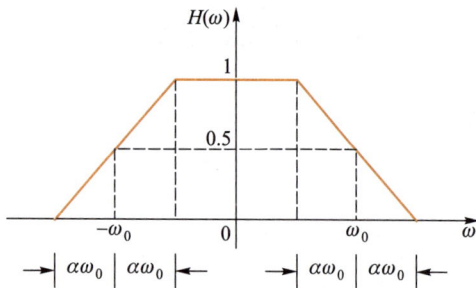

图 5-24　计算题 2 图

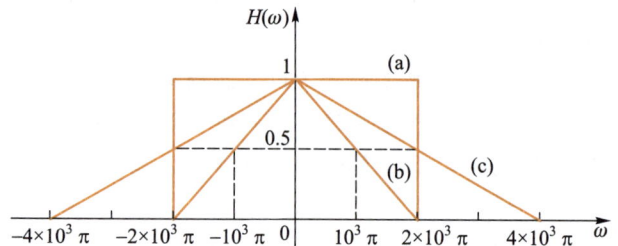

图 5-25　计算题 3 图

（1）简要讨论这三种传输特性是否会引起码间串扰；

（2）简要讨论采用哪种传输特性较好。

4. 图 5-26 所示为某滚降特性,传输码元间隔为 $T$ 的二进制信号。

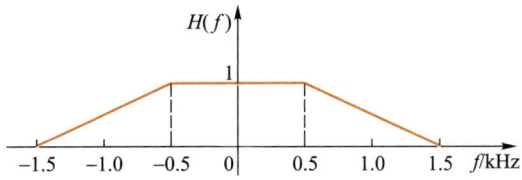

图 5-26　计算题 4 图

（1）当 $T$ 分别为 0.5 ms、0.75 ms 和 1.0 ms 时,是否会引起码间串扰;

（2）对不产生码间串扰的情况,计算频带利用率。

# 模块 6

## 数字信号的频带传输

由于实际通信中大多数信道无法直接传送基带信号，故需要将基带信号经调制变换成频带信号，以使调制后的频带信号适合于信道传输。

**素质目标**
- 能具有严谨规范的意识。
- 能具有职业自豪感。
- 能具有职业担当和责任感。
- 能具有精益求精的精神。

**知识目标**
- 能区分三种基本数字调制方式的概念。
- 会解释 2ASK 调制的过程，并说出其功率谱密度及带宽。
- 会解释 2FSK 调制的过程，并说出其功率谱密度及带宽。
- 会解释 2PSK 调制的过程，并说出其功率谱密度及带宽。
- 会解释 2DPSK 调制的过程，并说出其功率谱密度及带宽。
- 能比较几种调制系统的性能。
- 能将二进制数字调制与多进制数字调制进行对比。
- 了解几种新型数字调制技术。

**能力目标**
- 会绘制几种调制系统框图。
- 会对 2ASK、2FSK、2PSK、2DPSK 等调制系统进行仿真。
- 会绘制几种调制方式的已调信号波形。

## 思维导图

数字信号的频带传输

**1 数字频带传输系统**
- 数字频带传输系统的定义
- 两种数字调制技术
- 三种基本的数字调制方式

**2 二进制振幅键控(2ASK)**
- 2ASK的一般原理
- 2ASK信号的实现方法
- 2ASK信号的解调方法
- 2ASK信号的功率谱及带宽
- 2ASK信号调制与解调仿真

**3 二进制频移键控(2FSK)**
- 2FSK的一般原理
- 2FSK信号的实现方法
- 2FSK信号的解调方法
- 2FSK信号的功率谱及带宽
- 2FSK信号调制与解调仿真

**4 二进制相移键控(2PSK)**
- 2PSK的一般原理
- 2PSK信号的实现方法
- 2PSK信号的解调方法
- 2PSK信号的功率谱及带宽
- 2PSK信号调制与解调仿真

**5 二进制差分相移键控(2DPSK)**
- 2DPSK的一般原理
- 2DPSK信号的实现方法
- 2DPSK信号的解调方法
- 2DPSK信号的功率谱及带宽
- 2DPSK信号调制与解调仿真

**6 二进制数字调制系统性能比较**
- 各二进制数字调制系统的误码率
- 各二进制数字调制系统的频带宽度
- 各二进制数字调制系统对信道特性变换的敏感性

**7 多进制数字调制**
- 多进制振幅键控(MASK)
- 多进制频移键控(MFSK)
- 多进制相移键控(MPSK)
- 多进制差分相移键控(MDPSK)

**8 新型数字调制技术**
- 最小频移键控(MSK)
- 高斯最小频移键控(GMSK)
- MSK信号调制与解调仿真

自测题

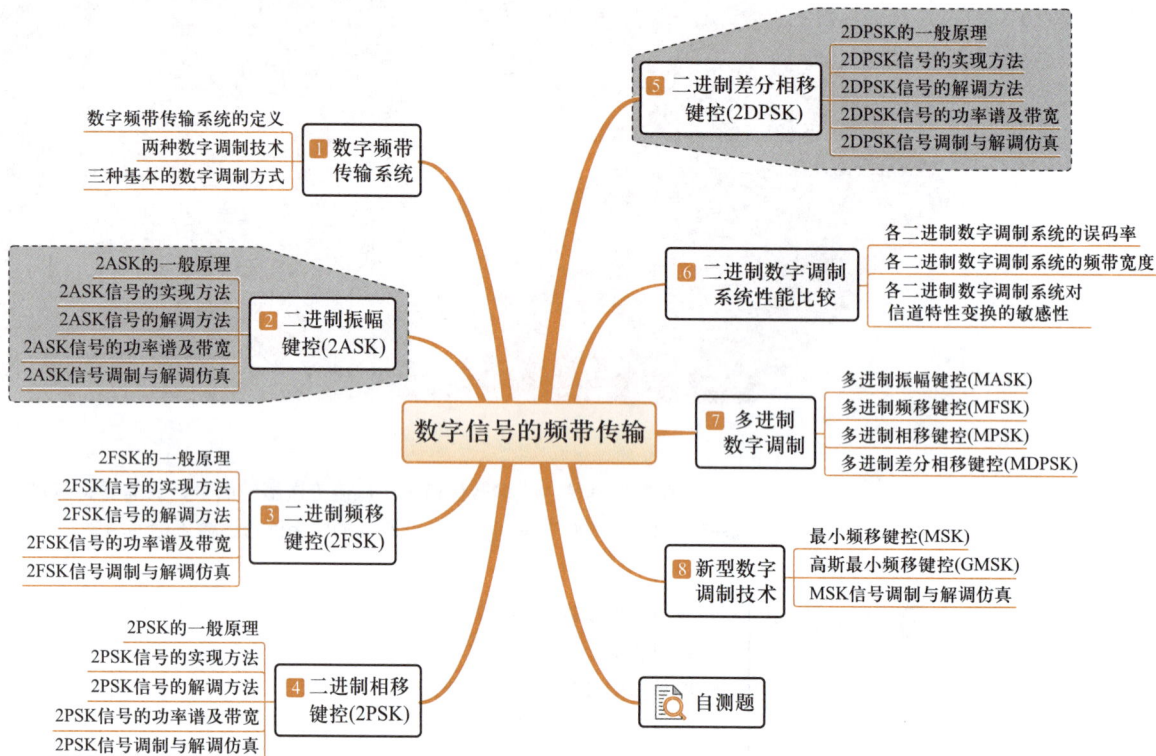

## 课程思政教学建议

## 知识点 1　数字频带传输系统

### 6.1.1　数字频带传输系统的定义

拓展阅读
中国移动通信发展史

数字信号的传输方式分为基带传输和频带传输。对于大多数数字传输系统来说，由于数字基带信号往往具有丰富的低频成分，而实际的通信信道又具有带通特性，因此，必须用数字信号来调制某一较高频率的正弦或脉冲载波，使已调信号能通过带限信道传输。这种用数字基带信号控制高频载波的某个或某些参数，使数字基带信号变换为数字频带信号的过程称为数字调制。已调信号通过信道传输到接收端，在接收端通过解调器把数字频带信号还原成数字基带信号的反变换称为数字解调。通常把包括数字调制和数字解调过程的传输系统称为数字频带传输系统。

#### 讨　　论

数字基带传输系统与数字频带传输系统的区别是什么？

### 6.1.2　两种数字调制技术

一般来说，数字调制与模拟调制的基本原理相同，但是数字信号有离散取值的特点，因此数字调制技术一般有两种方法：一是利用模拟方法去实现数字调制，即把数字调制看成模拟调制的一个特例，把数字基带信号当作模拟信号的特殊情况来处理；二是利用数字信号的离散取值特点，通过开关键控载波，从而实现数字调制，这种方法通常称为键控法，其特点是用数字电路实现、调制变换速率快、调整测试方便、体积小和设备可靠性高。

### 6.1.3　三种基本的数字调制方式

从原理上来说，载波的波形可以是任意的，只要已调信号适合于信道传输即可。但实际上，在大多数数字通信系统中都选择正弦信号作为载波。这是因为正弦信号形式简单，便于产生及接收。

和模拟调制一样，数字调制也有调幅、调频和调相三种基本形式，并可以派生出多种其他形式。数字调制与模拟调制相比，其原理并没有什么区别。不过模拟调制是对载波信号的参量进行连续调制，在接收端对载波信号的调制参量连续地进行估值；而数字调制都是用载波信号的某些离散状态来表征所传送的信息，在接收端也只要对载波信号的离散调制参量进行检测。数字调制信号在二进制时有振幅键控（ASK）、频移键控（FSK）和相移键控（PSK）三种基本的调制方式。图 6-1 给出了正弦载波三种键控波形的示例。

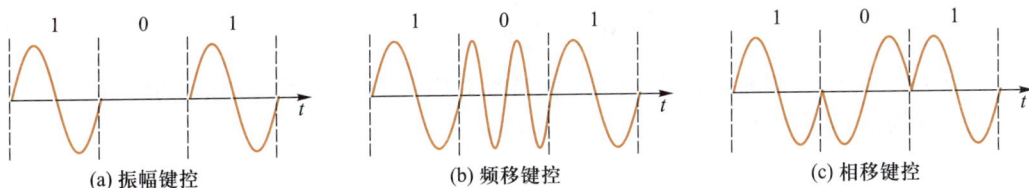

图 6-1　正弦载波三种键控波形的示例

1. 什么是数字调制？它与模拟调制相比有哪些异同点？
2. 数字调制的基本方式有哪些？其时间波形各有什么特点？

## 知识点2　二进制振幅键控（2ASK）

### 6.2.1　2ASK 的一般原理

**教学课件**
2ASK 调制

**微课**
2ASK 调制

**习题**
2ASK 调制

数字幅度调制又称振幅键控（ASK），二进制振幅键控记作 2ASK。ASK 利用载波的幅度变化来传递数字信息，其频率和初始相位保持不变。在 2ASK 中，载波的幅度只有两种变化状态，分别对应二进制信息"0"和"1"。一种常用的、也是最简单的二进制振幅键控方式称为通-断键控（OOK），其表达式为

$$e_{\text{OOK}}(t) = \begin{cases} A\cos\omega_c t, & \text{以概率 } P \text{ 发送"1"时} \\ 0, & \text{以概率 } 1-P \text{ 发送"0"时} \end{cases} \tag{6-1}$$

其典型波形如图 6-2 所示。可见，载波在二进制基带信号 $s(t)$ 控制下进行通-断变化，所以这种键控又称为通-断键控。在 OOK 中，某一种符号（"0"或"1"）用有没有电压来表示。

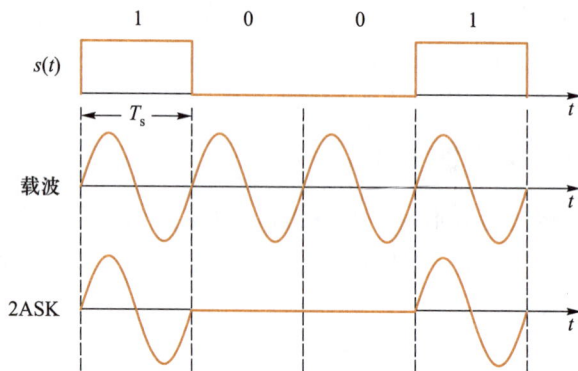

图 6-2　2ASK/OOK 信号的典型波形

2ASK 信号的一般表达式为

$$e_{2\text{ASK}}(t) = s(t)\cos\omega_c t \tag{6-2}$$

式（6-2）中：

$$s(t) = \sum_n a_n g(t - nT_B) \tag{6-3}$$

式（6-3）中：$T_B$ 为码元持续时间；$g(t)$ 为持续时间 $T_B$ 的基带脉冲波形，通常假设 $g(t)$ 是高度为1、宽度为 $T_B$ 的矩形脉冲；$a_n$ 为第 $n$ 个符号的电平取值，若取

$$a_n = \begin{cases} 1, & \text{概率为 } P \\ 0, & \text{概率为 } 1-P \end{cases} \tag{6-4}$$

则相应的 2ASK 信号就是 OOK 信号。

## 6.2.2　2ASK 信号的实现方法

2ASK 信号的产生方法通常有两种,即模拟调制法(乘法器法)和数字键控法,如图 6-3 所示。图 6-3(a)是一般的模拟幅度调制的方法,用乘法器实现;图 6-3(b)是一种数字键控法,其中的开关电路受 $s(t)$ 控制。

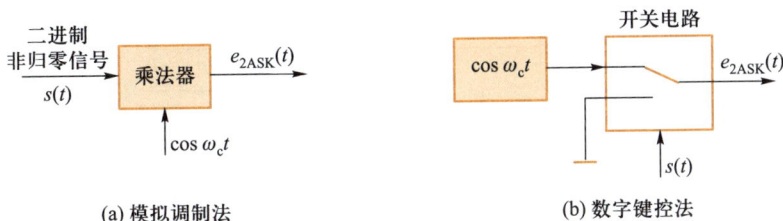

图 6-3　2ASK 信号的产生方法

## 6.2.3　2ASK 信号的解调方法

教学课件
2ASK 解调

与 AM 信号的解调方法一样,2ASK 信号也有两种基本的解调方法,即非相干解调(包络检波法)和相干解调(同步检测法),相应的接收系统组成框图如图 6-4 所示。与模拟信号的接收系统相比,这里增加了"抽样判决器",它对于提高信号的接收性能是必要的。

微课
2ASK 解调

习题
2ASK 解调

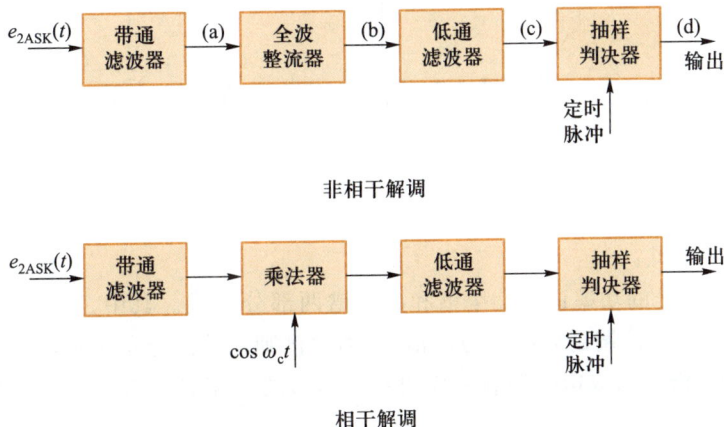

图 6-4　2ASK 信号的接收系统组成框图

图 6-5 给出了 2ASK 信号非相干解调过程的时间波形。

## 6.2.4　2ASK 信号的功率谱及带宽

教学课件
2ASK 功率谱密度
及带宽

若用 $G(f)$ 表示二进制序列中一个宽度为 $T_B$、高度为 1 的门函数 $g(t)$ 所对应的频谱函数,$P_s(f)$ 为 $s(t)$ 的功率谱密度,$P_{2ASK}(f)$ 为已调信号 $e(t)$ 的功率谱密度,则有

$$P_{2ASK}(f) = \frac{1}{4}\left[ P_s(f+f_c) + P_s(f-f_c) \right] \tag{6-5}$$

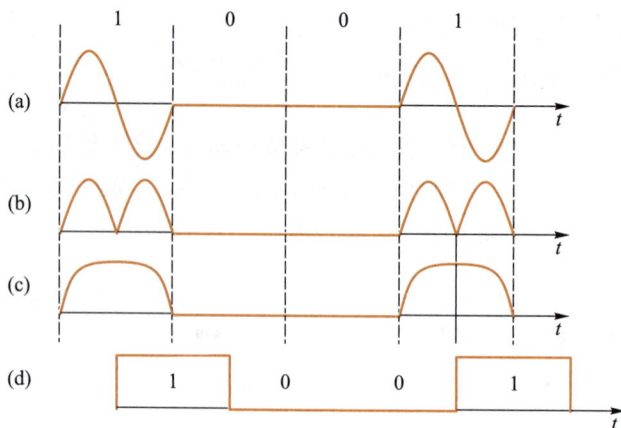

图 6-5　2ASK 信号非相干解调过程的时间波形

微课
2ASK 功率谱密度
及带宽

习题
2ASK 功率谱密度
及带宽

2ASK 信号的功率谱如图 6-6 所示。

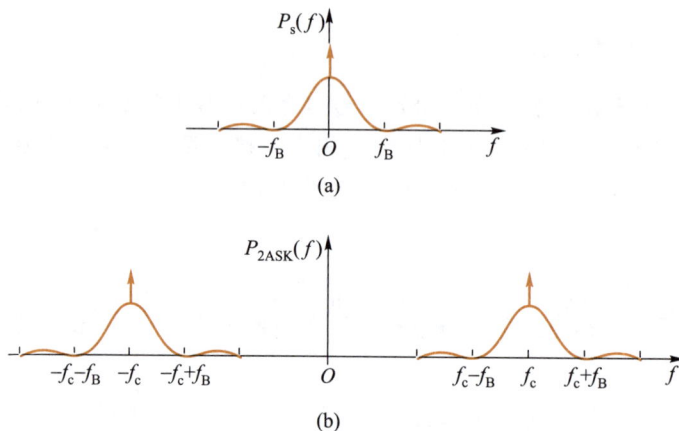

图 6-6　2ASK 信号的功率谱

由图 6-6 可见：

① 2ASK 信号的功率谱由连续谱和离散谱两部分组成。其中，连续谱取决于数字基带信号 $s(t)$ 经线性调制后的双边带谱，而离散谱则由载波分量确定。

② 如同分析过的双边带调制一样，2ASK 信号的带宽 $B_{2ASK}$ 是数字基带信号带宽 $B_s$ 的 2 倍：

$$B_{2ASK} = 2B_s = \frac{2}{T_B} = 2f_B \qquad (6-6)$$

③ 因为系统的码元速率 $R_B = 1/T_B (\text{Baud})$，故 2ASK 系统的频带利用率为

$$\eta = \frac{\dfrac{1}{T_B}}{\dfrac{2}{T_B}} = \frac{f_B}{2f_B} = \frac{1}{2} (\text{Baud/Hz}) \qquad (6-7)$$

这意味着用 2ASK 方式传送码元速率为 $R_B$ 的二进制数字信号时，要求该系统的带宽至少为 $2R_B (\text{Hz})$。

## 6.2.5　实训：2ASK 信号调制与解调仿真

教学课件

2ASK 信号仿真

微课

2ASK 信号仿真

习题

2ASK 信号仿真

### 一、仿真目的

（1）掌握 2ASK 信号的产生方法和解调方法。

（2）掌握 2ASK 信号的波形及频谱特点。

（3）了解 2ASK 系统的抗噪声性能。

### 二、仿真内容

根据 2ASK 信号的调制与解调原理，可以建立 2ASK 信号的 SystemView 仿真模型，如图 6-7 所示。

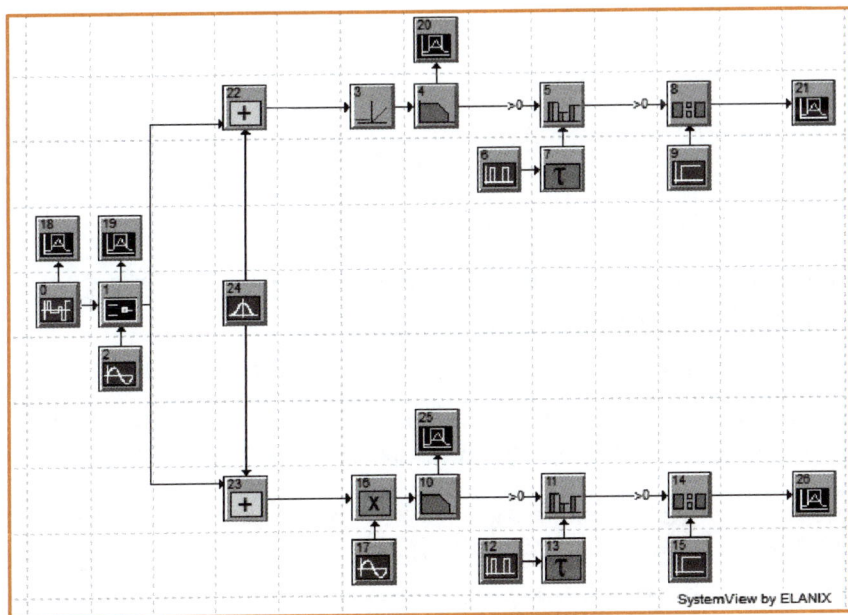

图 6-7　2ASK 信号的 SystemView 仿真模型

系统的时间设置为：采样频率 1 000 Hz，采样点数 2 048。系统各图符的参数设置见表 6-1。

表 6-1　系统各图符的参数设置

| 图符编号 | 库/图符名称 | 参数设置 |
| --- | --- | --- |
| 0 | Source：PN Seq | Amp = 1 V，Offset = 0 V，Rate = 10 Hz，Levels = 2，Phase = 0 deg |
| 1 | Logic：SPDT | Gate Delay = 0 s，Ctrl Thresh = 0.5 V |
| 2，17 | Source：Sinusoid | Amp = 1 V，Freq = 50 Hz，Phase = 0 deg |
| 3 | Function：Half Rctfy | Zero Point = 0 V |

续表

| 图符编号 | 库/图符名称 | 参数设置 |
|---|---|---|
| 4、10 | Operator：Linear Sys | Butterworth Lowpass IIR 3 poles，Fc = 10 Hz |
| 5、11 | Operator：Sample Hold | Ctrl Threshold = 0.5 V |
| 6、12 | Source：Pulse Train | Amp = 1 V，Freq = 10 Hz，PulseW = 50e−3 s，Offset = 0 V，Phase = 0 deg |
| 7、13 | Operator：Delays | Delay Type = Non−Interpolating，Delay = 0.05 |
| 8、14 | Operator：Compare | Comparison = "> =",True Output = 1 V，False Output = 0 V |
| 9、15 | Source：Step Fct | Amp = 0.1 V，Start = 0 s，Offset = 0 V |
| 16 | Multiplier | — |
| 22、23 | Adder | — |
| 24 | Source：Gauss Noise | Std Dev = 0.1 V，Mean = 0 V |
| 18～21、25、26 | Sink：Analysis | — |

### 三、仿真步骤及要求（实训报告见附录）

（1）复习有关 2ASK 信号调制与解调的内容，并按要求设计仿真系统。

（2）画出 2ASK 信号调制与解调仿真模型图。

（3）独立设计仿真参数并上机调试，记录仿真过程中的相关波形。

（4）观察记录 2ASK 的功率谱，分析说明实验结果与理论值之间的差别。

（5）通过解调信号波形分析比较 2ASK 信号相干解调与非相干解调。

## 复习与思考

1. 什么是振幅键控？OOK 信号的产生和解调方法有哪些？

2. 2ASK 信号传输带宽与码元速率或基带信号带宽有什么关系？

教学课件
2FSK 调制

微课
2FSK 调制

习题
2FSK 调制

## 知识点3　二进制频移键控（2FSK）

### 6.3.1　2FSK 的一般原理

数字频率调制又称频移键控（FSK），二进制频移键控记作 2FSK。FSK 利用载波的频率变化来传递数字信息，即用所传递的数字信息控制载波的频率。在 2FSK 中，载波的频率随二进制基带信号在 $f_1$ 和 $f_2$ 两个频率点间变化，其表达式为

$$e_{2FSK}(t) = \begin{cases} A\cos(\omega_1 t + \varphi_n)，& 发送"1"时 \\ A\cos(\omega_2 t + \theta_n)，& 发送"0"时 \end{cases} \tag{6-8}$$

其典型波形如图 6-8 所示。由图可见,2FSK 信号的波形(a)可以分解为波形(b)和波形(c),也就是说,一个 2FSK 信号可以看成两个不同载频的 2ASK 信号的叠加。因此,2FSK 信号的时域表达式又可写成

$$e_{2FSK}(t) = s_1(t)\cos(\omega_1 t + \varphi_n) + s_2(t)\cos(\omega_2 t + \theta_n) \qquad (6-9)$$

式中:$s_1(t)$ 和 $s_2(t)$ 均为单极性脉冲序列,且当 $s_1(t)$ 为正电平脉冲时,$s_2(t)$ 为零电平,反之亦然;$\varphi_n$ 和 $\theta_n$ 分别为第 $n$ 个信号码元("1"或"0")的初始相位。在频移键控中,$\varphi_n$ 和 $\theta_n$ 不携带信息,通常可令 $\varphi_n$ 和 $\theta_n$ 均为零。因此,2FSK 信号的表达式可简化为

$$e_{2FSK}(t) = s_1(t)\cos\omega_1 t + s_2(t)\cos\omega_2 t \qquad (6-10)$$

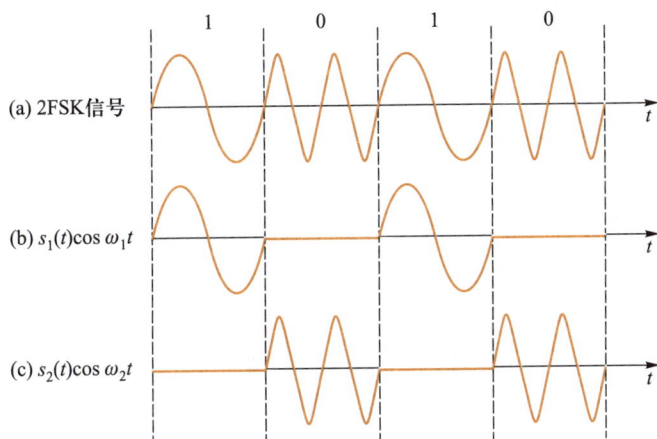

图 6-8　2FSK 信号的典型波形

## 6.3.2　2FSK 信号的实现方法

2FSK 信号的产生方法主要有两种:一种是调频法,即采用模拟调频电路产生 2FSK 信号;另一种是键控法,即在二进制基带矩形脉冲序列的控制下通过开关电路对两个不同的独立频率源进行选通,使其在每一个码元 $T_B$ 期间输出 $f_1$ 或 $f_2$ 两个载波之一,如图 6-9 所示。这两种方法的差异在于:由调频法产生的 2FSK 信号在相邻码元之间的相位是连续变化的,这是一类特殊的 FSK,称为连续相位 FSK;由键控法产生的 2FSK 信号是由电子开关在两个独立的频率源之间转换而成的,故相邻码元之间的相位不一定连续。

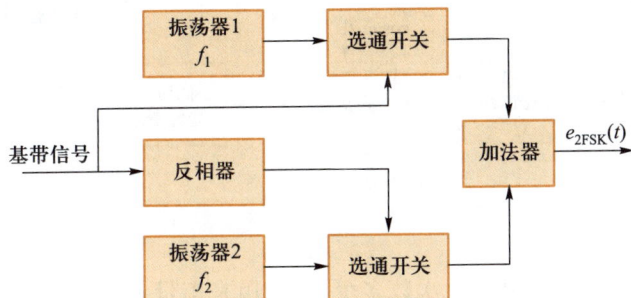

图 6-9　键控法产生 2FSK 信号的原理图

### 6.3.3　2FSK 信号的解调方法

数字调频信号的解调方法很多,如鉴频法、包络检波法、相干检测法、过零检测法、差分检测法等。下面仅介绍包络检波法、相干检测法和过零检测法。

#### 1. 包络检波法(非相干检测法)

2FSK 信号的包络检波法解调框图如图 6-10 所示,其可视为由两路 2ASK 解调电路组成。这里,两个带通滤波器(带宽相同,皆为相应的 2ASK 信号带宽;中心频率不同,分别为 $f_1$、$f_2$)起分路作用,用以分开两路 2ASK 信号,经包络检波器后分别取出它们的包络;抽样判决器起比较器作用,把两路包络信号同时送到抽样判决器进行比较,从而判决输出基带数字信号。判决规则应与调制规则相呼应,调制时若规定“1”符号对应载波频率 $f_1$,则接收时上支路的样值较大,应判为“1”;反之则判为“0”。

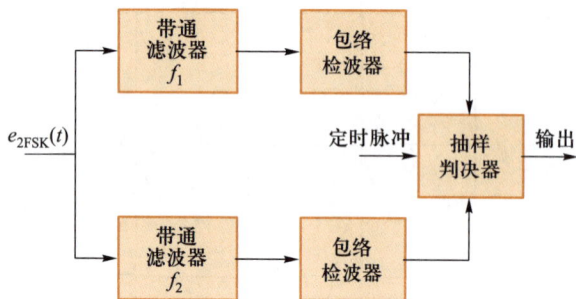

图 6-10　2FSK 信号的包络检波法解调框图

#### 2. 相干检测法

2FSK 信号的相干检测法解调框图如图 6-11 所示。图中,两个带通滤波器的作用与包络检波法中相同,起分路作用。它们的输出分别与相应的同步相干载波相乘,再分别经低通滤波器滤掉二倍频信号,取出含基带数字信息的低频信号。抽样判决器在抽样脉冲到来时对两个低频信号的抽样值进行比较判决(判决规则与包络检波法相同),即可还原出基带数字信号。

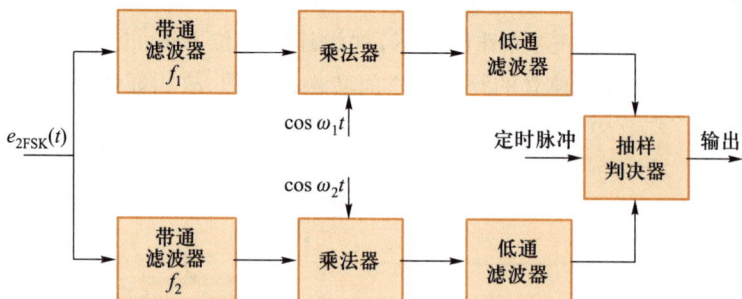

图 6-11　2FSK 信号的相干检测法解调框图

#### 3. 过零检测法

单位时间内信号经过零点的次数多少,可以用来衡量频率的高低。数字调频波的过零点数随不同载频而异,故检出过零点数可以得到关于频率的差异,这就是过零检测法的基本思想。

2FSK 信号的过零检测法解调框图及各点波形如图 6-12 所示。2FSK 输入信号经放大限幅后产生矩形脉冲序列,经微分及全波整流形成与频率变化相应的尖脉冲序列,这个序列代表调频波的过零点。尖脉冲触发一宽脉冲发生器,变换成具有一定宽度的矩形波,该矩形波的直流分量代表信号的频率,脉冲越密,直流分量越大,则输入信号的频率越高。经低通滤波器就可得到脉冲波的直流分量。这样就完成了频率-幅度变换,再根据直流分量幅度的区别还原出数字信号"1"和"0"即可。

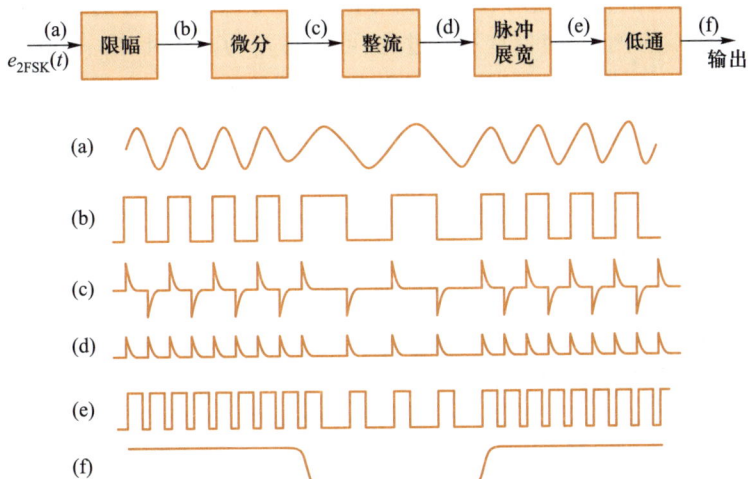

图 6-12 2FSK 信号的过零检测法解调框图及各点波形

## 6.3.4 2FSK 信号的功率谱及带宽

由式(6-9)可知,一个相位不连续的 2FSK 信号可视为两个不同载频的 2ASK 信号的合成,因此,2FSK 信号的功率谱可以近似表示为中心频率分别为 $f_1$ 和 $f_2$ 的两个 2ASK 信号功率谱的组合,即

$$P_{2FSK}(f) = \frac{1}{4}\left[ P_{s1}(f-f_1) + P_{s1}(f+f_1) \right] + \frac{1}{4}\left[ P_{s2}(f-f_2) + P_{s2}(f+f_2) \right] \quad (6-11)$$

2FSK 信号的功率谱如图 6-13 所示。

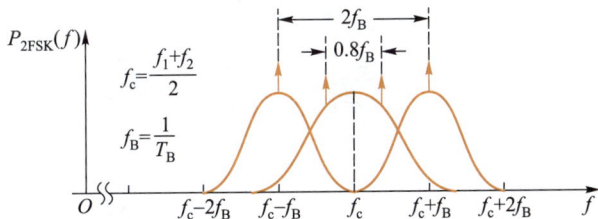

图 6-13 2FSK 信号的功率谱

由图 6-13 可见:

① 2FSK 信号的功率谱与 2ASK 信号的功率谱相似,同样由离散谱和连续谱两部分组成。其中,连续谱由两个双边谱叠加而成,而离散谱出现在两个载频位置上,这表

明 2FSK 信号中含有载波 $f_1$、$f_2$ 的分量。

② 连续谱的形状随着 $|f_2-f_1|$ 的大小而异。$|f_2-f_1|>f_B$ 时出现双峰，$|f_2-f_1|<f_B$ 时出现单峰。

③ 2FSK 信号的频带宽度为

$$B_{2FSK} = |f_2-f_1| + 2f_B = 2(f_D+f_B) = (2+h)f_B \tag{6-12}$$

式中：$f_B$ 为基带信号带宽，$f_B = 1/T_B$；$f_D$ 为频偏，$f_D = |f_2-f_1|/2$；$h$ 为偏移率（或频移指数），$h = |f_2-f_1|/f_B$。

可见，当码元速率 $f_B$ 一定时，2FSK 信号的带宽比 2ASK 信号的带宽要宽 $2f_D$。通常为了便于接收端检测，又使带宽不致过宽，可选取 $f_D=f_B$，此时 $B_{2FSK} = 4f_B$，是 2ASK 带宽的 2 倍。相应地，系统频带利用率只有 2ASK 系统的 1/2。

### 6.3.5　实训：2FSK 信号调制与解调仿真

教学课件
2FSK 信号仿真

微课
2FSK 信号仿真

习题
2FSK 信号仿真

**一、仿真目的**

（1）掌握 2FSK 信号的产生方法和解调方法。

（2）掌握 2FSK 信号的波形及频谱特点。

（3）了解 2FSK 系统的抗噪声性能。

**二、仿真内容**

根据 2FSK 信号的调制与解调原理，可以建立 2FSK 信号的 SystemView 仿真模型，如图 6-14 所示。

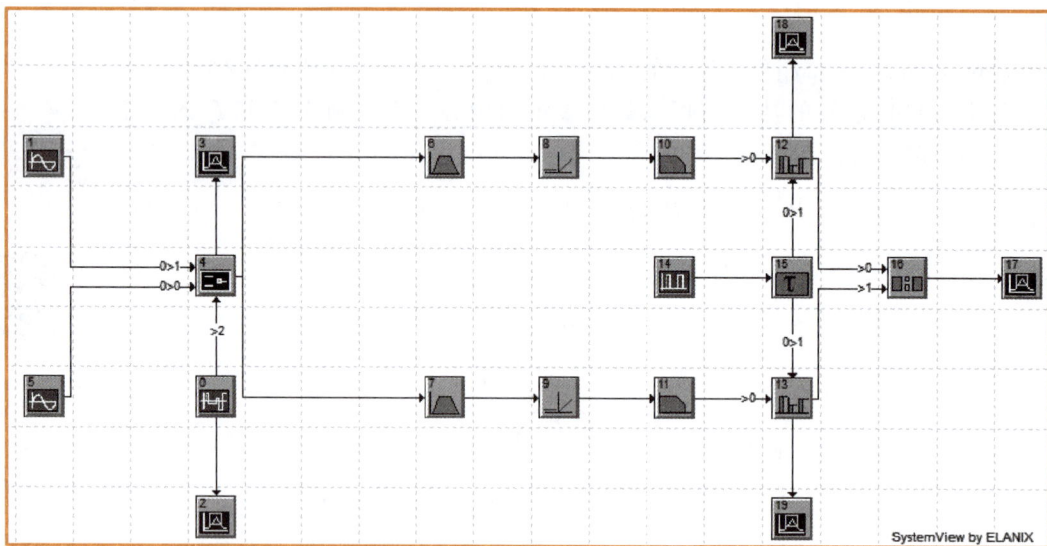

图 6-14　2FSK 信号的 SystemView 仿真模型

系统的时间设置为：采样频率 1 000 Hz，采样点数 2 048。系统各图符的参数设置见表 6-2。

表 6-2　系统各图符的参数设置

| 图符编号 | 库/图符名称 | 参数设置 |
|---|---|---|
| 0 | Source：PN Seq | Amp = 1 V，Offset = 0 V，Rate = 10 Hz，Levels = 2，Phase = 0 deg |
| 1 | Source：Sinusoid | Amp = 1 V，Freq = 65 Hz，Phase = 0 deg |
| 4 | Logic：SPDT | Gate Delay = 0 s，Ctrl Thresh = 0.5 V |
| 5 | Source：Sinusoid | Amp = 1 V，Freq = 35 Hz，Phase = 0 deg |
| 6 | Operator：Linear Sys | Butterworth Bandpass IIR 3 poles，Low Fc = 50 Hz，Hi Fc = 80 Hz |
| 7 | Operator：Linear Sys | Butterworth Bandpass IIR 3 poles，Low Fc = 20 Hz，Hi Fc = 50 Hz |
| 8、9 | Function：Half Rctfy | Zero Point = 0 V |
| 10、11 | Operator：Linear Sys | Butterworth Lowpass IIR 3 poles，Fc = 12 Hz |
| 12、13 | Operator：Sample Hold | Ctrl Threshold = 0.1 V |
| 14 | Source：Pulse Train | Amp = 1 V，Freq = 10 Hz，PulseW = 50e-3 s，Offset = 0 V，Phase = 0 deg |
| 15 | Operator：Delays | Delay Type = Non-Interpolating，Delay = 0.05 |
| 16 | Operator：Compare | Comparison = "> ="，True Output = 1 V，False Output = -1 V |
| 2、3、17 ~ 19 | Sink：Analysis | — |

### 三、仿真步骤及要求（实训报告见附录）

（1）复习有关 2FSK 信号调制与解调的内容，并按要求设计仿真系统。

（2）画出 2FSK 信号调制与解调仿真模型图。

（3）独立设计仿真参数并上机调试，记录仿真过程中的相关波形。

（4）观察记录 2FSK 的功率谱，分析说明实验结果与理论值之间的差别。

（5）改变载波频率，观察记录功率谱，并进行分析比较。

（6）说明如采用相干解调，仿真系统该如何设计实现。

### 复习与思考

1. 什么是移频键控？2FSK 信号的产生和解调方法有哪些？

2. 2FSK 信号的波形有何特点？

3. 相位不连续的 2FSK 信号传输带宽与码元速率或基带信号带宽有什么关系？

教学课件
2PSK 调制

微课
2PSK 调制

习题
2PSK 调制

### 知识点 4　二进制相移键控（2PSK）

#### 6.4.1　2PSK 的一般原理

数字相位调制又称相移键控（PSK），二进制相移键控记作 2PSK。PSK 利用载波的相位变化来传递数字信息，其振幅和频率保持不变。在 2PSK 中，通常用初始相位 0 和 π 分别表示"1"或"0"。2PSK 已调信号的时域表达式为

$$e_{2PSK}(t) = A\cos(\omega_c t + \varphi_n) \tag{6-13}$$

式中：$\varphi_n$ 为第 $n$ 个符号的绝对相位，即

$$\varphi_n = \begin{cases} \pi, & \text{发送"0"时} \\ 0, & \text{发送"1"时} \end{cases} \tag{6-14}$$

因此，式（6-13）可改写为

$$e_{2PSK}(t) = \begin{cases} -A\cos \omega_c t, & \text{概率为 } P \\ A\cos \omega_c t, & \text{概率为 } 1-P \end{cases} \tag{6-15}$$

其典型波形如图 6-15 所示。

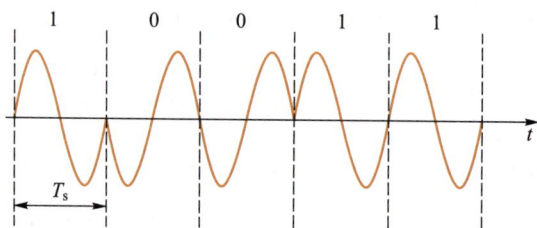

图 6-15　2PSK 信号的典型波形

由于两种码元的波形相同、极性相反，故 2PSK 信号可以表述为一个双极性全占空矩形脉冲序列与一个正弦载波的相乘，即

$$e_{2PSK}(t) = s(t)\cos \omega_c t \tag{6-16}$$

式（6-16）中：

$$s(t) = \sum_n a_n g(t - nT_B) \tag{6-17}$$

式（6-17）中：$g(t)$ 为脉宽为 $T_B$ 的单个矩形脉冲，而 $a_n$ 的统计特性为

$$a_n = \begin{cases} 1, & \text{概率为 } P \\ -1, & \text{概率为 } 1-P \end{cases} \tag{6-18}$$

即发送二进制符号"0"时（$a_n$ 取 $-1$），$e_{2PSK}(t)$ 取 π 相位；发送二进制符号"1"时（$a_n$ 取 1），$e_{2PSK}(t)$ 取 0 相位。这种以载波的不同相位直接表示相应二进制数字信号的调制方式，称为二进制绝对相移方式。

#### 6.4.2　2PSK 信号的实现方法

2PSK 信号的产生方法如图 6-16 所示。图 6-16（a）所示为产生 2PSK 信号的模拟调制法，图 6-16（b）所示为产生 2PSK 信号的键控法。

就模拟调制法而言，与产生 2ASK 信号的方法比较，只是对 $s(t)$ 的要求不同，因此 2PSK 信号可以看作是双极性基带信号作用下的 DSB 调幅信号。而就键控法而言，用数字基带信号 $s(t)$ 控制开关电路，选择不同相位的载波输出，这时 $s(t)$ 为单极性 NRZ 或双极性 NRZ 脉冲序列信号均可。

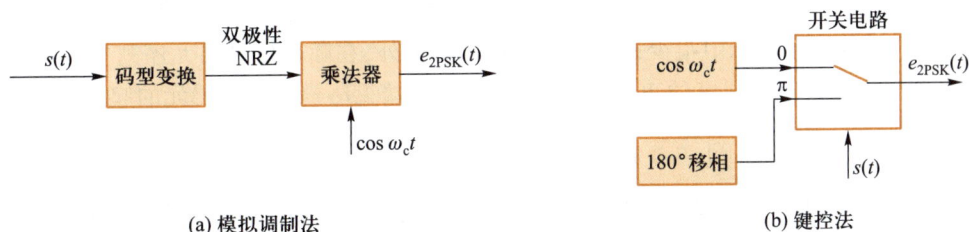

(a) 模拟调制法　　　　　　　　　　　　　　(b) 键控法

图 6-16　2PSK 信号的产生方法

## 6.4.3　2PSK 信号的解调方法

2PSK 信号属于 DSB 信号，它的解调不能再采用非相干解调的方法，只能进行相干解调，其框图如图 6-17 所示。2PSK 信号相干解调的各点时间波形如图 6-18 所示，图中，假设相干载波的基准相位与 2PSK 信号调制载波的基准相位一致（通常默认为 0 相位）。

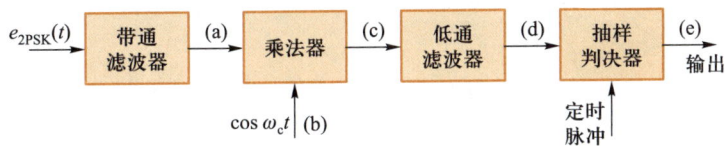

图 6-17　2PSK 信号的相干解调框图

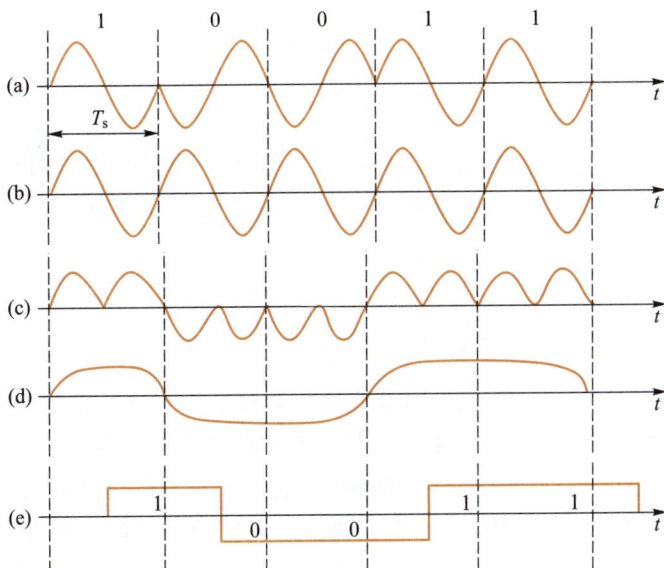

图 6-18　2PSK 信号相干解调的各点时间波形

由于 2PSK 信号实际上是以一个固定初相的未调载波为参考的,因此,解调时必须有与此同频同相的同步载波。如果同步载波的相位发生变化,如 0 相位变为 π 相位或 π 相位变为 0 相位,则恢复的数字信息就会发生"1"变"0"或"0"变"1",从而造成错误的恢复。这种因为本地参考载波倒相而在接收端发生错误恢复的现象称为"倒 π"现象或"反相工作"现象。绝对相移的主要缺点是容易产生相位模糊,造成反相工作。这也是 2PSK 方式在实际中很少采用的主要原因。另外,在随机信号码元序列中,信号波形有可能出现长时间连续的正弦波形,致使在接收端无法辨认信号码元的起止时刻。

### 6.4.4　2PSK 信号的功率谱及带宽

2PSK 信号与 2ASK 信号的时域表达式在形式上是完全相同的,所不同的只是两者基带信号 $s(t)$ 的构成:一个由双极性 NRZ 码组成;另一个由单极性 NRZ 码组成。因此,求 2PSK 信号的功率谱密度时,也可采用与求 2ASK 信号功率谱密度相同的方法。

2PSK 信号的功率谱密度 $P_{2PSK}(f)$ 可以写成

$$P_{2PSK}(f) = \frac{1}{4}\left[ P_s(f+f_c) + P_s(f-f_c) \right] \tag{6-19}$$

2PSK 信号的功率谱如图 6-19 所示。

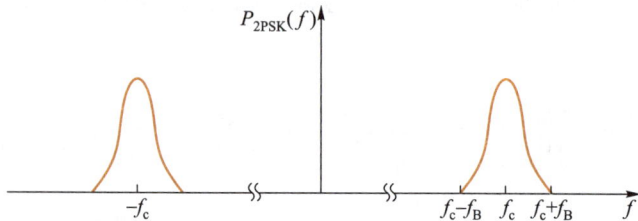

图 6-19　2PSK 信号的功率谱

由图 6-19 可见:

① 当双极性基带信号以相等的概率($P=1/2$)出现时,2PSK 信号的功率谱仅由连续谱组成。而一般情况下,2PSK 信号的功率谱由连续谱和离散谱两部分组成。其中,连续谱取决于数字基带信号 $s(t)$ 经线性调制后的双边带谱,而离散谱则由载波分量确定。

② 2PSK 信号的连续谱部分与 2ASK 信号的连续谱基本相同(仅差一个常数因子)。因此,2PSK 信号的带宽、频带利用率也与 2ASK 信号的相同,即

$$B_{2PSK} = B_{2ASK} = 2B_s = \frac{2}{T_B} = 2f_B \tag{6-20}$$

$$\eta_{2PSK} = \eta_{2ASK} = \frac{1}{2}(\text{Baud/Hz}) \tag{6-21}$$

式中:$B_s$ 为数字基带信号带宽。这表明,在数字调制中,2PSK(后面将会看到 2DPSK 也同样)的频谱特性与 2ASK 十分相似。相位调制和频率调制一样,本质上是一种非线性调制,但在数字调相中,由于表征信息的相位变化只有有限的离散取值,因此可以把相位变化归结为幅度变化。这样一来,数字调相同线性调制的数字调幅就联系起来了,为此可以把数字调相信号当作线性调制信号来处理,但是不能把上述概念推广到所有调相信号中。

## 6.4.5　实训：2PSK 信号调制与解调仿真

### 一、仿真目的

教学课件
2PSK 信号仿真

微课
2PSK 信号仿真

习题
2PSK 信号仿真

（1）熟悉使用 SystemView 软件，了解各部分功能模块的操作和使用方法。
（2）通过仿真进一步掌握 2PSK 调制原理。
（3）通过仿真进一步掌握 2PSK 相干解调原理。

### 二、仿真内容

根据 2PSK 信号的调制与解调原理，可以建立 2PSK 信号的 SystemView 仿真模型，如图 6-20 所示。

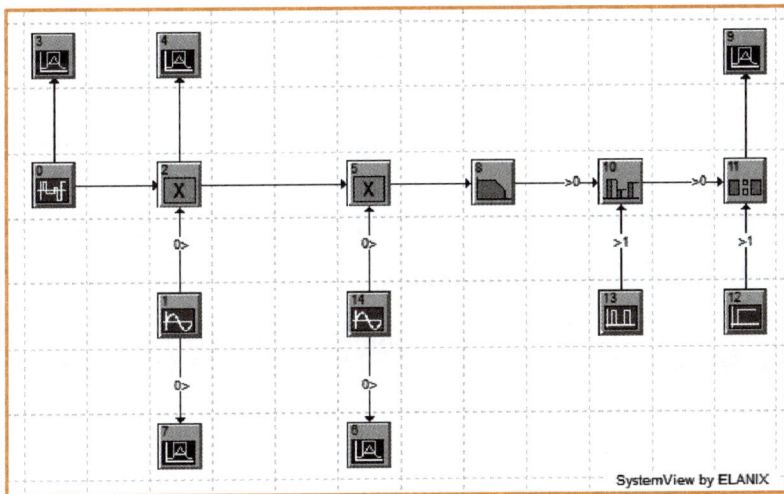

图 6-20　2PSK 信号的 SystemView 仿真模型

系统的时间设置为：采样频率 1 000 Hz，采样点数 2 048。系统各图符的参数设置见表 6-3。

表 6-3　系统各图符的参数设置

| 图符编号 | 库/图符名称 | 参数设置 |
|---|---|---|
| 0 | Source：PN Seq | Amp = 1 V，Offset = 0 V，Rate = 10 Hz，Levels = 2，Phase = 0 deg |
| 1 | Source：Sinusoid | Amp = 1 V，Freq = 50 Hz，Phase = 0 deg |
| 2、5 | Multiplier | — |
| 3、4、6、7、9 | Sink：Analysis | — |
| 8 | Operator：Linear Sys | Butterworth Lowpass IIR 3 poles，Fc = 12 Hz |
| 10 | Operator：Sample Hold | Ctrl Threshold = 0.1 V |

续表

| 图符编号 | 库/图符名称 | 参数设置 |
|---|---|---|
| 11 | Operator: Compare | Comparison = "> =", True Output = 1 V, False Output = 0 V |
| 12 | Source: Step Fct | Amp = 0 V, Start = 0 s, Offset = 0 V |
| 13 | Source: Pulse Train | Amp = 1 V, Freq = 10 Hz, PulseW = 50e−3 s, Offset = 0.06 V, Phase = 0 deg |
| 14 | Source: Sinusoid | Amp = 1 V, Freq = 50 Hz, Phase = 0 deg |

### 三、仿真步骤及要求（实训报告见附录）

（1）复习有关 2PSK 信号调制与解调的内容，并按要求设计仿真系统。

（2）画出 2PSK 信号调制与解调仿真模型图。

（3）独立设计仿真参数并上机调试，观察记录仿真电路中各模块输出波形的变化，理解 2PSK 调制解调原理。

（4）观察记录并比较仿真电路中各模块输出波形的功率谱、带宽变化，指出 2PSK 是线性调制还是非线性调制。

（5）将解调端参考载波相位设置为与调制端载波相位相差 180°，观察记录解调波形有何变化，解释此现象为何现象。

---

### 复习与思考

1. 2PSK 信号可以用哪些方法产生和解调？

2. 2PSK 信号的功率谱及传输带宽有何特点？它与 OOK 信号有何异同？

---

## 知识点5　二进制差分相移键控（2DPSK）

教学课件
2DPSK 调制

微课
2DPSK 调制

习题
2DPSK 调制

拓展阅读
科技抗疫中的华为5G特种兵

### 6.5.1　2DPSK 的一般原理

二进制差分相移键控常简称为二相相对调相，记作 2DPSK。2DPSK 利用前后相邻码元的载波相对相位变化传递数字信息，所以又称为相对相移键控。所谓载波相对相位是指本码元初相与前一码元初相之差。

设 $\Delta\varphi$ 为当前码元与前一码元的载波相位差，并定义数字信息与 $\Delta\varphi$ 之间的关系为

$$\Delta\varphi = \begin{cases} 0, & \text{表示数字信息"0"} \\ \pi, & \text{表示数字信息"1"} \end{cases} \tag{6-22}$$

于是可以将一组二进制数字信息与其对应的 2DPSK 信号的载波相位关系示例如下：

二进制数字信息：　　1　1　0　1　0　0　1　1　0

2DPSK 信号相位：　（0）　π　0　0　π　π　π　0　π　π

　　　　　　　（或）　（π）　0　π　π　0　0　0　π　0　0

相应的 2DPSK 信号的波形如图 6-21 所示。

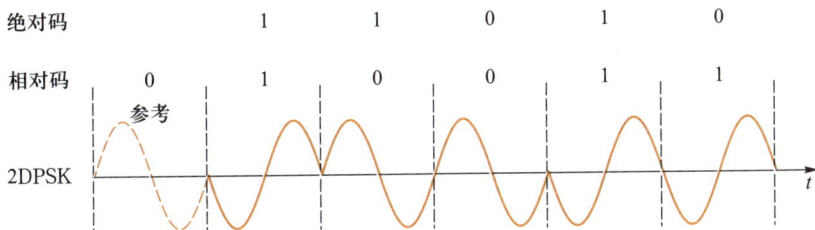

图 6-21　2DPSK 信号波形

数字信息与 $\Delta\varphi$ 之间的关系也可定义为

$$\Delta\varphi = \begin{cases} 0, & \text{表示数字信息 "1"} \\ \pi, & \text{表示数字信息 "0"} \end{cases}$$

由此例可知，对于相同的基带信号，由于初始相位不同，2DPSK 信号的相位可以不同。即 2DPSK 信号的相位并不直接代表基带信号，而前后码元的相对相位才决定信息符号。

## 6.5.2　2DPSK 信号的实现方法

由图 6-21 可见，先对二进制数字基带信号进行差分编码，即把表示数字信息序列的绝对码变换成相对码（差分码），然后再根据相对码进行绝对调相，即可产生二进制差分相移键控信号。2DPSK 信号调制器键控法原理框图如图 6-22 所示。

差分码可取传号差分码或空号差分码。其中，传号差分码的编码规则为

$$b_n = a_n \oplus b_{n-1} \tag{6-23}$$

式中：$a_n$ 为绝对码；$b_n$ 为相对码；$\oplus$ 为模 2 加；$b_{n-1}$ 为 $b_n$ 的前一码元，最初的 $b_{n-1}$ 可任意设定。

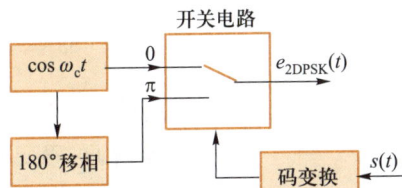

图 6-22　2DPSK 信号调制器
键控法原理框图

由图 6-21 中已调信号的波形可知，这里使用的就是传号差分码，即载波的相位遇到原数字信息 "1" 发生变化，遇到 "0" 则不变，载波相位的这种相对变化就携带了数字信息。

式（6-23）称为差分编码（码变换），即把绝对码 $a_n$ 变换成相对码 $b_n$；其逆过程称为差分译码（码反变换），即

$$a_n = b_n \oplus b_{n-1} \tag{6-24}$$

## 6.5.3　2DPSK 信号的解调方法

2DPSK 信号有两种解调方法：一种是差分相干法；另一种是相干解调-码变换法，又称为极性比较-码变换法。

### 1. 差分相干法（相位比较法）

2DPSK 信号差分相干法原理框图和解调过程各点时间波形如图 6-23 所示。用这种方法解调时不需要专门的相干载波，只需由收到的 2DPSK 信号延时一个码元间隔，然后与 2DPSK 信号本身相乘。乘法器起着相位比较的作用，相乘结果反映了前后码元

的相位差,经低通滤波后再抽样判决,即可直接恢复出原始数字信息,故解调器中不需要码反变换器。

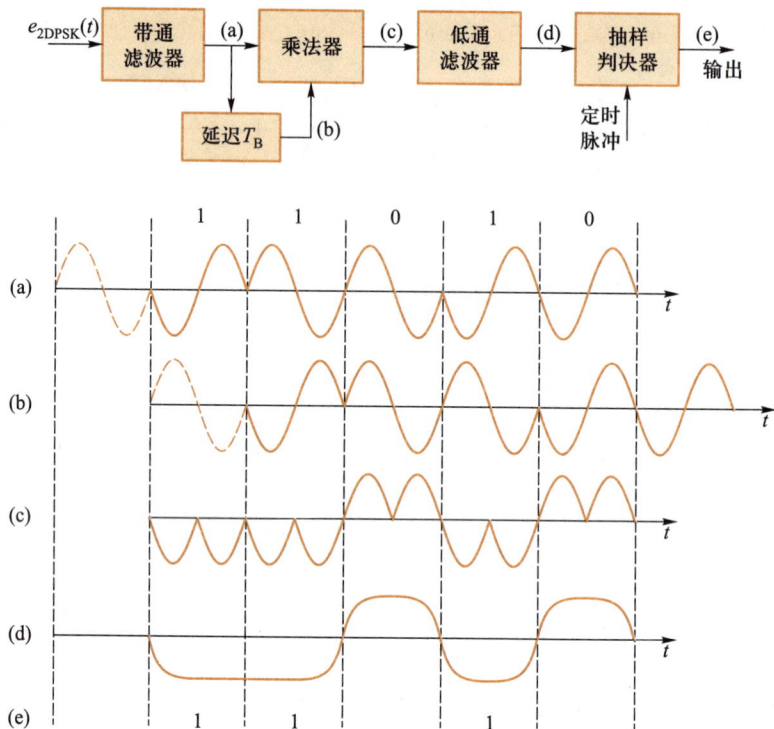

图6-23    2DPSK信号差分相干法原理框图和解调过程各点时间波形

### 2. 相干解调–码变换法

相干解调–码变换法的解调原理是:先对2DPSK信号进行相干解调,恢复出相对码,再经码反变换器变换为绝对码,从而恢复出发送的二进制数字信息。在解调过程中,由于载波相位模糊性的影响,使得解调出的相对码也可能是"1"和"0"倒置,但经差分译码(码反变换)得到的绝对码不会发生任何倒置的现象,从而解决了载波相位模糊性带来的问题。2DPSK信号相干解调–码变换法原理框图和解调过程各点时间波形如图6-24所示。

2DPSK系统是一种实用的数字调相系统,但其抗加性白噪声的性能比2PSK差。

### 6.5.4    2DPSK信号的功率谱及带宽

由前面的讨论可知,无论是2PSK还是2DPSK信号,就波形本身而言,它们都可以等效成双极性基带信号作用下的调幅信号,无非是一对倒相信号的序列。因此,2DPSK和2PSK信号具有相同形式的表达式,所不同的是2PSK表达式中的$s(t)$是数字基带信号,2DPSK表达式中的$s(t)$是由数字基带信号变换而来的差分码数字信号。据此,可得出以下结论。

① 2DPSK与2PSK信号有相同的功率谱。

② 2DPSK与2PSK信号带宽相同,是基带信号带宽$B_s$的2倍,即

教学课件
2DPSK 功率谱密度
及带宽

微课
2DPSK 功率谱密度
及带宽

习题
2DPSK 功率谱密度
及带宽

$$B_{2DPSK} = B_{2PSK} = B_{2ASK} = 2B_s = \frac{2}{T_B} = 2f_B \qquad (6-25)$$

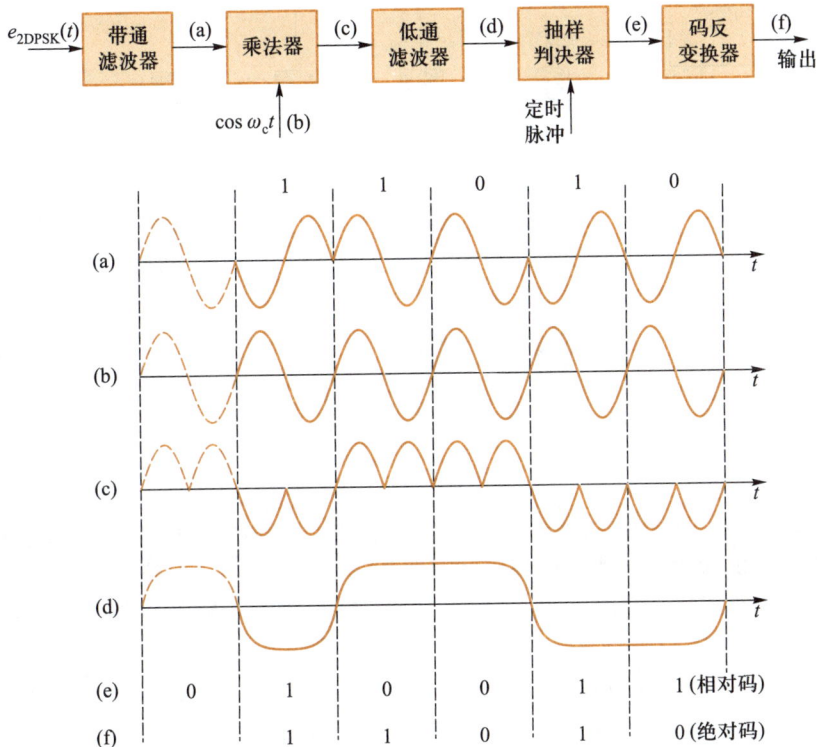

图 6-24　2DPSK 信号相干解调–码变换法原理框图和解调过程各点时间波形

③ 2DPSK 与 2PSK 信号频带利用率也相同，即

$$\eta_{2DPSK} = \eta_{2PSK} = \eta_{2ASK} = \frac{1}{2}（Baud/Hz） \qquad (6-26)$$

### 6.5.5　实训：2DPSK 信号调制与解调仿真

**一、仿真目的**

（1）掌握 2DPSK 信号的产生方法和解调方法。

（2）掌握 2DPSK 信号的波形及频谱特点。

**二、仿真内容**

根据 2DPSK 信号的调制与解调原理，可以建立 2DPSK 信号的 SystemView 仿真模型，如图 6-25 所示。

系统的时间设置为：采样频率 1 000 Hz，采样点数 2 048。系统各图符的参数设置见表 6-4。

教学课件
2DPSK 信号仿真

微课
2DPSK 信号仿真

习题
2DPSK 信号仿真

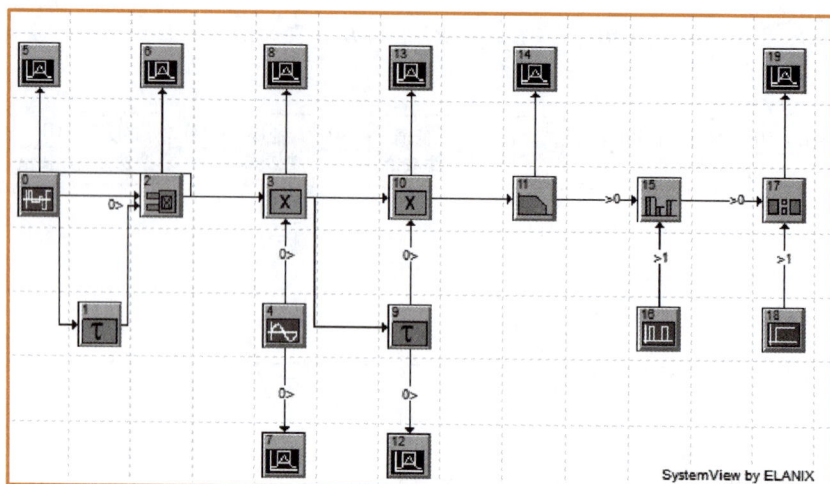

图 6-25 2DPSK 信号的 SystemView 仿真模型

表 6-4 系统各图符的参数设置

| 图符编号 | 库/图符名称 | 参数设置 |
|---|---|---|
| 0 | Source:PN Seq | Amp = 1 V, Offset = 0 V, Rate = 10 Hz, Levels = 2, Phase = 0 deg |
| 1 | Operator:Delays | Delay Type = Non−Interpolating, Delay = 99e−3 s |
| 2 | Operator:XOR | Threshold = 0, True = 1, False = −1 |
| 3、10 | Multiplier | — |
| 4 | Source:Sinusoid | Amp = 1 V, Freq = 20 Hz, Phase = 0 deg |
| 9 | Operator:Delays | Delay Type = Non−Interpolating, Delay = 100e−3 s |
| 11 | Operator:Linear Sys | Butterworth Lowpass IIR 3 poles, Fc = 12 Hz |
| 15 | Operator:Sample Hold | Ctrl Threshold = 0.1 V |
| 16 | Source:Pulse Train | Amp = 1 V, Freq = 10 Hz, PulseW = 50e−3 s, Offset = 0.06 V, Phase = 0 deg |
| 17 | Operator:Compare | Comparison = " =<", True Output = 1 V, False Output = −1 V |
| 18 | Source:Step Fct | Amp = 0 V, Start = 0 s, Offset = 0 V |
| 5 ~ 8、12 ~ 14、19 | Sink:Analysis | — |

### 三、仿真步骤及要求(实训报告见附录)

(1)复习有关 2DPSK 信号调制与解调的内容,并按要求设计仿真系统。

(2)画出 2DPSK 信号调制与解调仿真模型图。

(3)独立设计仿真参数并上机调试,观察记录仿真电路中各模块输出波形的变化,理解 2DPSK 调制解调原理。

(4)观察记录并比较仿真电路中各模块输出波形的功率谱、带宽变化,指出

2DPSK 是线性调制还是非线性调制。

（5）说明如采用相干解调,仿真系统该如何设计实现。

## 复习与思考

1. 2DPSK 信号可以用哪些方法产生和解调?

2. 2DPSK 信号的功率谱及传输带宽有何特点? 它与 OOK 信号有何异同?

## 知识点6　二进制数字调制系统性能比较

衡量数字通信系统性能的指标很多,其中最主要的是有效性和可靠性。下面将对各二进制数字调制系统的误码率、频带宽度、对信道特性变换的敏感性等进行简要比较。

### 6.6.1　各二进制数字调制系统的误码率

数字信号载波传输系统的抗噪声性能是用误码率来衡量的。计算误码率要在忽略码间串扰的前提下,只考虑加性噪声对接收机造成的影响。这里所说的加性噪声主要是指信道噪声,也包括接收设备噪声折算到信道中的等效噪声。鉴于计算误码率的复杂性,表 6-5 中直接给出了各系统的误码率 $P_e$ 与接收机输入信噪比 $r$ 的关系式。

表 6-5　二进制数字调制系统的误码率公式

| 调制方式 | 解调方式 | |
|---|---|---|
| | 相干解调 | 非相干解调 |
| 2ASK | $\dfrac{1}{2}\mathrm{erfc}\left(\sqrt{\dfrac{r}{4}}\right)$ | $\dfrac{1}{2}\mathrm{e}^{-r/4}$ |
| 2FSK | $\dfrac{1}{2}\mathrm{erfc}\left(\sqrt{\dfrac{r}{2}}\right)$ | $\dfrac{1}{2}\mathrm{e}^{-r/2}$ |
| 2PSK | $\dfrac{1}{2}\mathrm{erfc}(\sqrt{r})$ | — |
| 2DPSK | $\mathrm{erfc}(\sqrt{r})$ | $\dfrac{1}{2}\mathrm{e}^{-r}$ |

由表 6-5 可知,从横向来比较,对同一调制方式,采用相干解调方式的误码率低于采用非相干解调方式的误码率。从纵向来比较,若采用相同的解调方式(如相干解调),在误码率 $P_e$ 相同的情况下,所需要的信噪比,2ASK 比 2FSK 高 3 dB,2FSK 比 2PSK 高 3 dB,2ASK 比 2PSK 高 6 dB;反过来,若信噪比 $r$ 一定,2PSK 系统的误码率比 2FSK 小,2FSK 系统的误码率比 2ASK 小。由此看出,在抗加性高斯白噪声方面,相干解调方式下,2PSK 性能最好,2FSK 次之,2ASK 最差。

根据表 6-5 所画出的三种数字调制系统的误码率 $P_e$ 与信噪比 $r$ 的关系曲线如

图 6-26 所示。可以看出,在相同的信噪比 $r$ 下,相干解调的 2PSK 系统的误码率 $P_e$ 最小。

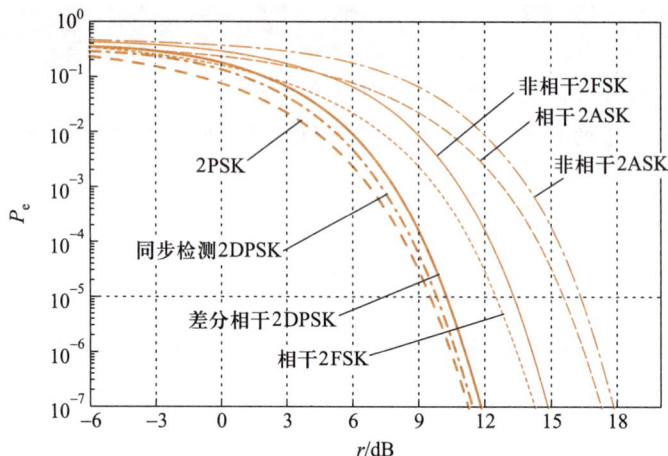

图 6-26 三种数字调制系统的误码率 $P_e$ 与信噪比 $r$ 的关系曲线

### 6.6.2 各二进制数字调制系统的频带宽度

当信号码元宽度为 $T_B$ 时,2ASK 系统和 2PSK(2DPSK)系统的频带宽度近似为 $2/T_B$,即

$$B_{2DPSK} = B_{2PSK} = B_{2ASK} = \frac{2}{T_B} = 2f_B$$

2FSK 系统的频带宽度近似为

$$B_{2FSK} = |f_2 - f_1| + \frac{2}{T_B} = |f_2 - f_1| + 2f_B$$

因此,从频带宽度或频带利用率上看,2FSK 系统的频带利用率最低。

### 6.6.3 各二进制数字调制系统对信道特性变换的敏感性

在实际通信系统中,有很多信道属于随参信道,即信道参数随时间变化。因此,在选择数字调制方式时,还应考虑最佳判决门限对信道特性的变化是否敏感。

在 2FSK 系统中,判决器根据上、下两个支路解调输出样值的大小做出判决,不需要人为地设置判决门限,因而对信道的变化不敏感。

在 2PSK 系统中,当发送不同符号的概率相等时,判决器的最佳判决门限为零,与接收机输入信号的幅度无关。因此,判决门限不随信道特性的变化而变化,接收机总能保持工作在最佳判决门限状态。

对于 2ASK 系统,判决器的最佳判决门限与接收机输入信号的幅度有关,当信道特性发生变化时,接收机输入信号的幅度将随着发生变化,从而导致最佳判决门限也将随之而变。这时,接收机不容易保持在最佳判决门限状态,所以,2ASK 对信道特性变化敏感,性能最差。

**复习与思考**

1. 2FSK 与 2ASK 相比有哪些优势?
2. 2PSK 与 2ASK 和 2FSK 相比有哪些优势?
3. 2DPSK 与 2PSK 相比有哪些优势?

## 知识点 7   多进制数字调制

所谓多进制数字调制,就是利用多进制数字基带信号调制高频载波的某个参量,如幅度、频率或相位的过程。根据被调参量的不同,多进制数字调制可分为多进制振幅键控(MASK)、多进制频移键控(MFSK)以及多进制相移键控(MPSK 或 MDPSK)。也可以把载波的两个参量组合起来进行调制,如把幅度和相位组合起来得到多进制幅相键控(MAPK)或它的特殊形式多进制正交幅度调制(MQAM)等。

由于多进制数字已调信号的被调参数在一个码元间隔内有多个取值,因此,与二进制数字调制相比,多进制数字调制具有以下几个特点。

① 在码元速率(传码率)相同的条件下,可以提高信息速率(传信率),使系统频带利用率增大。码元速率相同时,$M$ 进制数字调制系统的信息速率是二进制的 $\log_2 M$ 倍。在实际应用中,通常取 $M = 2^k$,$k$ 为大于 1 的正整数。

② 在信息速率相同的条件下,可以降低码元速率,以提高传输的可靠性。信息速率相同时,$M$ 进制的码元宽度是二进制的 $\log_2 M$ 倍,这样可以增加每个码元的能量,并能减小码间串扰的影响等。

正是基于这些特点,多进制数字调制方式得到了广泛的使用。不过,获得以上几点好处所付出的代价是,信号功率需求增加和实现复杂度加大。

### 6.7.1   多进制振幅键控(MASK)

多进制振幅键控(MASK)又称为多电平调制,它是二进制振幅键控方式的推广。图 6-27 给出了 MASK 信号的波形,图中的信号是 4ASK 信号,即 $M = 4$。每个码元含有 2 bit 的信息。与 2ASK 相比,MASK 信号的带宽和 2ASK 信号的带宽相同,故单位频带的信息传输速率高,即频带利用率高。

在二进制条件下,对于基带信号,信道频带利用率最高可达 2 bit/(s·Hz),即每赫带宽每秒可以传输 2 bit 的信息。按照这一准则,由于 2ASK 信号的带宽是基带信号的 2 倍,故其频带利用率最高是 1 bit/(s·Hz)。由于 MASK 信号的带宽和 2ASK 信号的带宽相同,故 MASK 信号的频带利用率可以超过 1 bit/(s·Hz)。

图 6-27(a)中给出的基带信号是多进制单极性非归零脉冲,它有直流分量。若改用多进制双极性非归零脉冲作为基带调制信号,如图 6-27(c)所示,则在不同码元出现概率相等的条件下,得到的是抑制载波的 MASK 信号,如图 6-27(d)所示。需要注意:这里每个码元的载波同步初始相位是不同的。例如,第 1 个码元的初始相位是 π,第 2 个码元的初始相位是 0。

教学课件
多进制振幅键控
(MASK)

微课
多进制振幅键控
(MASK)

习题
多进制振幅键控
(MASK)

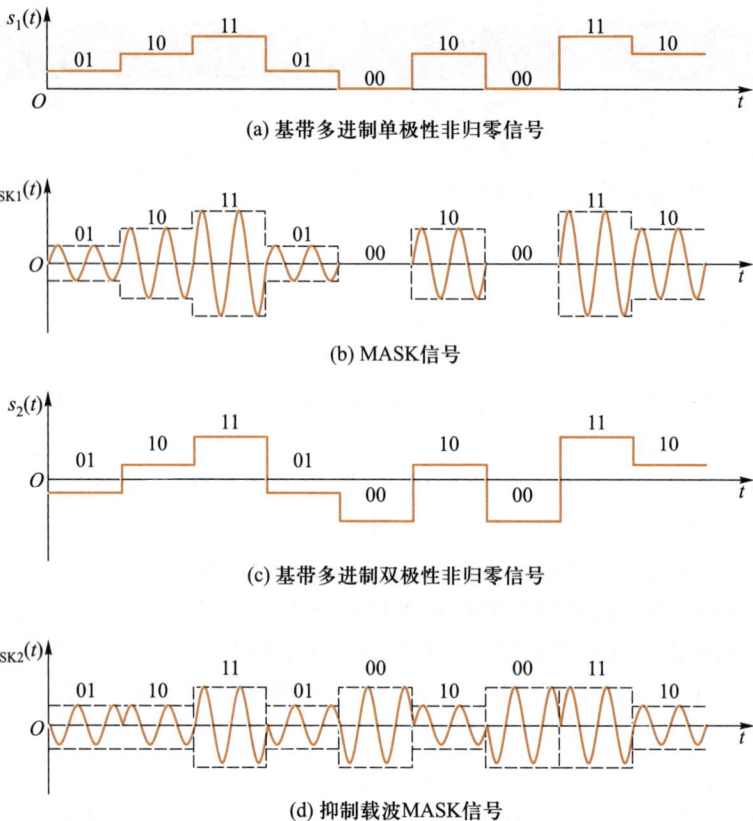

(a) 基带多进制单极性非归零信号

(b) MASK信号

(c) 基带多进制双极性非归零信号

(d) 抑制载波MASK信号

图 6-27　MASK 信号波形

### 6.7.2　多进制频移键控(MFSK)

教学课件
多进制频移键控
(MFSK)

微课
多进制频移键控
(MFSK)

习题
多进制频移键控
(MFSK)

多进制频移键控(MFSK)简称多频制,是 2FSK 方式的推广。它是用 $M$ 个不同的载波频率代表 $M$ 种数字信息。

4FSK 中采用 4 个不同的频率分别表示四进制的码元,每个码元含有 2 bit 的信息,如图 6-28 所示。这时仍和 2FSK 时的条件相同,即要求每个载频之间的距离足够大,使不同频率的码元频谱能够用滤波器分离开,或者说使不同频率的码元互相正交。由于 MFSK 的码元采用 $M$ 个不同频率的载波,所以它占用较宽的频带。设 $f_1$ 为其最低载频,$f_M$ 为其最高载频,则 MFSK 信号的带宽近似为

$$B = f_M - f_1 + \Delta f \tag{6-27}$$

式中:$\Delta f$ 为单个码元的带宽,它取决于信号传输速率。

MFSK 调制器的原理与 2FSK 基本相同。MFSK 解调器也分为非相干解调和相干解调两种。MFSK 非相干解调原理框图如图 6-29 所示。图中有 $M$ 路带通滤波器,用于分离 $M$ 个不同频率的码元。当某个码元输入时,$M$ 个带通滤波器的输出中仅有一个是信号加噪声,其他各路都只有噪声。因为通常有信号的一路检波输出电压最大,故在判决时将按照该路检波电压做出判决。

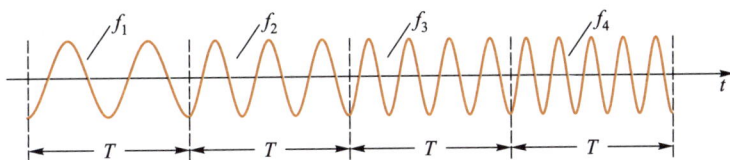

(a) 4FSK信号波形

| $f_1$ | $f_2$ | $f_3$ | $f_4$ |
|-------|-------|-------|-------|
| 00 | 01 | 10 | 11 |

(b) 4FSK信号取值

图 6-28　4FSK 信号波形及取值

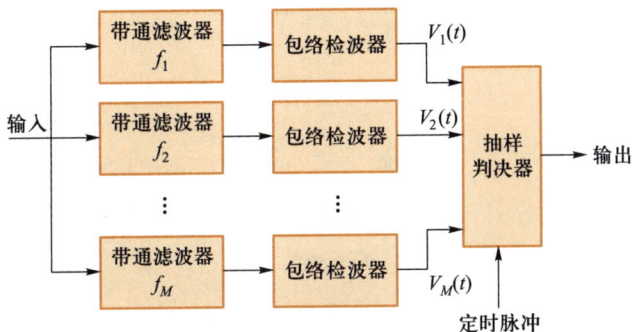

图 6-29　MFSK 非相干解调原理框图

### 6.7.3　多进制相移键控(MPSK)

多进制相移键控又称多相制,是二相制的推广。它是利用载波的多种不同相位状态来表征数字信息的调制方式。与二进制相移键控相同,多进制相移键控也有绝对相移键控(MPSK)和差分相移键控(MDPSK)两种。

由于 $M$ 种相位可以用来表示 $k$ bit 码元的 $2^k$ 种状态,故有 $2^k = M$。假设 $k$ bit 码元的持续时间为 $T_B$,则 $M$ 相调制波形可以表示为

$$e_{MPSK}(t) = \sum_{k=-\infty}^{+\infty} g(t-kT_B)\cos(\omega_c t+\varphi_k)$$

$$= \sum_{k=-\infty}^{+\infty} a_k g(t-kT_B)\cos\omega_c t - \sum_{k=-\infty}^{+\infty} b_k g(t-kT_B)\sin\omega_c t \qquad (6-28)$$

式中:$\varphi_k$ 为受调制相位,可以有 $M$ 种不同取值;$a_k = \cos\varphi_k$;$b_k = \sin\varphi_k$。

由式(6-28)可知,MPSK 的波形可以看作是对两个正交载波进行多电平双边带调制所得信号之和。这就说明,MPSK 信号的带宽和多电平双边带调制时的相同。

MPSK 信号还可以用矢量图来描述,图 6-30 所示为 $M=2$、$M=4$、$M=8$ 三种情况下的 MPSK 相位配置矢量图。具体的相位配置有两种形式,根据 ITU-T 的建议,图 6-30(a)所示的移相方式称为 A 方式,图 6-30(b)所示的移相方式称为 B 方式。图 6-30 中注明了各相位状态及其所代表的 $k$ bit 码元。以 A 方式 4PSK 为例,载波相位有 0、$\pi/2$、$\pi$ 和

教学课件
多进制相移键控
(MPSK)

微课
多进制相移键控
(MPSK)

习题
多进制相移键控
(MPSK)

$-\pi/2$ 四种,分别对应信息码元 00、10、11 和 01。虚线为参考相位,对 MPSK 而言,参考相位为载波的初相;对 MDPSK 而言,参考相位为前一已调载波码元的初相。各相位值都是对参考相位而言的,正为超前,负为滞后。

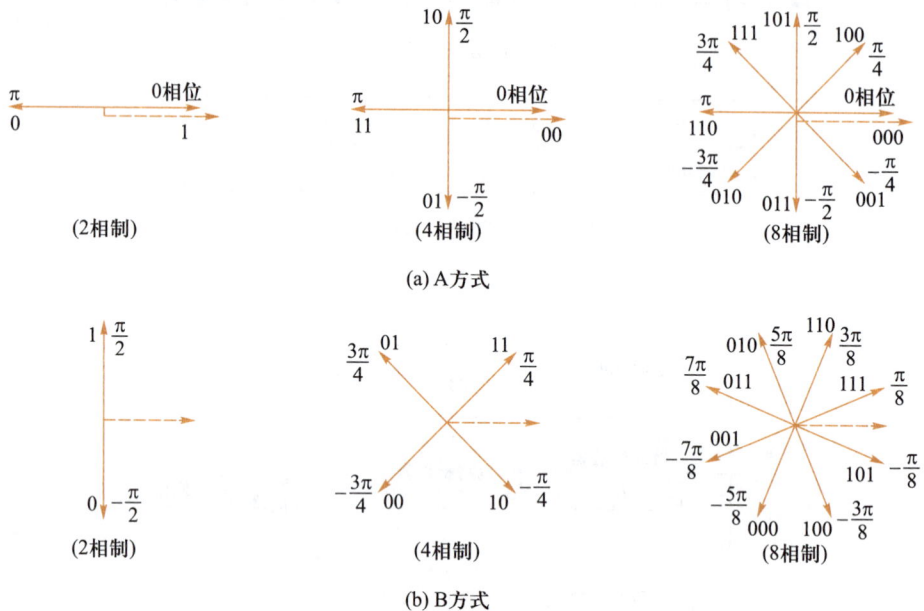

(a) A方式

(b) B方式

图 6-30　MPSK 相位配置矢量图

　　MPSK 信号可以看成载波互为正交的两路 MASK 信号的叠加,因此,MPSK 信号的频带宽度应与 MASK 信号的相同,即

$$B_{\mathrm{MPSK}} = B_{\mathrm{MASK}} = 2f_{\mathrm{B}} \tag{6-29}$$

式中:$f_{\mathrm{B}}$ 为 $M$ 进制码元速率,$f_{\mathrm{B}} = 1/T_{\mathrm{B}}$。此时信息速率与 MASK 相同,是 2ASK 及 2PSK 的 $\log_2 M = k$ 倍。也就是说,MPSK 系统的频带利用率是 2PSK 系统的 $k$ 倍。

　　4PSK 利用载波的 4 种不同相位来表征数字信息。由于每一种载波相位代表 2 bit(比特)信息,故每个四进制码元又被称为双比特码元,习惯上用 $a$ 表示双比特的前一位,用 $b$ 表示双比特的后一位。

### 1. 4PSK 信号的产生

MPSK 信号常用的产生方法有相位选择法和直接调相法。

（1）相位选择法

在一个码元持续时间 $T_{\mathrm{B}}$ 内,4PSK 信号为载波 4 个相位中的某一个。因此,可以用相位选择法产生 4PSK 信号,其原理如图 6-31 所示。图中,四相载波发生器产生 4PSK 信号所需的 4 种不同相位的载波。输入的二进制数码经串/并变换器输出双比特码元。按照输入的双比特码元的不同,逻辑选相电路输出相应相位的载波。例如,B 方式下,双比特码元 $ab$ 为 11 时,输出相位为 45° 的载波;双比特码元 $ab$ 为 01 时,输出相位为 135° 的载波等。

　　图 6-31 中产生的是 B 方式的 4PSK 信号。要想形成 A 方式的 4PSK 信号,只需调整四相载波发生器输出的载波相位即可。

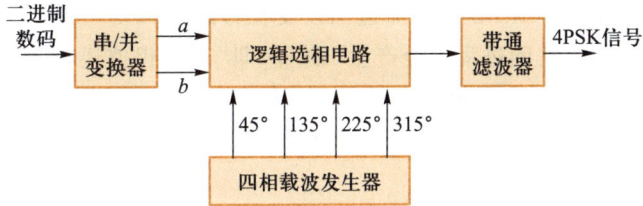

图 6-31　相位选择法产生 4PSK 信号（B 方式）

（2）直接调相法

4PSK 信号也可以采用正交调制的方式产生，即采用直接调相法，其原理如图 6-32（a）所示。它可以看成由两个载波正交的 2PSK 调制器构成，分别形成图 6-32（b）中的虚线矢量，再经加法器合成后，得到图 6-32（b）中的实线矢量。显然，其对应于 4PSK 相位配置的 B 方式。

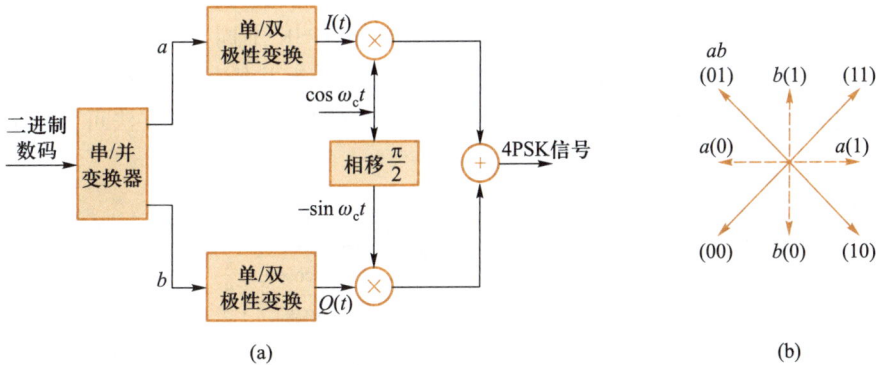

图 6-32　直接调相法产生 4PSK 信号（B 方式）

若要产生 A 方式的 4PSK 信号，只需适当改变振荡载波相位即可。

**2. 4PSK 信号的解调**

由于 4PSK 信号可以看作两个载波正交的 2PSK 信号的合成，因此，对 4PSK 信号的解调可以采用与 2PSK 信号类似的解调方法进行。图 6-33 所示为 B 方式 4PSK 信号相干解调器的组成框图。图中，两个相互正交的相干载波分别检测出两个分量 $a$ 和 $b$，然后，经并/串变换器还原成二进制双比特串行数字信号，从而实现二进制信息恢复。此方法也称为极性比较法。

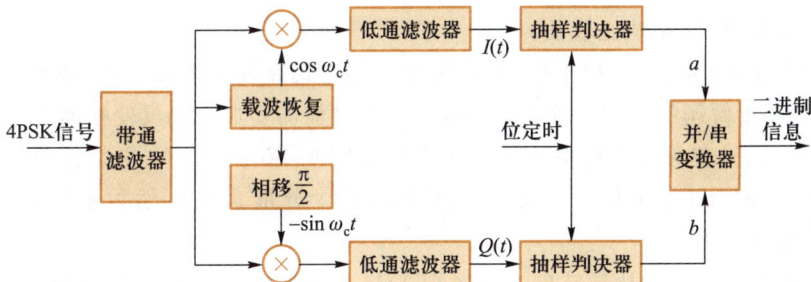

图 6-33　B 方式 4PSK 信号相干解调器的组成框图

若解调 A 方式的 4PSK 信号,只需适当改变相移网络。

在 2PSK 信号相干解调过程中会产生"倒 π"即"180°相位模糊"现象。同样,对于 4PSK 信号,相干解调也会产生相位模糊问题,并且是 0°、90°、180° 和 270° 四个相位模糊。因此,在实际中更常用的是四相差分相移键控,即 4DPSK。

### 6.7.4　多进制差分相移键控(MDPSK)

类似于 2DPSK 体制,也有多进制差分相移键控(MDPSK)。前面讨论的 MPSK 信号的表达式和矢量图对于分析 MDPSK 信号仍然适用,只需把其中的参考相位当作前一码元的相位,把相移 $\varphi_k$ 当作相对于前一码元相位的相移即可。本节仍以四进制 DPSK 信号为例来讨论。

#### 1. 4DPSK 信号的产生

与 2DPSK 信号的产生类似,在直接调相的基础上加码变换器,就可形成 4DPSK 信号。图 6-34 所示为 4DPSK 信号(A 方式)的产生框图。图中,单/双极性变换的规律与 4PSK 情况相反,为 0→+1,1→−1,相移网络也与 4PSK 不同,其目的是形成 A 方式矢量图。图中的码变换器用于将并行绝对码 $a$、$b$ 转换为并行相对码 $c$、$d$,其逻辑关系比二进制时复杂得多,但可以由组合逻辑电路或由软件实现,具体方法可参阅有关参考书。

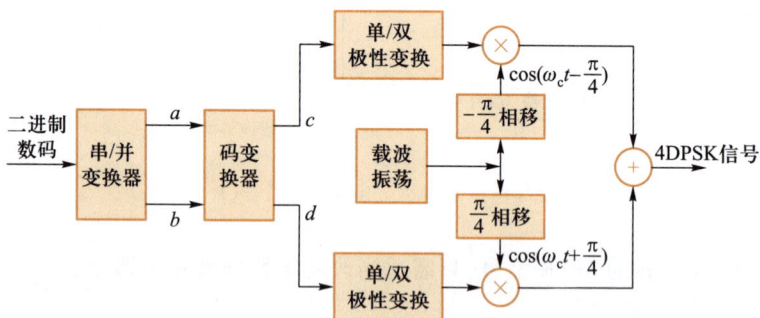

图 6-34　4DPSK 信号(A 方式)产生框图

4DPSK 信号也可采用相位选择法产生,但同样应在逻辑选相电路之前加入码变换器。

#### 2. 4DPSK 信号的解调

4DPSK 信号的解调可以采用相干解调-码反变换器方式(极性比较法),也可采用差分相干解调方式(相位比较法)。

4DPSK 信号(B 方式)相干解调-码反变换器方式原理框图如图 6-35 所示。其与 4PSK 信号相干解调的不同之处在于,并/串变换之前需要加入码反变换器。

4DPSK 信号差分相干解调方式原理框图如图 6-36 所示。它也是仿照 2DPSK 差分相干法,用两个正交的相干载波,分别检测出两个分量 $a$ 和 $b$,然后还原成二进制双比特串行数字信号。

相位比较法和极性比较法的主要区别在于:相位比较法利用延迟电路将前一码元信号延迟一码元时间后,分别作为上、下支路的相干载波;另外,相位比较法不需要采用码反变换器,这是因为 4DPSK 信号的信息包含在前后码元相位差中,而相位比较法解调的原理就是直接比较前后码元的相位。

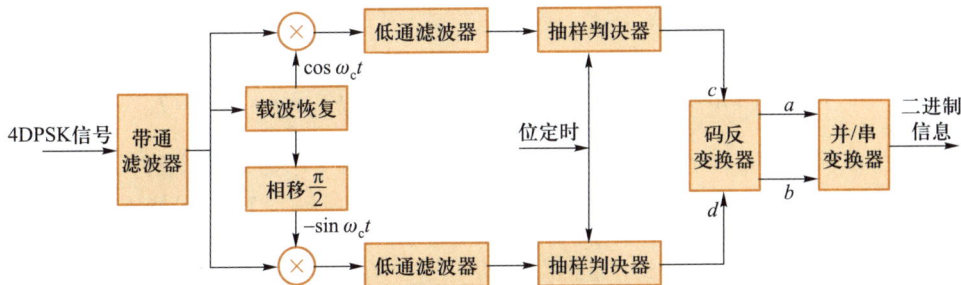

图 6-35　4DPSK 信号(B 方式)相干解调–码反变换器方式原理框图

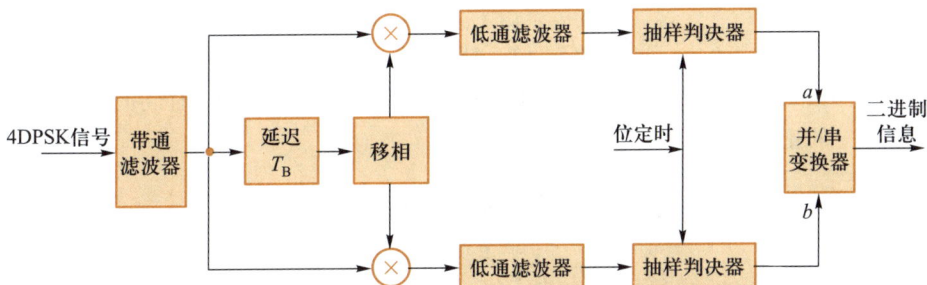

图 6-36　4DPSK 信号差分相干解调方式原理框图

## 复习与思考

什么是多进制数字调制?与二进制数字调制相比,多进制数字调制有哪些优缺点?

## 知识点 8　新型数字调制技术

前面讨论了数字调制的三种基本方式:振幅键控、频移键控和相移键控。这三种数字调制方式是数字调制的基础。然而,这三种数字调制方式都存在某些不足,如频带利用率低、抗多径衰落能力差、功率谱衰减慢、带外辐射严重等。为了改善这些不足,近几十年来人们陆续提出一些新的数字调制技术,以适应各种新的通信系统的要求。这些调制技术的研究主要是围绕着寻找频带利用率高、抗干扰能力强的调制方式而展开的。本知识点将介绍两种具有代表性的现代数字调制技术。

### 6.8.1　最小频移键控(MSK)

最小频移键控(Minimum Shift Keying,MSK)是二进制连续相位 FSK(CPFSK)的一种特例,它能够产生恒定包络、连续相位信号,具有正交信号的最小频率间隔,在相邻码元交界处相位连续。MSK 有时也称为快速频移键控(FFSK)。

教学课件
MSK

微课
MSK

习题
MSK

　　所谓"最小"是指这种调制方式能以最小的调制指数(0.5)获得正交信号;而"快速"是指在给定的同样的频带内,MSK 能比 2PSK 的数据传输速率更高,且在带外的频谱分量要比 2PSK 衰减得快。

　　MSK 信号的时域表达式为

$$s_{MSK}(t) = A\cos\left[2\pi f_c t + \frac{\pi a_k}{2T_B}(t - kT_B) + \varphi_k\right], \quad kT_B \leqslant t \leqslant (k+1)T_B \qquad (6-30)$$

式中:$f_c$ 为载波频率;$A$ 为已调信号振幅;$T_B$ 为码元宽度;$a_k$ 为第 $k$ 个码元中的信息,$a_k = \pm 1$;$\varphi_k$ 为第 $k$ 个码元的相位常数,它在时间 $kT_B \leqslant t \leqslant (k+1)T_B$ 中保持不变。

　　设

$$x_k = -\frac{k\pi a_k}{2} + \varphi_k \qquad (6-31)$$

则

$$s_{MSK}(t) = A\cos\left[2\pi\left(f_c + \frac{1}{4T_B}a_k\right)t + x_k\right], \quad kT_B \leqslant t \leqslant (k+1)T_B \qquad (6-32)$$

　　由式(6-32)可知,MSK 信号可以表示成在 $kT_B \leqslant t \leqslant (k+1)T_B$ 时间间隔内具有两个频率之一的正弦波。如果定义这两个频率为

$$f_1 = f_c - \frac{1}{4T_B}, \quad a_k = -1 \qquad (6-33)$$

$$f_2 = f_c + \frac{1}{4T_B}, \quad a_k = +1 \qquad (6-34)$$

则 MSK 信号可以写为

$$s_{MSK}(t) = A\cos\left[2\pi f_i t + \frac{1}{2}k\pi(-1)^{i-1} + \varphi_k\right], \quad i = 1,2 \qquad (6-35)$$

频率间隔为

$$\Delta f = f_2 - f_1 = \frac{1}{2T_B} \qquad (6-36)$$

所以,MSK 调制的调制指数

$$h = \Delta f T_B = \frac{1}{2T_B} \times T_B = \frac{1}{2} = 0.5 \qquad (6-37)$$

　　相位连续的频移键控信号在比特间隔之间的转换时刻要保持载波的相位连续,这时的信号可表示为

$$s_{MSK}(t) = A\cos[2\pi f_c t + \varphi(t)] \qquad (6-38)$$

式中:$\varphi(t)$ 为随时间连续变化的相位;$f_c$ 为未调载波频率。$f_c$ 和 $\varphi(t)$ 可分别表示为

$$f_c = \frac{f_1 + f_2}{2} \qquad (6-39)$$

$$\varphi(t) = \pm\frac{2\pi\Delta f t}{2} + \varphi(0) \qquad (6-40)$$

式中:$\varphi(0)$ 为初始相位。

　　MSK 信号可写为

$$s_{MSK}(t) = A\cos\left[2\pi f_c t + \frac{p_n \pi t}{2T_B} + \varphi(0)\right] \qquad (6-41)$$

式中:$p_n = \pm 1$,分别表示二进制信息 1 和 0。

在每个比特间隔内,载波相位变化$+\pi/2$ 或$-\pi/2$。假设初始相位$\varphi(0) = 0$,由于每比特相位变化$\pm\pi/2$,因此相位$\varphi(t)$在每比特结束时必定为$\pi/2$ 的整数倍。具体地说,在 $T$ 奇数倍时刻,$\varphi(t)$ 为 $\pi/2$ 的奇数倍;在 $T$ 偶数倍时刻,$\varphi(t)$ 为 $\pi/2$ 的偶数倍。$\varphi(t)$ 随时间变化的规律可用图 6-37 所示的网格图表示。$\varphi(t)$ 的轨迹是一条连续的折线,在一个 $T$ 时间内,每个折线段上升或下降 $\pi/2$。图 6-37 中细折线的网格是 $\varphi(t)$ 由 0 时刻的 0 相位开始,到 $8T$ 时刻的 0 相位截止,其间可能经历的全部路径。图 6-37 中的粗折线所对应的信息序列为 10011100。图 6-38 给出了 MSK 信号的波形示意图。

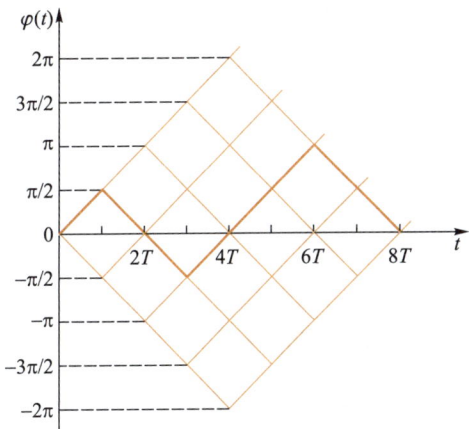

图 6-37 MSK 的相位网格图

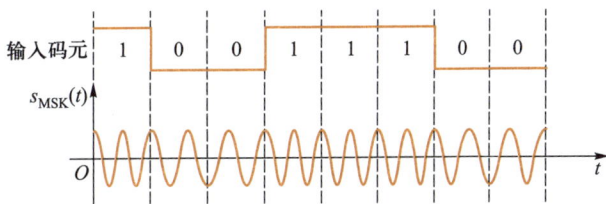

图 6-38 MSK 信号波形示意图

由以上讨论可知,MSK 信号具有如下特点。

① 已调信号的振幅是恒定的。

② 信号的频率偏移严格地等于 $\pm 1/(4T_B)$,相应的调制指数 $h = 1/2$。

③ 以载波相位为基准的信号相位在一个码元期间内准确地线性变化 $\pm\pi/2$。

④ 在码元转换时刻信号的相位是连续的,或者说信号的波形没有突跳。

## 6.8.2 高斯最小频移键控(GMSK)

由以上讨论可以看出,MSK 调制方式的突出优点是信号具有恒定的振幅及信号的功率谱密度在主瓣以外衰减较快。然而,在一些通信场合(例如移动通信),对信号带外辐射功率的限制是十分严格的,例如,衰减必须大于 70 dB。MSK 信号不能满足这样苛刻的要求。高斯最小频移键控(GMSK)方式就是针对上述要求提出的。

GMSK 是在 MSK 调制器之前加入一高斯低通滤波器。也就是说,用高斯低通滤波器作为 MSK 调制的前置滤波器,如图 6-39 所示。图中的前置滤波器必须能满足下列要求。

① 带宽窄,且是锐截止的。

② 具有较低的过冲脉冲响应。

③ 能保持输出脉冲的面积不变。

教学课件
GMSK

微课
GMSK

习题
GMSK

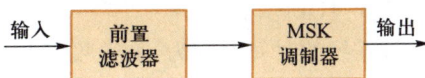

图 6-39 GMSK 调制原理框图

以上要求分别是为了抑制高频成分、防止过量的瞬时频率偏移以及进行相干解调所制定的。GMSK 信号的调制与 MSK 信号完全相同。

图 6-40 所示为 GMSK 信号的功率谱密度。图中,横坐标为归一化频率 $(f-f_c)T_B$,纵坐标为功率谱密度,参变量 $BT_B$ 为高斯低通滤波器的归一化 3 dB 带宽 $B$ 与码元宽度 $T_B$ 的乘积。$BT_B = \infty$ 的曲线是 MSK 信号的功率谱密度。由图 6-40 可见,GMSK 信号的频谱随着 $BT_B$ 值的减小变得紧凑起来。

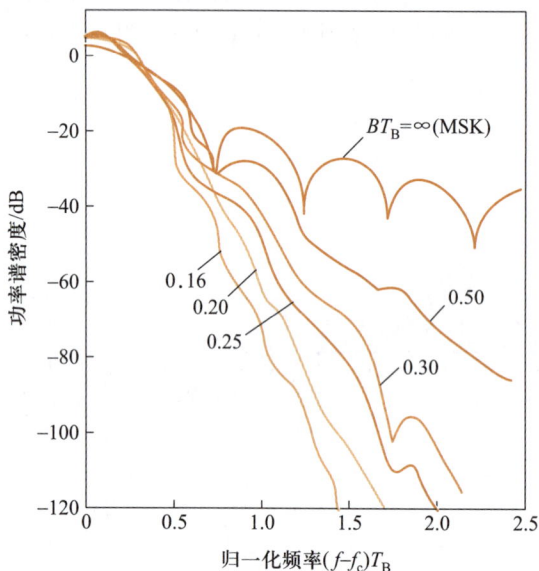

图 6-40    GMSK 信号的功率谱密度

需要指出,GMSK 信号频谱特性的改善是通过降低误比特率性能换来的。前置滤波器的带宽越窄,输出功率谱密度就越紧凑,误比特率性能变得越差。欧洲数字蜂窝通信系统中采用了 $BT_B = 0.3$ 的 GMSK。

### 6.8.3    实训:MSK 信号调制与解调仿真

**一、仿真目的**

(1)掌握 MSK 信号的产生方法和解调方法。
(2)掌握 MSK 信号的波形及频谱特点。
(3)掌握 MSK 系统的基本原理。

**二、仿真内容**

根据 MSK 信号的调制与解调原理,可以建立 MSK 信号的 SystemView 仿真模型,如图 6-41 所示。

系统的时间设置为:采样频率 500 Hz,采样点数 2 048。系统各图符的参数设置见表 6-6。

教学课件
MSK 信号仿真

微课
MSK 信号仿真

习题
MSK 信号仿真

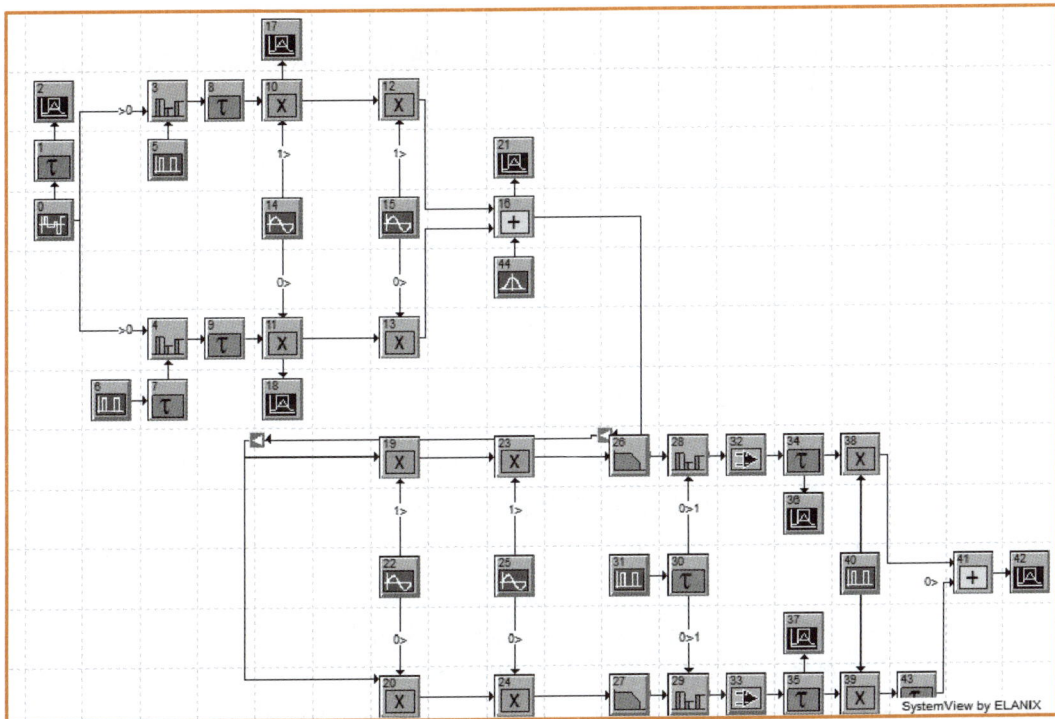

图 6-41　MSK 信号的 SystemView 仿真模型

**表 6-6　系统各图符的参数设置**

| 图符编号 | 库/图符名称 | 参数设置 |
|---|---|---|
| 0 | Source：PN Seq | Amp = 1 V，Offset = 0 V，Rate = 10 Hz，Levels = 2，Phase = 0 deg |
| 1 | Operator：Delays | Delay Type = Non-Interpolating，Delay = 0.6 s |
| 3、4、28、29 | Operator：Sample Hold | Ctrl Threshold = 0 V |
| 5、6、31 | Source：Pulse Train | Amp = 1 V，Freq = 5 Hz，PulseW = 1e-3 s，Offset = -500e-3 V，Phase = 0 deg |
| 7、8、9、43 | Operator：Delays | Delay Type = Non-Interpolating，Delay = 100e-3 s |
| 10 ~ 13、19、20、23、24、38、39 | Multiplier | — |
| 14、22 | Source：Sinusoid | Amp = 1 V，Freq = 2.5 Hz，Phase = 0 deg |
| 15、25 | Source：Sinusoid | Amp = 1 V，Freq = 20 Hz，Phase = 0 deg |
| 16、41 | Adder | — |
| 26、27 | Operator：Linear Sys | Butterworth Lowpass IIR 3 poles，Fc = 6 Hz |
| 30、35 | Operator：Delays | Delay Type = Non-Interpolating，Delay = 50e-3 s |
| 32、33 | Logic：AnaCmp | Gate Delay = 0 s，True Output = 1 V，False Output = -1 V |

续表

| 图符编号 | 库/图符名称 | 参数设置 |
|---|---|---|
| 34 | Operator：Delays | Delay Type＝Non−Interpolating，Delay＝250e−3 s |
| 40 | Source：Pulse Train | Amp＝1 V，Freq＝5 Hz，PulseW＝100e−3 s，Offset＝0 V，Phase＝0 deg |
| 44 | Source：Gauss Noise | Std Dev ＝ 100e−3 V，Mean＝0 V |
| 2、17、18、21、36、37、42 | Sink：Analysis | — |

### 三、仿真步骤及要求（实训报告见附录）

（1）复习有关 MSK 信号调制与解调的内容，并按要求设计仿真系统。

（2）画出 MSK 信号调制与解调仿真模型图。

（3）独立设计仿真参数并上机调试，观察记录仿真电路中各模块输出波形的变化，理解 MSK 调制解调原理。

（4）将图符 21 的波形局部放大，说明 MSK 相位连续的特点。

（5）观察记录功率谱，并与 2ASK 和 2FSK 的功率谱相比较，说明 MSK 的优点。

## 复习与思考

1. 什么是最小频移键控？MSK 信号具有哪些特点？

2. 什么是 GMSK 调制？它与 MSK 调制有何不同？

## 即测即评

（扫描二维码可进行自我测试）

## 自测题

一、选择题

1. 设数字基带信号第一零点内的频谱如图 6-42 所示，则以下属于 2PSK 信号频谱的是（　　）。

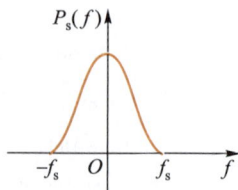

图 6-42　选择题 1 图

A.　B.

C.　D.

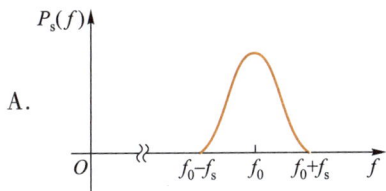

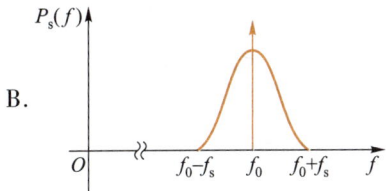

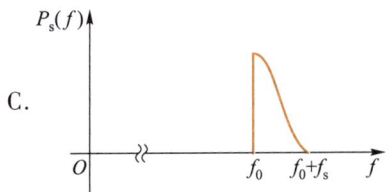

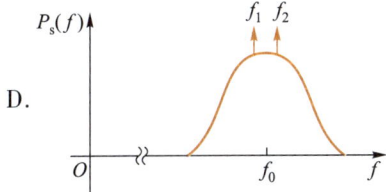

2. 设数字信息序列为 0110100,以下数字调制的已调信号波形中为 2PSK 波形的是(　　)。

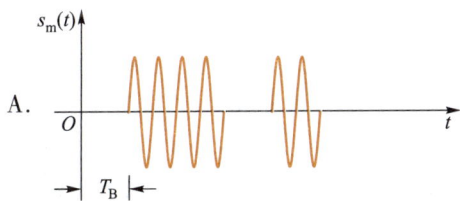

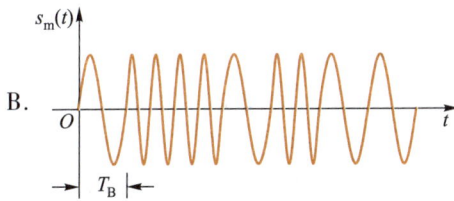

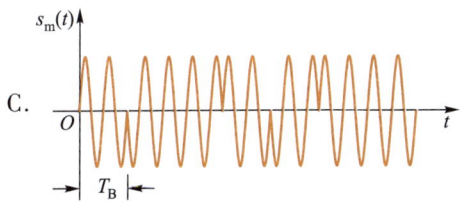

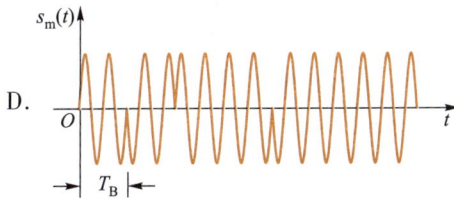

A.　B.

C.　D.

二、填空题

1. 数字调制可以视为模拟调制的 _____,利用数字信号的 _____特性对载波进行控制的方式称为键控。

2. 多进制数字调制与二进制调制相比,具有 _____ 高、_____差的特点。

3. 数字调制通常称为数字键控,数字键控方式有_____、_____、_____三种。

4. 对于 2FSK 信号,当 $|f_2-f_1|<f_B$ 时,其功率谱将出现_____;当 $|f_2-f_1|>f_B$ 时,其功率谱将出现_____。

5. 由于数字调相信号可以分解成_____,因此数字调相可以采用_____方式来实现。

6. PSK 利用载波的_____来表示符号,而 DPSK 则利用载波的_____来表示符号。

7. 在数字调制传输系统中,PSK 方式所占用的频带宽度比 ASK 的_____,PSK 方式的抗干扰能力比 ASK 的_____。

8. 2DPSK 的解调方法有两种,分别是_____和_____。

9. 2PSK 信号相干解调时,由于载波恢复过程中相位有 0、π 模糊性,导致解调过程中出现_____现象,为了解决该问题,可以采用_____方式。

10. 对 2ASK、2FSK、2PSK 三个系统的性能指标进行比较,其中有效性最差的是_____系统,可靠性最好的是_____系统。

11. 设信息速率为 $10^6$ bit/s,用 2PSK 信号传播此信息时所占用的最小信道带宽为_____,用 4PSK 信号传播此信息时所占用的最小信道带宽为_____。

12. 若二进制数字信息速率为 $f_b$,则 2PSK 信号功率谱密度的主瓣宽度为_____,2ASK 信号功率谱密度的主瓣宽度为_____。

三、简答题

1. 为什么实际的数字调相不能采用绝对调相而要采用相对调相?

2. 试说明数字相位调制可以采用数字调幅的方式来实现的道理。

3. 简述数字调制与模拟调制之间的异同点。多进制调制与二进制调制相比具有什么特点?

四、画图题

1. 已知某 2ASK 系统的码元传输速率为 1 000 Baud,所用的载波信号为 $A\cos(4\pi \times 10^3 t)$。

(1) 设所传输的数字信号为 011001,试画出相应的 2ASK 信号的波形示意图;

(2) 求 2ASK 信号的带宽。

2. 设待发送的数字信息序列为 11010011,码元速率为 $R_B = 2\,000$ Baud。现采用 2FSK 进行调制,并设 $f_1 = 2$ kHz 对应"1", $f_2 = 3$ kHz 对应"0", $f_1$、$f_2$ 对应信号的初始相位为 0。

(1) 画出 2FSK 信号的波形;

(2) 计算 2FSK 信号的带宽和频带利用率。

3. 假设有某 2DPSK 系统,设待发送的数字信息序列为 110100101,码元速率为 $R_B$,载波频率为 $f_c = 2R_B$。

(1) 试画出 2DPSK 信号波形;

(2) 试画出采用差分相干法接收的组成框图;

(3) 根据框图试画出解调系统的各点波形。

4. 设数字序列为 100101110,码元速率为 1 000 Baud,载波频率为 2 000 Hz。

(1) 画出相应的 2DPSK 信号波形;

(2) 画出 2DPSK 传输系统的相干解调-码变换法的组成框图;

(3) 画出以上组成框图中各点的波形图。

5. 设待发送的数字信息序列为 011010001,码元速率为 $R_B = 2\,000$ Baud,载波频率为 4 kHz。

(1) 分别画出 2ASK、2PSK、2DPSK 信号的波形(对于 2ASK,"1"为有载波,"0"为无载波;对于 2PSK,"1"为 0,"0"为 180°;对于 2DPSK,"1"为改变,"0"为不变,且设相对码参考码元为"0");

(2) 计算 2ASK、2PSK、2DPSK 信号的带宽和频带利用率。

6. 待传送二元数字序列 $\{a_k\}$ = 1011010011。

（1）试画出 4PSK 信号波形，假定 $f_c = R_B = 1/T_B$，4 种双比特码 00、10、11、01 分别用相位偏移 0、$\pi/2$、$\pi$、$3\pi/2$ 的振荡波形表示；

（2）给出 4PSK 信号表达式和调制器原理框图。

7. 已知数字信息 $\{a_n\}$ = 1011010，码元速率为 1 200 Baud，载波频率为 1 200 Hz，试分别画出 2PSK、2DPSK 和相对码 $\{b_n\}$ 的波形。

8. 设发送数字信息为 011011100010，试分别画出 2ASK、2FSK、2PSK 及 2DPSK 信号的波形示意图（对 2FSK 信号，"0" 对应 $T_B = 2T_c$，"1" 对应 $T_B = T_c$；其余信号 $T_B = T_c$，其中 $T_B$ 为码元周期，$T_c$ 为载波周期；对 2DPSK 信号，$\Delta\varphi = 0$ 代表 "0"，$\Delta\varphi = 180°$ 代表 "1"，参考相位为 0）。

9. 设载频为 1 800 Hz，码元速率为 1 200 Baud，发送数字信息为 011010。

（1）若相位偏移 $\Delta\varphi = 0$ 代表 "0"，$\Delta\varphi = 180°$ 代表 "1"，试画出这时的 2DPSK 信号波形；

（2）若 $\Delta\varphi = 270°$ 代表 "0"，$\Delta\varphi = 90°$ 代表 "1"，试画出这时的 2DPSK 信号波形。

10. 设待发送数字信息序列为 01011000110100，试按照表 6-7 的要求，画出相应的 4PSK 及 4DPSK 信号的所有可能波形。

表 6-7　画图题 10 表

| 双比特码元 | | 载波相位 | |
|---|---|---|---|
| $a$ | $b$ | A 方式 | B 方式 |
| 0 | 0 | 0° | 225° |
| 1 | 0 | 90° | 315° |
| 1 | 1 | 180° | 45° |
| 0 | 1 | 270° | 135° |

11. 设待发送数字信息序列为 +1-1-1-1-1-1+1，试画出 MSK 信号的相位变换图。若码元速率为 1 000 Baud，载频为 3 000 Hz，试画出 MSK 信号的波形。

# 模块 7

## 同步原理

在通信系统中，同步具有相当重要的作用。通信系统能否有效可靠地工作，在很大程度上依赖于有无良好的同步系统。同步本身虽然不包含所要传送的信息，但只有收发设备之间建立了同步后才能开始传送信息，所以同步是进行信息传输的必要和前提。

**素质目标**

- 能养成良好的课堂素养，遵守课堂秩序。
- 能自主完成课前、课后学习任务。
- 能与教师、同学进行良好的沟通并表达自己的观点。

**知识目标**

- 能说出同步的概念。
- 知道同步有哪些类别。
- 了解载波同步技术及其实现方法。
- 了解位同步技术及其实现方法。
- 了解群同步技术及其实现方法。
- 了解网同步技术的定义及实现方法。

**能力目标**

- 会根据给出条件判断同步系统的类别。
- 会区分插入导频法和直接法。
- 会绘制巴克码的自相关曲线。

## 思维导图

同步的概念和作用
同步的分类
　　　1 同步

集中插入法
分散插入法
　　　4 群同步技术

直接法
插入导频法
两种载波同步方法的比较
　　　2 载波同步技术

同步原理

网同步的定义
网同步的方法
　　　5 网同步技术

插入导频法
直接法
　　　3 位同步技术

　　　自测题

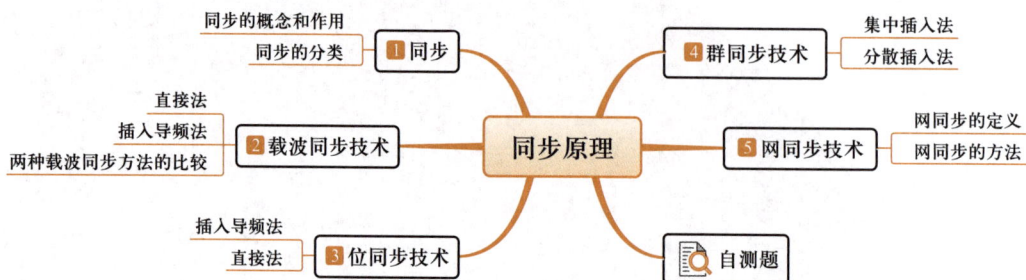

## 课程思政教学建议

## 知识点 1　同步

### 7.1.1　同步的概念和作用

所谓同步,就是使收、发两端的信号在时间上步调一致、节拍一致,即建立收、发双方信号频率相位的一致,使得系统收、发信机中的基准信号保持一致。

由于通信的目的就是使不在同一地点的各方之间能够通信联络,因此在通信系统中,特别是在数字通信系统中,同步是一个非常重要的实际问题。通信系统如果出现同步误差或失去同步,就会使通信系统性能降低或通信失效。可以说,在同步通信系统中,同步是进行信息传输的前提,正因为如此,为了保证信息的可靠传输,要求同步系统应有更高的可靠性。

教学课件
同步的基本概念

微课
同步的基本概念

### 7.1.2　同步的分类

按功能划分,同步系统可以分为载波同步、位同步、群同步和网同步。其中,载波同步、位同步、群同步是基础,针对点到点的通信模式;网同步则以前三种同步为基础,针对多点到多点之间的通信。

习题
同步的基本概念

载波同步又称载波恢复,即在接收设备中产生一个和接收信号的载波同频、同相的本地振荡,用于相干解调。当接收信号中包含有离散的载频分量时,在接收端需要从信号中分离出信号载波作为本地相干载波;这样分离出的本地相干载波频率必然和接收信号载波频率相同,但是为使相位也相同,可能需要调整其相位。若接收信号中无载频分量,则需从信号中提取载波或插入辅助同步信息。

位同步又称码元同步、时钟同步或时钟恢复。接收端的码元定时脉冲序列的重复频率和相位要与发送端保持一致。

群同步又称帧同步。为把若干码元组成的帧加以区分而正确找到每帧的起止时刻的过程称为帧同步。

网同步是在多用户的条件下,使通信网中各站点时钟之间保持同步。

除了按照功能来区分同步外,还可以按照传输同步信息方式的不同,把同步分为外同步法(插入导频法)和自同步法(直接法)两种。外同步法是指发送端发送专门的同步信息,接收端把这个专门的同步信息检测出来作为同步信号的方法;自同步法是指发送端不发送专门的同步信息,而在接收端设法从收到的信号中提取同步信息的方法。

### 复习与思考

简述同步的分类方法。

## 知识点 2　载波同步技术

提取载波的方法一般分为两类:一类是不专门发送导频,而在接收端直接从发送信号中提取载波,这类方法称为直接法,也称为自同步法;另一类是在发送有用信号的同时,在适当的频率位置上插入一个(或多个)名为导频的正弦波,接收端就利用导频提取出载波,这类方法称为插入导频法,也称为外同步法。

教学课件
载波同步:直接法

微课
载波同步:直接法

习题
载波同步:直接法

## 7.2.1　直接法(自同步法)

有些信号(如抑制载波的双边带信号等)虽然本身不包含载波分量,但对该信号进行某些非线性变换以后,就可以直接从中提取出载波分量,这就是直接法提取同步载波的基本原理。下面介绍几种直接提取载波的方法。

### 1. 平方变换法和平方环法

设调制信号为 $m(t)$,$m(t)$ 中无直流分量,则抑制载波的双边带信号为

$$s(t) = m(t)\cos\omega_c t \tag{7-1}$$

接收端将该信号进行平方变换,即经过一个平方律部件后就得到

$$e(t) = m^2(t)\cos^2\omega_c t = \frac{m^2(t)}{2} + \frac{1}{2}m^2(t)\cos2\omega_c t \tag{7-2}$$

由式(7-2)可以看出,虽然前面假设 $m(t)$ 中无直流分量,但 $m^2(t)$ 却一定有直流分量,这是因为 $m^2(t)$ 必为大于等于 0 的数,因此,$m^2(t)$ 的均值必大于 0,而这个均值就是 $m^2(t)$ 的直流分量,这样 $e(t)$ 的第 2 项中就包含 $2f_c$ 频率的分量。例如,对于 2PSK 信号,$m(t)$ 为双极性矩形脉冲序列,设 $m(t)$ 为 $\pm1$,那么 $m^2(t) = 1$,这样经过平方律部件后可以得到

$$e(t) = m^2(t)\cos^2\omega_c t = \frac{1}{2} + \frac{1}{2}\cos2\omega_c t \tag{7-3}$$

由式(7-3)可知,通过 $2f_c$ 窄带滤波器从 $e(t)$ 中很容易取出 $2f_c$ 频率分量。再经过二分频就可以得到 $f_c$ 的频率成分,这就是所需要的同步载波。因而,利用图 7-1 所示的结构就可以提取出载波。

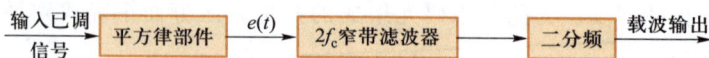

图 7-1　平方变换法提取载波

为了改善平方变换的性能,可以在平方变换法的基础上,用锁相环替代窄带滤波器,构成图 7-2 所示的结构,这样就实现了平方环法提取载波。由于锁相环具有良好的跟踪、窄带滤波和记忆性能,因此平方环法比一般的平方变换法具有更好的性能,因而得到广泛的应用。

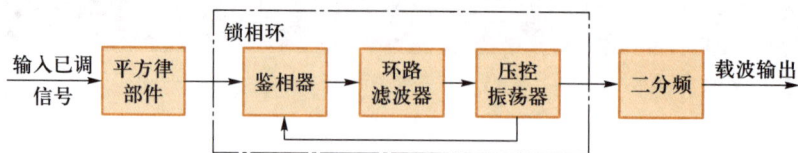

图 7-2　平方环法提取载波

在上面两个提取载波的框图中都用了一个二分频电路,因此,提取出的载波存在 $\pi$ 相位模糊问题。对移相信号而言,解决这个问题的常用方法就是采用前面已介绍过

的差分相移。

### 2. 同相正交环法(科斯塔斯环)

利用锁相环提取载波的另一种常用方法如图 7-3 所示。加于两个乘法器的本地信号分别为压控振荡器的输出信号 $\cos(\omega_c t+\theta)$ 和它的正交信号 $\sin(\omega_c t+\theta)$,因此,这种环路通常称为同相正交环,有时也称为科斯塔斯(costas)环。

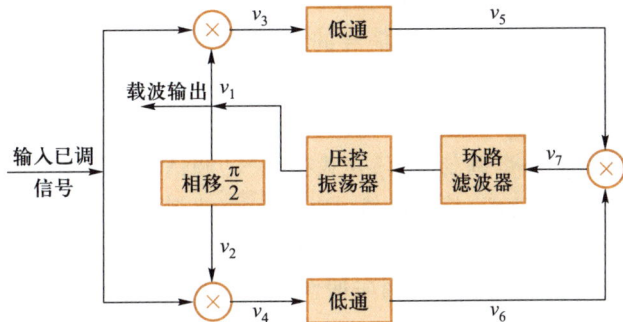

图 7-3　同相正交环法提取载波

设输入的抑制载波双边带信号为 $m(t)\cos\omega_c t$,则

$$\begin{cases} v_3 = m(t)\cos\omega_c t\cos(\omega_c t+\theta) = \dfrac{1}{2}m(t)\left[\cos\theta+\cos(2\omega_c t+\theta)\right] \\ v_4 = m(t)\cos\omega_c t\sin(\omega_c t+\theta) = \dfrac{1}{2}m(t)\left[\sin\theta+\sin(2\omega_c t+\theta)\right] \end{cases} \quad (7-4)$$

经低通后的输出分别为

$$\begin{cases} v_5 = \dfrac{1}{2}m(t)\cos\theta \\ v_6 = \dfrac{1}{2}m(t)\sin\theta \end{cases} \quad (7-5)$$

乘法器的输出为

$$v_7 = v_5 v_6 = \dfrac{1}{8}m^2(t)\sin 2\theta \quad (7-6)$$

式中:$\theta$ 为压控振荡器输出信号与输入已调信号载波之间的相位误差。当 $\theta$ 较小时,式(7-6)可以近似地表示为

$$v_7 \approx \dfrac{1}{4}m^2(t)\theta \quad (7-7)$$

式(7-7)中,$v_7$ 与相位误差 $\theta$ 成正比,因此,它相当于一个鉴相器的输出。用 $v_7$ 调整压控振荡器输出信号的相位,可以使稳态相位误差 $\theta$ 减到很小的数值。这样,压控振荡器的输出 $v_1$ 就是所需要提取的载波。

同相正交环的工作频率是载波频率本身,而平方环的工作频率是载波频率的 2 倍。显然,当载波频率很高时,工作频率较低的同相正交环路易于实现。

数字通信中经常使用多相移相信号,这类信号同样可以利用多次方变换法从已调信号中提取载波信息。如以四相移相信号为例,图 7-4 所示为从四相移相信号中提取载波的四次方变换法。

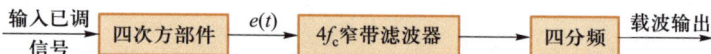

图 7-4    四次方变换法提取载波

教学课件
载波同步:插入
导频法

微课
载波同步:插入
导频法

习题
载波同步:插入
导频法

### 7.2.2    插入导频法

在模拟通信系统中,抑制载波的双边带信号本身不含有载波;残留边带信号虽然一般都含有载波分量,但很难从已调信号的频谱中将它分离出来;单边带信号更是不存在载波分量。在数字通信系统中,2PSK 信号中的载波分量为零。对这些信号的载波提取都可以用插入导频法,特别是单边带调制信号,只能用插入导频法提取载波。

对于抑制载波的双边带调制而言,在载频处,已调信号的频谱分量为零,同时对调制信号 $m(t)$ 进行适当的处理,就可以使已调信号在载频附近的频谱分量很小,这样就可以插入导频,这时插入的导频对信号的影响最小。但插入的导频并不是加在调制器上的载波,而是将该载波移相 90° 后的所谓"正交载波"。根据上述原理可构成插入导频法的发送端,其框图如图 7-5(a) 所示。

根据图 7-5(a) 所示的结构,其输出信号可表示为

$$u_0(t) = a_c m(t)\sin\omega_c t - a_c\cos\omega_c t \qquad (7-8)$$

设接收端收到的信号与发送端的输出信号相同,则接收端用一个中心频率为 $f_c$ 的窄带滤波器就可以得到导频 $-a_c\cos\omega_c t$,再将它移相 90°,就可得到与调制载波同频同相的信号 $a_c\sin\omega_c t$。接收端框图如图 7-5(b) 所示,从图中可以看到

$$v(t) = u_0(t)\sin\omega_c t = a_c m(t)\sin^2\omega_c t - a_c\sin\omega_c t\cos\omega_c t$$

$$= \frac{a_c}{2}m(t) - \frac{a_c}{2}m(t)\cos2\omega_c t - \frac{a_c}{2}\sin2\omega_c t \qquad (7-9)$$

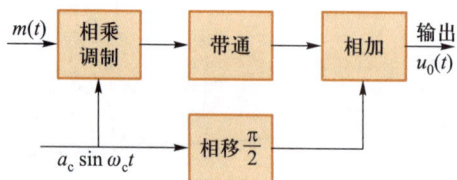

(a) 插入导频法发送端框图

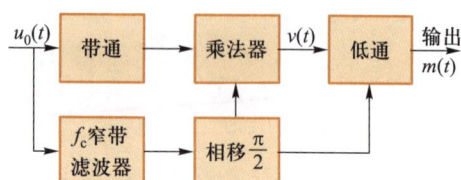

(b) 插入导频法接收端框图

图 7-5    插入导频法

经过低通滤波器后,就可以恢复出调制信号 $m(t)$。然而,如果发送端加入的导频不是正交载波,而是调制载波,这时发送端的输出信号可表示为

$$u_0(t) = a_c m(t)\sin\omega_c t + a_c\sin\omega_c t \qquad (7-10)$$

接收端用窄带滤波器取出 $a_c\sin\omega_c t$ 后直接作为同步载波,但此时经过乘法器和低通滤波器解调后输出为 $a_c^2 m(t)/2 + a_c^2/2$,多了一个不需要的直流成分 $a_c^2/2$,这就是发送端采用正交载波作为导频的原因。

### 7.2.3    两种载波同步方法的比较

#### 1. 直接法的主要优缺点

① 不占用导频功率,因此信噪功率比可以大一些。

②　可以防止插入导频法中导频和信号间由于滤波不好而引起的互相干扰,也可以防止因信道不理想而引起导频相位的误差。

③　有的调制系统不能用直接法(如 SSB 系统)。

**2.　插入导频法的主要优缺点**

①　有单独的导频信号,一方面可以提取同步载波,另一方面可以利用它实现自动增益控制。

②　有些不能用直接法提取同步载波的调制系统只能用插入导频法。

③　插入导频法要多消耗一部分不带信息的功率。因此,与直接法相比,在总功率相同的条件下,实际信噪功率比要小一些。

### 复习与思考

1.　直接提取载波的方法有哪些?

2.　对抑制载波的双边带信号,试叙述用插入导频法和直接法实现载波同步各有什么优缺点。

## 知识点 3　位同步技术

实现位同步的方法和载波同步类似,也有插入导频法(外同步法)和直接法(自同步法)两种,其中直接法又分为滤波法和锁相法。

### 7.3.1　插入导频法(外同步法)

教学课件
位同步:外同步法

微课
位同步:外同步法

习题
位同步:外同步法

为了得到码元同步的定时信号,首先要确定接收到的信息数据流中是否包含有位定时的频率分量。如果存在此分量,就可以利用滤波器从信息数据流中把位定时信息提取出来。

若基带信号为随机的二进制非归零码序列,这种信号本身不包含位同步信号,为了获得位同步信号,需在基带信号中插入位同步导频信号,或者对该基带信号进行某种码型变换以得到位同步信息。

位同步技术的插入导频法与载波同步技术的插入导频法类似,也是在基带信号频谱的零点插入所需的导频信号,如图 7-6(a)所示。若经某种相关编码处理后的基带信号,其频谱的第 1 个零点在 $f=1/(2T_B)$ 处时,则插入导频信号应在 $1/(2T_B)$ 处,如图 7-6(b)所示。

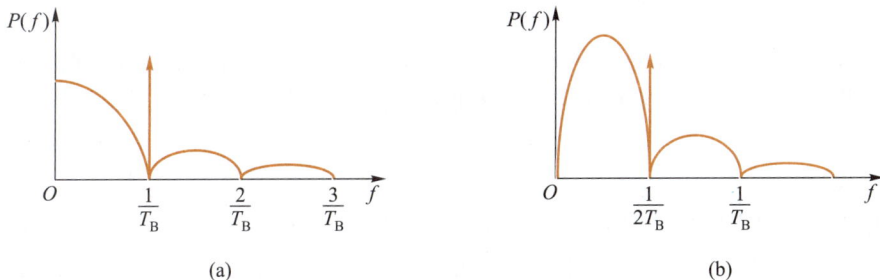

(a)　　　　　　　　　　　　　　(b)

图 7-6　插入导频法频谱图

在接收端,对图 7-6(a)所示的情况,经中心频率为 $f=1/T_B$ 的窄带滤波器,就可从解调后的基带信号中提取出位同步所需的信号,这时,位同步脉冲的周期与插入导频的周期是一致的;对图 7-6(b)所示的情况,窄带滤波器的中心频率应为 $f=1/(2T_B)$,因为这时位同步脉冲的周期为插入导频周期的 1/2,故需将插入导频二倍频,才能获得所需的位同步脉冲。图 7-7 给出了位同步插入导频法框图。

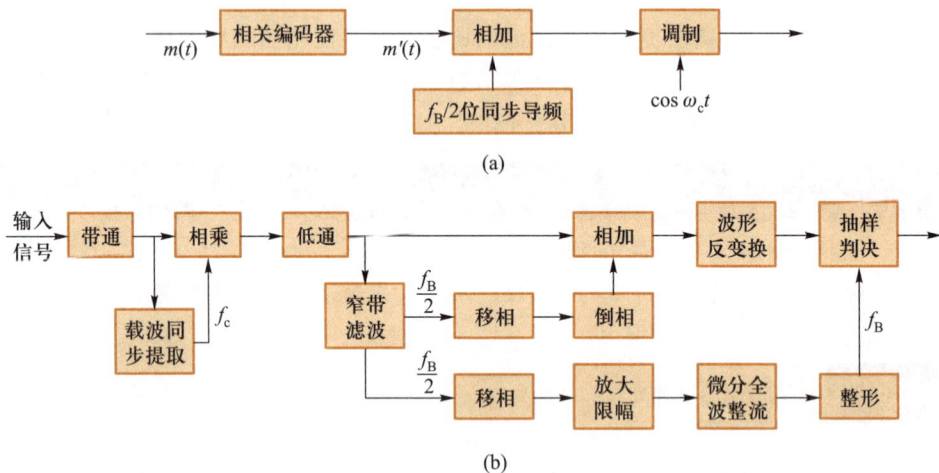

图 7-7　位同步插入导频法框图

在图 7-7(a)中,基带信号经相关编码器处理,其信号频谱在 $1/(2T_B)$ 位置为零,这样就可以在 $1/(2T_B)$ 插入位定时导频。接收端的结构如图 7-7(b)所示,从图中可以看到,由窄带滤波器取出的导频 $f_B/2$ 经过移相和倒相后,再经过加法器把基带数字信号中的导频成分抵消。由窄带滤波器取出导频的另一路经过移相和放大限幅、微分全波整流、整形等电路,产生位定时脉冲,微分全波整流电路起到倍频器的作用,因此虽然导频是 $f_B/2$,但定时脉冲的重复频率变为与码元速率相同的 $f_B$。图 7-7(b)中的两个移相器都是用来消除由窄带滤波器等引起的相移,这两个移相器可以合用。

插入导频法的另一种形式是使数字信号的包络按位同步信号的某种波形变化。例如,PSK 信号和 FSK 信号都是包络不变的等幅波,因此可将位导频信号调制在它们的包络上,而接收端只要用普通的包络检波器就可恢复位同步信号。

### 7.3.2　直接法(自同步法)

当系统的位同步采用自同步方法时,发送端不专门发送导频信号,而直接从数字信号中提取位同步信号,这种方法在数字通信中经常采用。自同步法具体又可分为滤波法和锁相法。

#### 1. 滤波法

滤波法位同步原理框图如图 7-8 所示。图中,$r(t)$ 为数字基带通信系统接收滤波器的输出信号,也可以是相干接收机或非相干接收机中低通滤波器的输出信号。$r(t)$ 中无离散谱,必须进行波形变换。

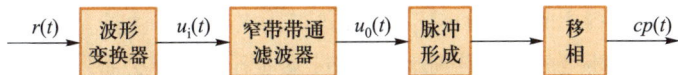

图 7-8  滤波法位同步原理框图

波形变换器的输出信号 $u_i(t)$ 必须是单极性归零码,窄带带通滤波器将 $u_i(t)$ 中频率等于码元速率的离散谱提取出来。脉冲形成电路将正弦波信号 $u_0(t)$ 变成脉冲序列,再经移相处理后得到位同步信号 $cp(t)$。$cp(t)$ 信号对准眼图的最佳抽样时刻。

波形变换器可由比较器、微分器及整流器构成,波形变换器各单元输出波形示意图如图 7-9 所示。

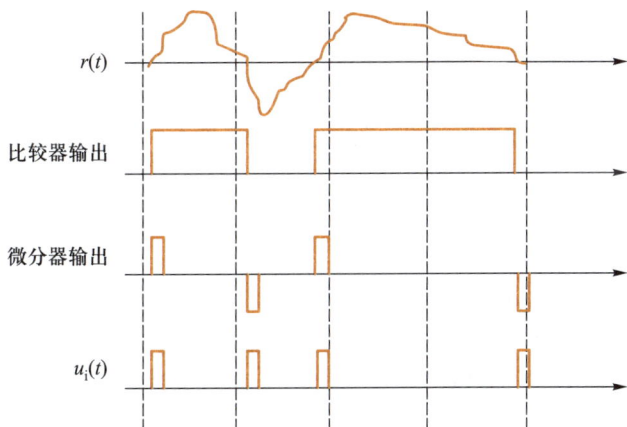

图 7-9  波形变换器各单元输出波形示意图

① 若无码间串扰且无噪声,则 $u_i(t)$ 脉冲的上升沿都应与各码元的开始时间对齐,它的频谱中包含有位同步信号重复频率的离散谱成分,滤波、脉冲形成及移相后可得到理想的位同步信号。

② 码间串扰和噪声使位同步器输出的位同步信号在一定范围内抖动。

③ 信息码中的"连 1"或"连 0"码也会造成位同步信号的相位抖动。"连 1"或"连 0"的个数越多,滤波输出信号 $u_0(t)$ 的周期和幅度变化越大,位同步输出信号的相位抖动也越大。因此,在基带传输系统中常采用 HDB3 码,在数字调制传输中常对信号源输出的数字基带信号位进行扰码处理,以减少"连 1"和"连 0"的个数。

④ 波形变换器输出的单极性归零码的"1"码概率越大,波形变换器输入噪声功率越小,带通滤波器带宽越小,则用滤波法提取的位同步信号的相位抖动越小。

⑤ 在最佳接收机中,位同步器的输入信号就是接收机的输入信号,位同步器的构造方法视具体情况而定。

**2. 锁相法**

(1)模拟锁相法

模拟锁相法要求输入一个正弦信号或周期和幅度不恒定的准正弦信号。环路对此输入信号可等效为一个带通滤波器,其品质因数 $Q=\dfrac{f_s}{B_L}$。其中,$f_s$ 为环路工作频率

（即位同步信号重复频率）；$B_L$ 为环路带宽，其正比于环路自然谐振频率 $\omega_0$。可以通过合理的环路设计，使环路的等效带通滤波器带宽小至几赫，从而使位同步信号相位抖动足够小。

（2）数字锁相法

数字锁相法既可由数字电路构成，也可由软件构成或某些部件由软件完成。常见的数字锁相环位同步器原理框图如图 7-10 所示［不包括数字环路滤波器（DLF）］。

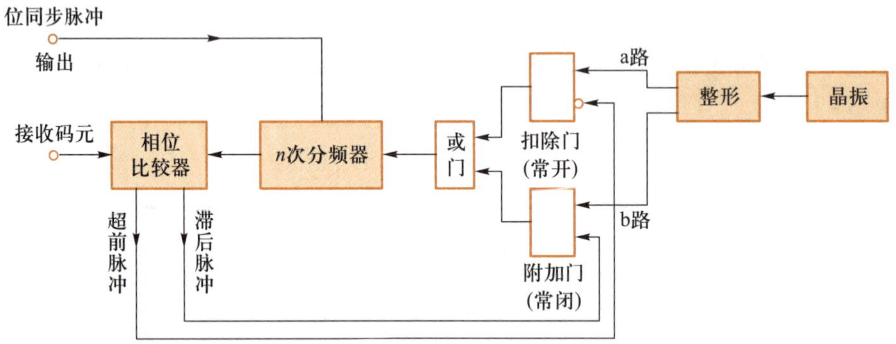

图 7-10    数字锁相环位同步器原理框图

在图 7-10 中，$n$ 次分频器、或门、扣除门和附加门一起构成数控振荡器（DCO）。此环路的基本原理是：相位比较器（鉴相器）输出的两个信号通过控制常开门和常闭门的状态，改变 $n$ 次分频器输出信号的周期（一次改变 $2\pi/n$），使环路逐步达到锁定状态。

## 复习与思考

1. 位同步有几种实现方法？
2. 何谓自同步法？自同步法分为几种？

## 知识点 4  群同步技术

教学课件
群同步：集中插入法

微课
群同步：集中插入法

习题
群同步：集中插入法

为了使接收到的码元能够被理解，需要知道其如何分组。一般来说，接收端需要利用群同步码去划分接收码元序列。群同步码的插入方法有两种：一种是集中插入法；另一种是分散插入法。

### 7.4.1  集中插入法（连贯式插入法）

集中插入法又称连贯式插入法，它是将标志码组开始位置的群同步码插入一个码组的前面，如图 7-11 所示。这里的群同步码是一组符合特殊规律的码元，它出现在信息码元序列中的可能性非常小。接收端一旦检测到这个特定的群同步码组，就马上知道了这组信息码元的"头"。因此，要求群同步码的自相关特性曲线具有尖锐的单峰，以便容易地从接收码元序列中识别出来。

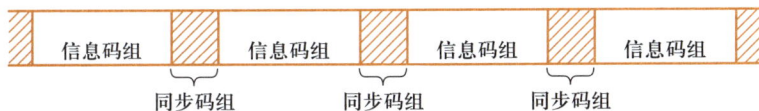

图 7-11　集中插入法

有限长度码组的局部自相关函数定义:设有一个码组,它包含 $n$ 个码元 $\{x_1, x_2, \cdots, x_n\}$,则其局部自相关函数为

$$R(j) = \sum_{i=1}^{n-j} x_i x_{i+j}, \quad 1 \leq i \leq n, j = \text{整数} \tag{7-11}$$

式中: $n$ 为码组中的码元数目; $x_i = +1$ 或 $-1$ (当 $1 \leq i \leq n$ 时), $x_i = 0$ (当 $i < 1$ 或 $i > n$ 时)。

显然,当 $j = 0$ 时,有

$$R(0) = \sum_{i=1}^{n} x_i x_i = \sum_{i=1}^{n} x_i^2 = n \tag{7-12}$$

若一个码组的自相关函数仅在 $R(0)$ 处出现峰值,其他处的 $R(j)$ 值均很小,则可以用求自相关函数的方法寻找峰值,从而发现此码组并确定其位置。

目前常用的一种群同步码为巴克码。设一个 $n$ 位的巴克码组为 $\{x_1, x_2, \cdots, x_n\}$,则其自相关函数可用下式表示:

$$R(j) = \sum_{i=1}^{n-j} x_i x_{i+j} = \begin{cases} n, & j=0 \\ 0 \text{ 或 } \pm 1, & 0 < j < n \\ 0, & j \geq n \end{cases} \tag{7-13}$$

式(7-13)表明,巴克码的 $R(0) = n$,而在其他处的自相关函数 $R(j)$ 的绝对值均不大于 1。这就是说,满足式(7-13)的码组均称为巴克码。

目前尚未找到巴克码的一般构造方法,只搜索到 10 组巴克码,其码组最大长度为 13,全部列在表 7-1 中。需要注意的是,在用穷举法寻找巴克码时,表 7-1 中各码组的反码(正负号相反的码)和反序码(时间顺序相反的码)也是巴克码。

表 7-1　巴 克 码

| $n$ | 巴克码 |
| --- | --- |
| 1 | + |
| 2 | ++, +- |
| 3 | ++- |
| 4 | +++-, ++-+ |
| 5 | +++-+ |
| 7 | +++--+- |
| 11 | +++---+--+- |
| 13 | +++++--++-+-+ |

现以 $n = 5$ 的巴克码为例,在 $j = 0 \sim 4$ 的范围内,求其自相关函数值:

当 $j = 0$ 时,有

$$R(0) = \sum_{i=1}^{5} x_i^2 = 1 + 1 + 1 + 1 + 1 = 5$$

当 $j=1$ 时, 有

$$R(1) = \sum_{i=1}^{4} x_i x_{i+1} = 1+1-1-1 = 0$$

当 $j=2$ 时, 有

$$R(2) = \sum_{i=1}^{3} x_i x_{i+2} = 1-1+1 = 1$$

当 $j=3$ 时, 有

$$R(3) = \sum_{i=1}^{2} x_i x_{i+3} = -1+1 = 0$$

当 $j=4$ 时, 有

$$R(4) = \sum_{i=1}^{1} x_i x_{i+4} = 1$$

由以上计算结果叮见, 其自相关函数绝对值除 $R(0)$ 外, 均不大于 1。由于自相关函数是偶函数, 所以其自相关函数值画成曲线如图 7-12 所示。$j=0$ 时的 $R(j)$ 值称为主瓣, 其他处的值称为旁瓣。

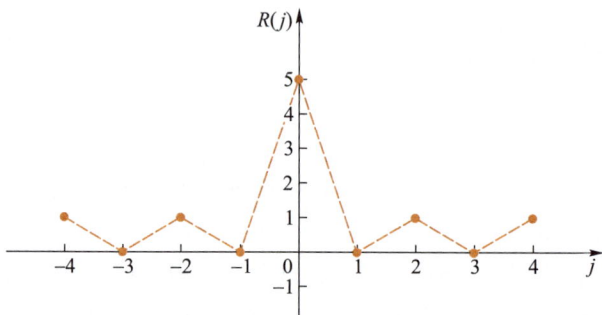

图 7-12　巴克码自相关曲线

在实际通信情况中, 巴克码前后存在其他码元。但是, 若假设信号码元的出现是等概率的, 则相当于巴克码前后的码元取值平均为 0。所以平均而言, 计算巴克码的局部自相关函数的结果, 近似地符合在实际通信情况中计算全部自相关函数的结果。

## 7.4.2　分散插入法(间隔式插入法)

分散插入法又称间隔式插入法, 它是将一种特殊的周期性同步码元序列分散插入信息码元序列中。在每组信息码元前插入一个(也可以插入很少几个)群同步码元即可, 如图 7-13 所示。通常, 分散插入法的群同步码都很短。例如, 在数字电话系统中常采用"10"交替码, 即在图 7-13 所示的同步码元位置上轮流发送二进制数字"1"和"0"。这种有规律的、周期性出现的"10"交替码, 在信息码元序列中极少可能出现。因此, 在接收端有可能检测到同步码的位置。

在接收端, 为了找到群同步码的位置, 需要按照其出现周期搜索若干个周期。若在规定数目的搜索周期内, 在同步码的位置上, 都满足"1"和"0"交替出现的规律, 则认为该位置就是群同步码元的位置。至于具体的搜索方法, 由于计算技术的发展, 目前多采用软件的方法, 不再采用硬件逻辑电路实现。软件搜索方法大体有以下两种。

教学课件
群同步:分散
插入法

微课
群同步:分散
插入法

习题
群同步:分散
插入法

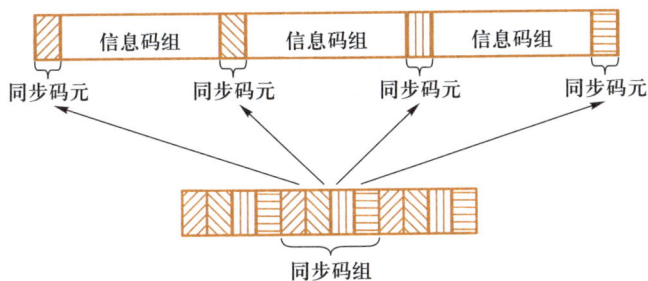

图 7-13　分散插入法

### 1. 移位搜索法

在这种方法中,系统开始处于捕捉态,对接收码元逐个考察,若考察第一个接收码元时就发现它符合群同步码元的要求,则暂时假定它就是群同步码元;等待一个周期后,再考察下一个预期位置上的码元是否还符合要求。若连续 $n$ 个周期都符合要求,则认为捕捉到了群同步码。若第一个接收码元不符合要求或在 $n$ 个周期内出现一次被考察的码元不符合要求,则推迟考察下一个接收码元,直至找到符合要求的码元并保持连续 $n$ 个周期都符合为止,这时捕捉态转为保持态。在保持态,同步电路仍然要不断考察同步码是否正确,但是为了防止考察时因噪声偶然发生一次错误而导致错认为失去同步,一般可以规定在连续 $n$ 个周期内发生 $m$ 次($m<n$)考察错误才认为是失去同步。这种措施称为同步保护。图 7-14 所示为移位搜索法流程图。

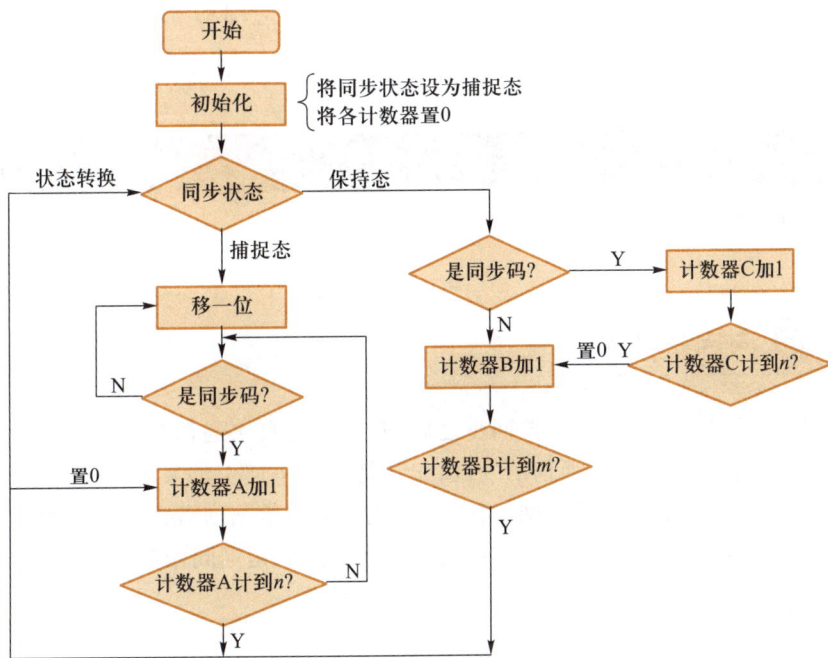

图 7-14　移位搜索法流程图

### 2. 存储检测法

在这种方法中,先将接收码元序列存在计算机的 RAM 中,再进行检验,其示意图如图 7-15 所示,其工作原理为先进先出(FIFO)。图中画出的存储容量为 40 bit,相当于 5 帧信息码元长度,每帧长 8 bit,其中包括 1 bit 同步码。在每个方格中,上部阴影区内的数字是码元的编号,下部的数字是码元的取值"1"或"0",而"$x$"代表任意值。编号为 01 的码元最先进入 RAM,编号为 40 的码元为当前进入 RAM 的码元。每当进入 1 bit 时,立即检验最右列存储位置中的码元是否符合同步序列的规律(如"1"和"0"交替)。按照图示,相当于连续检验了 5 个周期。若它们都符合同步序列的规律,则判定新进入的码元为同步码元。若不完全符合,则在接下来的 1 bit 进入时继续检验。在实际应用方案中,这种方案需要连续检验的帧数和时间可能较长。例如,在单路数字电话系统中,每帧长度可能大于 50 bit,而检验帧数可能有几十帧。这种方法也需要采用同步保护措施,其原理与移位搜索法类似。

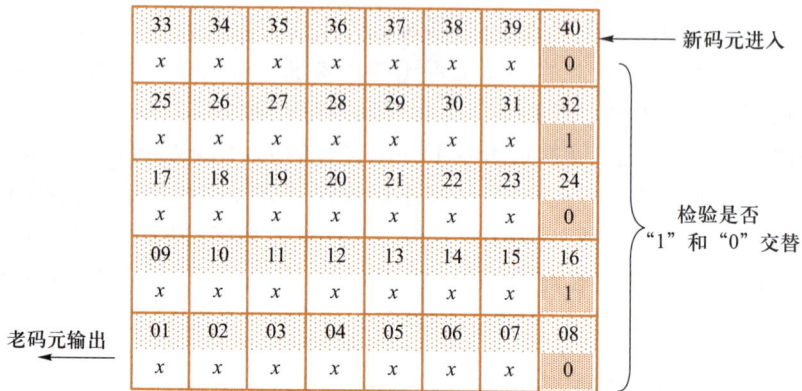

图 7-15　存储检测法示意图

## 复习与思考

什么是群同步?群同步有几种方法?

## 知识点 5　网同步技术

在获得了载波同步、位同步、群同步之后,两点间的数字通信就可以有序、准确、可靠地进行了。然而,随着数字通信的发展,尤其是计算机通信的发展,多个用户之间的通信和数据交换构成了数字通信网。显然,为了保证通信网内各用户之间可靠地通信和数据交换,全网必须有一个统一的时间标准时钟,这就是网同步的问题。

### 7.5.1　网同步的定义

网同步是指通信网中各站之间时钟的同步,目的是使全网各站能够互连互通,正确地接收信息码元。网同步在时分制数字通信和时分多址(TDMA)通信网中是一个重要的问题。对于广播一类的单向通信,以及一端对一端的单条链路通信,一般都是由接收设备负责解决和发送设备的时钟同步问题。这就是说,接收设备以发送设备的时钟为准,调整自己的时钟,使之和发送设备的时钟同步。

在数字通信网中,如果数字交换设备之间的时钟频率不一致,就会使数字交换系统的缓冲存储器中产生码元的丢失和重复,即导致在传输节点中出现滑码。在语音通信中,滑码现象的出现会导致"喀喇"声;而在视频通信中,滑码则会导致画面定格的现象。为降低滑码率,必须使网络中各个单元使用共同的基准时钟频率,实现各网元之间的时钟同步。

## 7.5.2　网同步的方法

常见的网同步方法有主从同步法、相互同步法、码速调整法、水库法等。

### 1. 主从同步法

主从同步法是在通信网中某一网元(主站)设置一个高稳定的主时钟,其他各网元(从站)的时钟频率和相位同步于主时钟的频率和相位,并设置时延调整电路,以调整因传输时延造成的相位偏差。主从同步法具有简单、易于实现的优点,广泛应用于电话通信系统中。实际应用中,为提高可靠性,还可以采用双备份时钟源的设置。各站时钟的频率和相位也可以同步于其他能够提供标准时钟信号的系统,如 CDMA 2000 系统的空中接口即是采用 GPS 信号进行同步。

### 2. 相互同步法

相互同步法在通信网内各网元设有独立时钟,它们的固有频率存在一定偏差,各站所使用的时钟频率锁定在网内各站固有频率的平均值上(此平均值将称为网频)。相互同步法的优点是单一网元的故障不会影响其他网元的正常工作。

### 3. 码速调整法

码速调整法有正码速调整、负码速调整、正/负码速调整和正/零/负码速调整四大类。在 PDH 系统中最常用的是正码速调整。

### 4. 水库法

水库法依靠的是通信系统中各站的高稳定度时钟以及大容量的缓冲器,虽然写入脉冲和读出脉冲频率不相等,但缓冲器在很长时间内不会发生"取空"或"溢出"现象,无须进行码速调整。但每隔一个相当长的时间总会发生"取空"或"溢出"现象,因此水库法也需要定期对系统时钟进行校准。

---

**复习与思考**

什么是网同步? 网同步有几种实现方法?

---

**即测即评**

（扫描二维码可进行自我测试）

## 自测题

一、填空题

1. 按照功能,同步可以分为_____、_____、_____和_____。

2. 位同步的方法主要有_____和_____。

3. 假设采用插入导频法来实现位同步,则对于 NRZ 码,其插入的导频频率应为_____;对于 RZ 码,其插入的导频频率应为_____。

4. 群同步的方法主要有_____和_____。

5. 载波同步的方法主要有_____和_____。

6. 在数字调制通信系统的接收机中,应先采用_____同步,其次采用_____同步,最后采用_____同步。

7. 网同步的方法主要有主从同步、相互同步、_____和_____。

8. 载波同步的直接提取法有_____和_____,无论哪种方法都存在_____问题。

9. 位同步的目的是使每个码元都得到最佳的_____和_____,位同步不准确将引起误码率_____。

二、问答题

1. 简述在集中插入法中实现群同步的具体方法。

2. 为什么直接法载波同步要采用“非线性变换+滤波”或“非线性变换+锁相”的方式?

3. 一个采用非相干解调方式的数字通信系统是否必须有载波同步和位同步? 其同步性能的好坏对通信系统的性能有何影响?

4. 试简述采用插入导频法和直接法实现位同步各有何优缺点。

5. 比较集中插入法和分散插入法的优缺点。

6. 什么是巴克码? 为什么以巴克码作为群同步码?

三、计算题

若给定 5 位巴克码组为 01000,其中“1”取值+1,“0”取值−1,试求该巴克码的局部自相关函数,并画出图形。

# 模块 8

## 差错控制编码

任何通信都是为了迅速而准确地传送各种形式的信息，因此，衡量一个通信系统的质量，主要看传输信息的数量和质量，即有效性和可靠性。其中，有效性是指用尽可能少的信道资源来传输尽可能多的信息，这是一个关于传送信息的数量多少的指标；可靠性是指在信息传输过程中，系统抵抗各类自然或人为干扰的能力，它表现为在接收到的信息中出现多少错误，这是一个关于传送信息的质量好坏的指标。

📕 **素质目标**
- 能养成良好的课堂素养，遵守课堂秩序。
- 能自主完成课前、课后学习任务。
- 能与教师、同学进行良好的沟通并表达自己的观点。

📖 **知识目标**
- 能说出信源编码与信道编码的定义。
- 知道差错控制编码的分类及原理。
- 知道几种常用的简单分组码。
- 知道线性分组码的定义。
- 了解循环码的定义及特点。
- 了解卷积码的概念及工作原理。

☑️ **能力目标**
- 会计算码长、码重、码距和最小码距。
- 会根据所给分组码计算检错和纠错的个数。

## 思维导图

信源编码与信道编码
差错控制编码的分类
差错控制方式
差错控制编码的基本原理

**1 差错控制编码的基本概念**

循环码的特点
循环码的生成多项式和生成矩阵
循环码的编/译码方法

**4 循环码**

**差错控制编码**

奇偶监督码
行列监督码
恒比码

**2 常用简单分组码**

**5 卷积码**

卷积码的概念
卷积码的编码工作原理
卷积码的译码方法

线性分组码的定义
汉明码

**3 线性分组码**

**自测题**

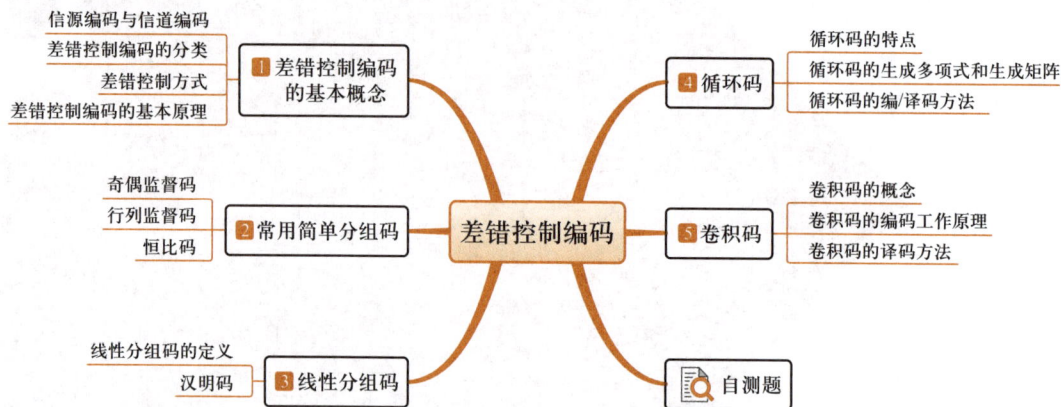

## 课程思政教学建议

### 8.1.1　信源编码与信道编码

设计通信系统的目的就是把信源产生的信息有效、可靠地传送到目的地。在数字通信系统中，为了提高数字信号传输的有效性而采取的编码称为信源编码，为了提高数字通信的可靠性而采取的编码称为信道编码。

#### 1. 信源编码

信源可以有各种不同的形式，例如在无线广播中，信源一般是一个语音源（话音或音乐）；在电视广播中，信源主要是活动图像的视频信号源。这些信源的输出都是模拟信号，所以称为模拟源。而数字通信系统是设计来传送数字形式的信息，所以，这些模拟源如果想利用数字通信系统进行传输，就需要将模拟信息源的输出转化为数字信号，而这个转化过程就称为信源编码。

对于信源编码的研究，在通信领域受到了人们的广泛关注。特别在移动通信系统中，信源编码（语音编码）决定了接收到的语音的质量和系统容量。因为在移动通信系统中，带宽是很珍贵的，所以，如何在有限的可分配的带宽内容纳更多的用户，已经成为运营商最为关心的问题。而低比特率语音编码提供了解决该问题的一种方法。在编码器能够传送高质量语音的前提下，比特率越低，在一定的带宽内能容纳的语音通道越多。因此，生产商和运营商不断地寻求新的编码方法，以便在低比特率条件下提供高质量的语音。

语音编码的目的就是在保持一定算法复杂程度和通信时延的前提下，运用尽可能少的信道容量传送尽可能高的语音质量。目前较为常用的语音编码形式有脉冲编码调制（PCM）、差分脉冲编码调制（DPCM）、自适应差分脉冲编码调制（ADPCM）、增量调制（DM）、连续可变斜率增量调制（CVSDM）、自适应预测编码（APC）、自带编码（SBC）、码激励线性预测编码等。

#### 2. 信道编码（差错控制编码）

在实际信道传输数字信号的过程中，引起传输差错的根本因素是信道内存在的噪声以及信道传输特性不理想所造成的码间串扰。为了提高数字传输系统的可靠性，降低信息传输的差错率，可以利用均衡技术消除码间串扰，利用增大发射功率、降低接收设备本身的噪声、选择好的调制制度和解调方法、加强天线的方向性等措施，提高数字传输系统的抗噪声性能。但是，上述措施只能将传输差错减小到一定程度，要进一步提高数字传输系统的可靠性，需要采用差错控制编码，对可能或已经出现的差错进行控制。

差错控制编码是在信息序列上附加一些监督码元，利用这些冗余的码元，使原来不规律的或规律性不强的原始数字信号变为有规律的数字信号；差错控制译码则利用这些规律性来鉴别传输过程是否发生错误，或进而纠正错误。

原始数字信号是分组传输的，例如每 $k$ 个二进制码元为一组（称为信息组），经差错控制编码后转换为每 $n$ 个码元一组的码字（码组），这里 $n > k$，分组码通常表示为 $(n, k)$。

教学课件
编码的分类

微课
编码的分类

习题
编码的分类

可见,差错控制编码是通过增加数码、利用"冗余"来提高抗干扰能力的,也就是以降低信息传输速率为代价来减少错误,或者说是通过削弱有效性来增强可靠性的。

### 8.1.2　差错控制编码的分类

在差错控制系统中,差错控制编码存在多种实现方式,同时差错控制编码也有多种分类方法。

① 按照差错控制编码的不同功能,可以将差错控制编码分为检错码和纠错码。检错码仅能检测误码,例如,在计算机串口通信中常用到的奇偶校验码等;纠错码可以纠正误码,同时也具有检错的能力,当发现不可纠正的错误时可以发出出错指示。

② 按照信息码元和监督码元之间的检验关系,可以将差错控制编码分为线性码和非线性码。若信息码元与监督码元之间的关系为线性关系,即满足一组线性方程式,称为线性码;否则,称为非线性码。

③ 按照信息码元和监督码元之间的约束方式不同,可以将差错控制编码分为分组码和卷积码。在分组码中,编码后的码元序列每 $n$ 位分为一组,其中 $k$ 位信息码元,$r$ 个监督位,$r=n-k$,监督码元仅与本码字的信息码元有关。卷积码则不同,监督码元不但与本信息码元有关,而且与前面码字的信息码元也有约束关系。

④ 按照信息码元在编码后是否保持原来的形式,可以将差错控制编码分为系统码和非系统码。在系统码中,编码后的信息码元保持原样不变,而非系统码中的信息码元则发生了变化。除了个别情况,系统码的性能大体上与非系统码相同,但是非系统码的译码较为复杂,因此,系统码得到了广泛的应用。

⑤ 按照纠正错误的类型不同,可以将差错控制编码分为纠正随机错误码和纠正突发错误码两种。前者主要用于发生零星独立错误的信道,后者则用于对付以突发错误为主的信道。

⑥ 按照差错控制编码所采用的数学方法不同,可以将差错控制编码分为代数码、几何码和算术码。其中,代数码是目前发展最为完善的编码,线性码就是代数码的一个重要分支。

除上述差错控制编码的分类方法以外,还可以将它分为二进制差错控制编码和多进制差错控制编码等。同时,随着数字通信系统的发展,可以将信道编码器和调制器统一起来综合设计,这就是所谓的网格编码调制(TCM)。

### 8.1.3　差错控制方式

常用的差错控制方式主要有前向纠错(FEC)、检错重发(ARQ)和混合纠错(HEC)三种,它们的结构如图8-1所示,图中有斜线的方框表示在该端进行错误检测。

#### 1. 前向纠错方式

在前向纠错方式中,发送端经差错控制

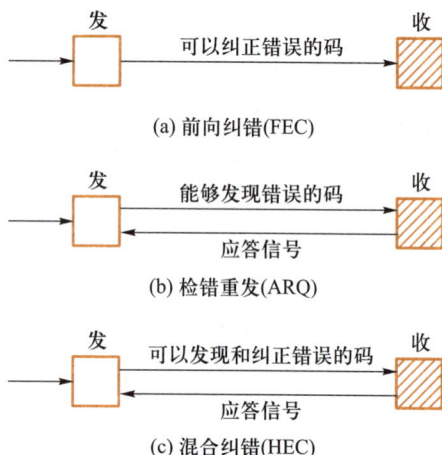

(a) 前向纠错(FEC)

(b) 检错重发(ARQ)

(c) 混合纠错(HEC)

图8-1　差错控制方式

编码后可以发出具有纠错能力的码字;接收端译码后不仅可以发现错误码,而且可以判断错误码的位置并予以自动纠正。然而,前向纠错编码需要附加较多的冗余码元,影响数据传输效率,同时其编/译码设备比较复杂。但是由于不需要反馈信道,实时性较好,因此,这种技术在单工信道中普遍采用,如无线电寻呼系统中采用的 POGSAG 编码等。

### 2. 检错重发方式

在检错重发方式中,发送端经差错控制编码后可以发出能够检测出错误的码字;接收端在接收到的信码中如果检测到传输错误,则通过反馈信道把这一判断结果反馈给发送端。然后,发送端把前面发出的信息重新传送一次,直到接收端认为正确为止。典型检错重发方式的原理框图如图 8-2 所示。常用的检错重发系统有三种,即停发等候重发、返回重发和选择重发。

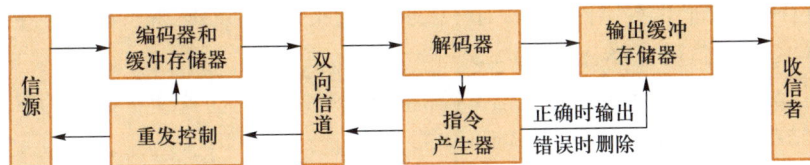

图 8-2　典型检错重发方式的原理框图

在停发等候重发系统中,发送端在某一时刻向接收端发送一个码字,然后停止发送,等待接收端的应答信号。接收端收到后经检测若未发现错误,则发送一个应答信号 ACK 给发送端,发送端收到 ACK 信号后再发下一个码字;如果接收端检测出错误,则发送一个否认信号 NAK,发送端收到 NAK 信号后重发前一个码字,直到无错为止。这种方式效率不高,但系统原理简单,在计算机通信中仍得到应用。

在返回重发系统中,发送端无停顿地送出一个又一个码字,不再等待 ACK 信号,一旦接收端发现错误并发回 NAK 信号,则发送端从下一个码字开始重发前一段 $N$ 组信号,$N$ 的大小取决于信号传递及处理所带来的延迟。这种系统与停发等候重发系统相比有很大的改进,在许多数据传输系统中得到应用。

在选择重发系统中,发送端也是连续不断地发送码字,接收端发现错误发回 NAK信号。与返回重发系统不同的是,发送端不是重发前面的所有码字,而是只重发有错误的那一组。显然,选择重发系统的传输效率最高,但控制最为复杂。此外,返回重发系统和选择重发系统都需要全双工的链路,而停发等候重发系统只需要半双工的链路。

基于上述分析,检错重发方式的主要优点有:

① 只需要少量的冗余码,就可以得到极低的输出误码率。

② 使用的检错码基本上与信道的统计特性无关,有一定的自适应能力。

③ 与 FEC 相比,信道编/译码器的复杂性要低得多。

检错重发方式的主要缺点有:

① 需要反向信道,故不能用于单向传输系统,并且实现重发控制比较复杂。

② 当信道干扰增大时,整个系统有可能处在重发循环当中,因而通信效率低,不大适合于严格实时传输系统。

### 3. 混合纠错方式

混合纠错方式是前向纠错方式和检错重发方式的结合。在这种方式中,发送端不但具有纠正错误的能力,而且对超出纠错能力的错误有检测能力。遇到后一种情况时,系统可以通过反馈信道要求发送端重发一遍。混合纠错方式在实时性和译码复杂性方面是前向纠错方式和检错重发方式的折中。

在实际应用中,应根据具体情况合理选用差错控制方式。

### 8.1.4　差错控制编码的基本原理

教学课件
差错控制编码原理

微课
差错控制编码原理

习题
差错控制编码原理

差错控制编码的基本原理就是在被传送的信息中附加一些监督码元,在收和发之间建立某种校验关系,当这种校验关系因传输错误而受到破坏时,可以被发现甚至纠正错误,这种检错与纠错能力是用信息量的冗余度来换取的。

下面介绍几个与差错控制编码相关的基本概念。

码长:码字中码元的数目。

码重:码字中非 0 数字的数目;对于二进制码来说,码重 $W$ 就是码元中 1 的数目,例如码字 10100,码长 $n=5$,码重 $W=2$。

码距:两个等长码字之间对应位不同的数目,有时也称为这两个码字的汉明距离,例如码字 10100 与 11000 之间的码距 $d=2$。

最小码距:在码字集合中全体码字之间距离的最小数值。

对于二进制码字而言,两个码字之间的模 2 相加,其不同的对应位必为 1,相同的对应位必为 0。因此,两个码字之间模 2 相加得到的码重就是这两个码字之间的距离。

以二进制分组的纠错过程为例,可以较为详细地说明纠错码检错和纠错的基本原理。分组码对于数字序列是分段进行处理的,设每一段由 $k$ 个码元组成(称为长度为 $k$ 的信息组),由于每个码元有 0 或 1 两种值,故共有 $2^k$ 个不同的状态。每段长为 $k$ 的信息组,以一定的规则增加 $r$ 个多余度码元(称为监督元),监督这 $k$ 个信息元,就组成了长度为 $n=k+r$ 的码字(又称 $n$ 重),共可以得到 $2^k$ 个长度为 $n$ 的码字,通常称为许用码字。

而长度为 $n$ 的数字序列共有 $2^n$ 种可能的组合,其中 $2^n-2^k$ 个长度为 $n$ 的码字未被选用,故称为禁用码字。上述 $2^k$ 个长度为 $n$ 的许用码字的集合称为分组码。分组码能够检错或纠错的原因是存在 $2^n-2^k$ 个多余码字,或者说在 $2^n$ 个码字中有禁用码字存在。下面举例说明。

设发送端发送 A 和 B 两个消息,分别用 1 位码元来表示,1 代表 A,0 代表 B。如果这两个信息组在传输中产生了错误,那么就会使 0 错成了 1 或 1 错成了 0,而接收端不能发现这种错误,更谈不上纠正错误了。

若在每个 1 位长的信息组中加上一个监督元($r=1$),其规则是与信息元重复,则这样编出的两个长度为 $n=2$ 的码字分别为 11(代表 A)和 00(代表 B)。这时 11、00 就是许用码字,这两个码字组成一个(2,1)分组码,其特点是各码字的码元是重复的,故又称为重复码。而 01、10 就是禁用码字。设发送 11 经信道传输错了一位,变成 01 或 10,则接收端译码器根据重复码的规则,能发现有一位错误,但不能指明错在哪一位,也就是不能判决发送的消息是 A(11)还是 B(00)。若信道干扰严重,使发送码字的两位都产生错误,从而使 11 错成了 00,则接收端译码器根据重复码的规则检验不认为其有错,并且判决为消息 B,造成错判。这时可以发现:这种码距为 2 的(2,1)重复码能确定一个码元的错误,但不能确定两个码元的错误,也不能纠正错误。

若仍按重复码的规则,再加一个监督码元,得到(3,1)重复码,它的两个码字分别为 111 和 000,其码距为 3。其余 6 个码字(001、010、100、110、101、011)为禁用码字。设发送 111(代表消息 A),如果译码器收到的码为 110,则根据重复码的规则,发现有错,并且当采用最大似然法译码时,认为与发送码字最相似的码字就是发送码字。而 110 与 111 只有一位不同,与 000 有两位不同,故判决为 111。事实上,在一般情况下,错一位的可能性比错两位的可能性要大得多,从统计的观点看,这样判决是正确的。因此,这种(3,1)码能够纠正一个错误,但不能纠正两个错误,因为若发送 111,收到 100 时,根据译码规则将判决为 000,这就错了。类似于前面的分析,这种码用来检错时可以发现两个错误,但不能发现三个错误。

当然,还可以选用码字更长的重复码进行差错控制编码,随着码字的增长,重复码的检错和纠错能力会变得更强。

上述例子表明:纠错码的抗干扰能力完全取决于许用码字之间的距离,码的最小距离越大,说明码字间的最小差别越大,抗干扰能力就越强。因此,码字之间的最小距离是衡量该码字检错和纠错能力的重要依据,最小码距是差错控制编码的一个重要参数。在一般情况下,分组码的最小汉明距离 $d_0$ 与检错和纠错能力之间满足下列关系。

① 当码字用于检测错误时,如果要检测 $e$ 个错误,则

$$d_0 \geqslant e+1 \tag{8-1}$$

② 当码字用于纠正错误时,如果要纠正 $t$ 个错误,则

$$d_0 \geqslant 2t+1 \tag{8-2}$$

③ 当码字用于纠正 $t$ 个错误,同时检测 $e$ 个错误时($e>t$),则

$$d_0 \geqslant e+t+1 \, (e>t) \tag{8-3}$$

### 复习与思考

1. 什么是信源编码? 什么是信道编码?
2. 常用的差错控制方式有哪些?
3. 简述码长、码重和码距的定义。
4. 码的最小码距与其检错、纠错能力有何关系?

## 知识点2　常用简单分组码

本知识点将介绍几种简单的检错码,这些差错控制编码很简单,但有一定的检错能力,且易于实现,因此得到广泛应用。

### 8.2.1　奇偶监督码

奇偶监督码分为奇数监督码和偶数监督码两种,两者的原理相同。在偶数监督码中,无论信息位有多少,监督位只有 1 位,它使码组中"1"的数目为偶数,即满足

$$a_{n-1} \oplus a_{n-2} \oplus \cdots \oplus a_0 = 0 \tag{8-4}$$

式中:$a_0$ 为监督位;其他位为信息位。

这种编码能够检测奇数个错码。在接收端,按照式(8-4)求"模 2 和",若计算结果为"1",认为存在错码;若结果为"0",则认为无错码。

奇数监督码与偶数监督码相似,只不过其码组中"1"的数目为奇数,即满足

$$a_{n-1} \oplus a_{n-2} \oplus \cdots \oplus a_0 = 1 \qquad (8-5)$$

且其检错能力与偶数监督码一样。

### 8.2.2　行列监督码

行列监督码又称水平垂直一致监督码或二维奇偶监督码,有时还称为方阵码。它先把奇偶监督码的若干码组排成矩阵,每一码组写成一行,然后再按列的方向增加第 2 维监督位,如图 8-3 所示。图中,$a_0^1 a_0^2 \cdots a_0^m$ 为 $m$ 行奇偶监督码中的 $m$ 个监督位;$c_{n-1} c_{n-2} \cdots c_1 c_0$ 为按列进行第 2 次编码所增加的监督位,它们构成了一监督位行。

$$
\begin{array}{ccccc}
a_{n-1}^1 & a_{n-2}^1 & \cdots & a_1^1 & a_0^1 \\
a_{n-1}^2 & a_{n-2}^2 & \cdots & a_1^2 & a_0^2 \\
\vdots & \vdots & & \vdots & \vdots \\
a_{n-1}^m & a_{n-2}^m & \cdots & a_1^m & a_0^m \\
c_{n-1} & c_{n-2} & \cdots & c_1 & c_0
\end{array}
$$

图 8-3　行列监督码

这种编码有可能检测偶数个错码。因为每行的监督位虽然不能用于检测本行中的偶数个错码,但按列的方向就有可能由 $c_{n-1} c_{n-2} \cdots c_1 c_0$ 等监督位检测出来。有一些偶数错码不可能检测出来。例如,构成矩形的 4 个错码,如图 8-3 中的 $a_{n-2}^2, a_1^2, a_{n-2}^m, a_1^m$,若出现错误,就检测不到。

行列监督码适于检测突发错码。因为这种突发错码常常成串出现,随后有较长一段无错区间,所以在某一行中出现多个奇数或偶数错码的机会较多,这种方阵码适于检测这类错码。前述的一维奇偶监督码一般只适于检测随机错误。

由于行列监督码只对构成矩形四角的错码无法检测,故其检错能力较强。一些试验表明,这种码可使误码率降至原误码率的 $0.01\% \sim 1\%$。

行列监督码不仅可用来检错,还可用来纠正一些错码。例如,当码组仅在一行中有奇数个错误时,则能够确定错码位置,从而纠正它。

### 8.2.3　恒比码

恒比码又称等重码,这种码的码字中"1"和"0"的位数保持恒定比例,由于每个码字的长度相同,若"1""0"恒比,则码字必等重。

这种码在检测时,只要计算接收码组中"1"的数目是否对,就能知道有无错码。

恒比码的主要优点是简单,适于传输电传机或其他键盘设备产生的字母和符号。对于信源来的二进制随机数字序列,这种码就不适合使用了。

---

**复习与思考**

1. 什么是奇偶监督码?其检错能力如何?
2. 什么是行列监督码?其检错能力如何?

---

教学课件
线性分组码

微课
线性分组码

## 知识点 3　线性分组码

### 8.3.1　线性分组码的定义

分组码是一组固定长度的码组,可表示为 $(n, k)$,通常用于前向纠错。在分组码中,监督位被加到信息位之后,形成新的码。在编码时,$k$ 个信息位被编为 $n$ 位码组长

度,而 $n-k$ 个监督位的作用就是实现检错与纠错。当分组码的信息码元与监督码元之间的关系为线性关系时,称为线性分组码。

长度为 $n$ 的二进制线性分组码有 $2^n$ 种可能的码组,从 $2^n$ 种码组中选择 $M=2^k$ 个码组($k<n$)组成一种码。这样,一个 $k$ bit 信息的线性分组码可以映射到一个长度为 $n$ 的码组上,该码组是从 $M=2^k$ 个码组构成的码集中选出的,这样剩下的码组就可以对这个分组码进行检错或纠错。

线性分组码是建立在代数群论基础之上的,各许用码的集合构成了代数学中的群,它们的主要性质如下。

① 封闭性。任意两个许用码组相加后(按位进行模 2 和),所得编码仍是许用码组。

② 码组间的最小码距等于非零码的最小码重。

### 8.3.2 汉明码

汉明码是一种能够纠正一位错码且编码效率较高的线性分组码。

在偶数监督码中,由于使用了一位监督位 $a_0$,它和信息位 $a_{n-1}\cdots a_1$ 一起构成代数式 $a_{n-1}\oplus a_{n-2}\oplus\cdots\oplus a_0=0$,在接收端解码时,实际上就是计算

$$S=a_{n-1}\oplus a_{n-2}\oplus\cdots\oplus a_0 \tag{8-6}$$

若 $S=0$,就认为是无错码;若 $S=1$,则认为是有错码。式(8-6)称为监督关系式,$S$ 为校正子。由于校正子 $S$ 只有两种取值,故它只能代表有错和无错两种信息,而不能指出错码的位置。若监督位增加一位,即变成两位,则能增加一个类似的监督关系式。由于两个校正子的可能值有 4 种组合 00、01、10、11,故能表示 4 种不同的信息。若用其中一种组合表示无错,则其余三种组合就有可能用来指示一个错码的三种不同位置。同理,$r$ 个监督关系式能指示一位错码的 $(2^r-1)$ 个可能位置。

一般来说,若码长为 $n$,信息位数为 $k$,则监督位数 $r=n-k$。如果希望用 $r$ 个监督位构造出 $r$ 个监督关系式来指示一位错码的 $n$ 种可能位置,则要求

$$2^r-1\geqslant n \quad 或 \quad 2^r\geqslant k+r+1 \tag{8-7}$$

下面通过一个例子来说明如何具体构造这些监督关系式。

设分组码 $(n,k)$ 中 $k=4$,为了纠正一位错码,由式(8-7)可知,要求监督位数 $r\geqslant 3$。若取 $r=3$,则 $n=k+r=7$。用 $a_6 a_5\cdots a_0$ 表示这 7 个码元,用 $S_1$、$S_2$ 和 $S_3$ 表示 3 个监督关系式中的校正子,则 $S_1$、$S_2$ 和 $S_3$ 的值与错码位置的对应关系如表 8-1 所列。由表中规定可见,仅当一位错码的位置在 $a_2$、$a_4$、$a_5$ 或 $a_6$ 时,校正子 $S_1$ 为 1;否则 $S_1$ 为零。这就意味着 $a_2$、$a_4$、$a_5$ 和 $a_6$ 这 4 个码元构成偶数监督关系:

$$S_1=a_6\oplus a_5\oplus a_4\oplus a_2 \tag{8-8}$$

**表 8-1　校正子与错码位置**

| $S_1 S_2 S_3$ | 错码位置 | $S_1 S_2 S_3$ | 错码位置 |
|---|---|---|---|
| 001 | $a_0$ | 101 | $a_4$ |
| 010 | $a_1$ | 110 | $a_5$ |
| 100 | $a_2$ | 111 | $a_6$ |
| 011 | $a_3$ | 000 | 无错码 |

同理，$a_1$、$a_3$、$a_5$ 和 $a_6$ 构成偶数监督关系：

$$S_2 = a_6 \oplus a_5 \oplus a_3 \oplus a_1 \tag{8-9}$$

$a_0$、$a_3$、$a_4$ 和 $a_6$ 构成偶数监督关系：

$$S_3 = a_6 \oplus a_4 \oplus a_3 \oplus a_0 \tag{8-10}$$

在发送端编码时，信息位 $a_6$、$a_5$、$a_4$ 和 $a_3$ 的值取决于输入信号，因此它们是随机的。监督位 $a_2$、$a_1$ 和 $a_0$ 应根据信息位的取值按监督关系来确定，即监督位应使式(8-8)~式(8-10)中 $S_1$、$S_2$ 和 $S_3$ 的值为 0(表示编成的码组中应无错码)：

$$\begin{cases} a_6 \oplus a_5 \oplus a_4 \oplus a_2 = 0 \\ a_6 \oplus a_5 \oplus a_3 \oplus a_1 = 0 \\ a_6 \oplus a_4 \oplus a_3 \oplus a_0 = 0 \end{cases} \tag{8-11}$$

经过移项运算，解出监督位为

$$\begin{cases} a_2 = a_6 \oplus a_5 \oplus a_4 \\ a_1 = a_6 \oplus a_5 \oplus a_3 \\ a_0 = a_6 \oplus a_4 \oplus a_3 \end{cases} \tag{8-12}$$

给定信息位后，可以直接按式(8-12)算出监督位，结果如表 8-2 所列。

表 8-2　监督位计算结果

| 信息位 | 监督位 | 信息位 | 监督位 | 信息位 | 监督位 | 信息位 | 监督位 |
|---|---|---|---|---|---|---|---|
| $a_6 a_5 a_4 a_3$ | $a_2 a_1 a_0$ | $a_6 a_5 a_4 a_3$ | $a_2 a_1 a_0$ | $a_6 a_5 a_4 a_3$ | $a_2 a_1 a_0$ | $a_6 a_5 a_4 a_3$ | $a_2 a_1 a_0$ |
| 0000 | 000 | 0100 | 110 | 1000 | 111 | 1100 | 001 |
| 0001 | 011 | 0101 | 101 | 1001 | 100 | 1101 | 010 |
| 0010 | 101 | 0110 | 011 | 1010 | 010 | 1110 | 100 |
| 0011 | 110 | 0111 | 000 | 1011 | 001 | 1111 | 111 |

接收端收到每个码组后，先计算出 $S_1$、$S_2$ 和 $S_3$，再查表 8-1 判断错码情况。例如，若接收码组为 0000011，按上述公式计算可得 $S_1 = 0$，$S_2 = 1$，$S_3 = 1$。由于 $S_1 S_2 S_3$ 等于 011，故查表 8-1 可知在 $a_3$ 位有 1 个错码。

按照上述方法构造的码称为汉明码。表 8-2 中所列的(7,4)汉明码的最小码距 $d_0 = 3$。因此，这种码能够纠正 1 个错码或检测 2 个错码。由于编码效率 $k/n = (n-r)/n = 1 - r/n$，故当 $n$ 很大和 $r$ 很小时，编码效率接近 1。可见，汉明码是一种高效码。

## 复习与思考

什么是线性分组码？它具有哪些重要性质？

## 知识点 4　循环码

教学课件
循环码

循环码是线性分组码的一个重要分支。循环码有许多特殊的代数性质，基于这些性质，循环码有较强的纠错能力(即它既能纠正独立的随机错误，又能纠正突出错误)，而且其编码和译码电路很容易用移位寄存器实现,因而在 FEC 系统中得到了广泛的应用。

微课
循环码

### 8.4.1　循环码的特点

对于一个 $(n,k)$ 线性分组码,若其中的任一码组向左或向右循环移动任意位后仍是码组集合中的一个码组,则称其为循环码。循环码是一种分组码,前 $k$ 位为信息码元,后 $r$ 位为监督码元。它除了具有线性分组码的性质之外,还具有一个独特的性质,即循环性。

习题
循环码

若 $A=(a_{n-1},a_{n-2},\cdots,a_0)$ 是循环码中的一个许用码组,对它左循环移位一次,得到 $A_1=(a_{n-2},\cdots,a_0,a_{n-1})$,也是一个许用码组;移位 $i$ 次,得到 $A_i=(a_{n-(i+1)},a_{n-(i+2)},\cdots,a_0,a_{n-1},\cdots,a_{n-i})$,还是许用码组。不论右移或左移,移位位数多少,其结果均为循环码组。以 $(7,3)$ 循环码和 $(6,3)$ 循环码为例,其全部码组见表 8-3。

表 8-3　$(7,3)$ 循环码和 $(6,3)$ 循环码的全部码组

| 序号 | $(7,3)$ 循环码 | $(6,3)$ 循环码 |
|------|--------------|--------------|
| 1 | 0 0 0 0 0 0 0 | 0 0 0 0 0 0 |
| 2 | 0 0 1 1 1 0 1 | 0 0 1 0 0 1 |
| 3 | 0 1 0 0 1 1 1 | 0 1 0 0 1 0 |
| 4 | 0 1 1 1 0 1 0 | 0 1 1 0 1 1 |
| 5 | 1 0 0 1 1 1 0 | 1 0 0 1 0 0 |
| 6 | 1 0 1 0 0 1 1 | 1 0 1 1 0 0 |
| 7 | 1 1 0 1 0 0 1 | 1 1 0 1 1 0 |
| 8 | 1 1 1 0 1 0 0 | 1 1 1 1 1 1 |

由表 8-3 可看出,$(7,3)$ 循环码有 2 个循环圈,如图 8-4(a) 所示。其中,编号为 1 的全零码组自成循环圈,其码重为 $W=0$;剩余码组组成另一循环圈,其码重为 $W=4$。$(6,3)$ 循环码的循环圈有 4 个,如图 8-4(b) 所示。$(6,3)$ 循环码构成了码重分别为 0、2、4、6 的循环圈。由图 8-4 可得,同一循环圈上的码字具有相同的码重。

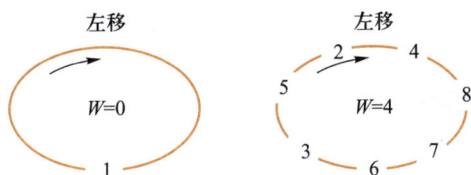

(a) (7,3)循环码的循环圈

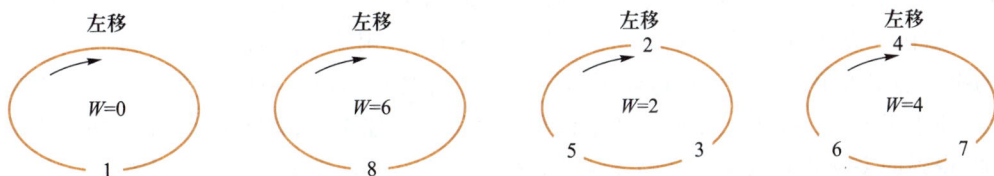

(b) (6,3)循环码的循环圈

图 8-4　循环码的循环圈

### 8.4.2　循环码的生成多项式和生成矩阵

循环码属于线性分组码,它除了具有循环特性外,还具有线性分组码的特性。所以,如果能够找到 $k$ 个不相关的已知码字,就能构成线性分组码的生成矩阵 $\boldsymbol{G}$。根据循环码的循环特性,可由一个码字的循环移位得到其他非 0 码字。在 $(n,k)$ 循环码的 $2^k$ 个码多项式中,取前 $k-1$ 位皆为 0 的码多项式 $g(x)$(次数为 $n-k$),再经 $k-1$ 次左循环移位,共得到 $k$ 个码多项式,即 $g(x),xg(x),\cdots,x^{k-1}g(x)$。由于这 $k$ 个码多项式是相互独立的,可作为码生成矩阵的 $k$ 行来构成此循环码的生成矩阵 $\boldsymbol{G}(x)$,即

$$\boldsymbol{G}(x) = \begin{bmatrix} x^{k-1}g(x) \\ x^{k-2}g(x) \\ \vdots \\ xg(x) \\ g(x) \end{bmatrix} \tag{8-13}$$

由式(8-13)可知,码的生成矩阵一旦确定,那么码也就确定了。这就说明,$(n,k)$ 循环码可由它的一个 $n-k$ 次码多项式 $g(x)$ 来确定,$g(x)$ 称为码的生成多项式。

在 $(n,k)$ 循环码中,码的生成多项式 $g(x)$ 具有如下性质。

① $g(x)$ 是一个常数项不为 0 的 $n-k$ 次码多项式。在循环码中,除全"0"码字外,再没有连续 $k$ 位均为"0"的码字,即"连 0"的长度最多只有 $k-1$ 位。否则,经过若干次的循环移位后将得到 $k$ 个信息码元全为"0"而监督码元不为"0"的码字,这对线性码来说是不可能的。因此,$g(x)$ 是一个常数项不为 0 的 $n-k$ 次码多项式。

② $g(x)$ 是码组集合中唯一的 $n-k$ 次码多项式。如果存在另一个 $n-k$ 次码多项式,假设为 $g'(x)$,则根据线性码的封闭性,$g(x)+g'(x)$ 也必为一个码多项式。显然,若 $g(x)+g'(x)\neq 0$,则 $g(x)+g'(x)$ 必是一个次数低于 $n-k$ 次的码多项式,即"连 0"的个数多于 $k-1$。这与前面的结论是矛盾的,所以 $g(x)$ 是唯一的 $n-k$ 次码多项式。

③ 所有码多项式都可被 $g(x)$ 整除,而且任一次数不大于 $k-1$ 的多项式乘 $g(x)$ 都是码多项式。

④ $(n,k)$ 循环码的生成多项式 $g(x)$ 是 $x^n+1$ 的一个 $n-k$ 次因式。

### 8.4.3　循环码的编/译码方法

#### 1. 循环码的编码方法

在编码时,首先要根据给定的 $(n,k)$ 值选定生成多项式 $g(x)$,即从 $x^n+1$ 的因子中选出一个 $n-k$ 次多项式作为 $g(x)$,然后利用所有码多项式均能被 $g(x)$ 整除这一特点进行编码。设 $m(x)$ 为信息码多项式,其次数小于 $k$。用 $x^{n-k}$ 乘 $m(x)$,得到的 $x^{n-k}m(x)$ 的次数必定小于 $n$。再用 $g(x)$ 除 $x^{n-k}m(x)$ 得到余式 $r(x)$。$r(x)$ 的次数小于 $g(x)$ 的次数,即小于 $n-k$。将此余式 $r(x)$ 加于信息位之后作为监督位,即将 $r(x)$ 与 $x^{n-k}m(x)$ 相加,得到的多项式必定是一个码多项式,因为码多项式能被 $g(x)$ 整除,且商的次数不大于 $k-1$。

根据上述原理,编码步骤可归纳如下。

① 根据给定的 $(n,k)$ 值和对纠错能力的要求,选定生成多项式 $g(x)$,即从 $x^n+1$ 的因子中选定一个 $n-k$ 次多项式作为 $g(x)$。

② 用信息码元的多项式 $m(x)$ 表示信息码元。例如,信息码元为 110,相当于 $m(x)=x^2+x$。

③ 用 $m(x)$ 乘 $x^{n-k}$,得到 $x^{n-k}m(x)$。这一运算实际上是在信息位的后面附加了 $n-k$ 个"0"。例如,信息码多项式为 $m(x)=x^2+x$ 时,$x^{n-k}m(x)=x^4(x^2+x)=x^6+x^5$,相当于 1100000。

④ 用 $g(x)$ 除 $x^{n-k}m(x)$ 得到商式 $Q(x)$ 和余式 $r(x)$。即

$$\frac{x^{n-k}m(x)}{g(x)}=Q(x)+\frac{r(x)}{g(x)} \tag{8-14}$$

例如,选定 $g(x)=x^4+x^3+x^2+1$,则

$$\frac{x^{n-k}m(x)}{g(x)}=\frac{x^6+x^5}{x^4+x^3+x^2+1}=(x^2+1)+\frac{x^3+1}{x^4+x^3+x^2+1} \tag{8-15}$$

即相当于

$$\frac{1100000}{11101}=101+\frac{1001}{11101} \tag{8-16}$$

⑤ 编出的码字 $T(x)$ 为

$$T(x)=x^{n-k}m(x)+r(x) \tag{8-17}$$

上例中的码字为 $T(x)=1100000+1001=1101001$,它就是表 8-3 中的第 7 码组。

上述几个编码步骤可以用除法电路来实现。除法电路由 $n-k$ 个移位寄存器、多个模 2 加法器和一个双刀双掷开关 K 构成。假设生成多项式为

$$g(x)=g_{n-k}x^{n-k}+g_{n-k-1}x^{n-k-1}+\cdots+g_1x+g_0 \tag{8-18}$$

如果 $g_i=1$,说明对应的移位寄存器的输出端有一个模 2 加法器(即有连线);如果 $g_i=0$,说明对应的移位寄存器的输出端没有模 2 加法器(即无连线)。

### 2. 循环码的译码方法

根据接收端译码目的的不同(检错还是纠错),循环码的译码原理与实现方法有所不同。纠错码的译码是该码能否得到实际应用的关键问题,因为译码器通常比编码器复杂得多。因此,对纠错码的研究大都集中在译码的算法上。

在循环码中,由于任一发送码组多项式都能被生成多项式 $g(x)$ 整除,因此可以利用接收码组能否被 $g(x)$ 所整除来判断接收码组 $R(x)$ 是否出差错。当传输中未发生错误时,接收码组与发送码组相同,即 $R(x)=T(x)$,接收码组 $R(x)$ 必定能被 $g(x)$ 整除;若码组在传输中发生错误,则 $R(x)\neq T(x)$,$R(x)$ 可能不能被 $g(x)$ 整除。可见,循环码译码器的核心仍是除法电路和缓冲移位寄存器,其检错译码原理框图如图 8-5 所示。图中的除法电路与编码器中的除法电路相同。在此除法电路中进行了 $R(x)/g(x)$ 运算,若余式为零,表示 $R(x)$ 中无错误,此时将暂存在缓冲移位寄存器中的接收信息码组送至输出端;若余式不为零,则表示 $R(x)$ 中有错误,此时可将缓冲移位寄存器中的接收码组删除,并向发送端发送重传指令,要求重传该码。

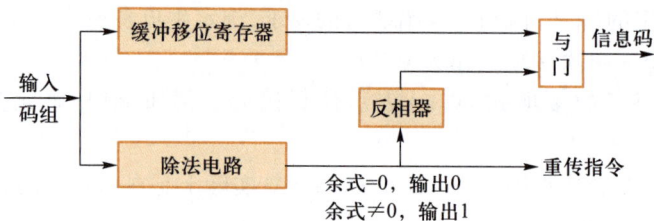

图 8-5　循环码译码器检错译码原理框图

另外,需要指出的是,当接收码组中有错码时,也有可能被 $g(x)$ 整除,但这时的错码不能被检出,这种错误称为不可检错误。不可检错误中的错码数必定超过了这种编码的检错能力。

在接收端为纠错而采用的译码方法比检错时复杂。为了能够纠错,要求每个可纠正的错误图样必须与一个特定余式有一一对应关系。只有这样,才可能从余式中唯一地决定错误图样,从而纠正错码。因此,纠错可按下述步骤进行。

① 用生成多项式 $g(x)$ 除接收码组 $R(x)=T(x)+E(x)$,得出余式 $r(x)$。

② 按余式 $r(x)$,用查表的方法或由接收到的码多项式 $R(x)$ 计算校正子(伴随式) $S(x)$。

③ 由校正子 $S(x)$ 确定其错误图样 $E(x)$,从而确定错码的位置。

④ 利用 $T(x)=R(x)-E(x)$ 可得到纠正错误后的原发送码组 $T(x)$。

其中,步骤①、②的运算较为简单,与检错码时的运算相同。步骤④也较为简单。因而,纠错译码器的复杂性主要取决于步骤③。

## 复习与思考

什么是循环码? 如何确定循环码的生成多项式?

## 知识点5　卷积码

### 8.5.1　卷积码的概念

卷积码是 1955 年由伊利亚斯提出的,它与前面所介绍的分组码有很大不同。通常情况下,为了达到一定的纠/检错能力和编码效率,分组码的码长较大。而译码时须接收整个码组,因此而产生的时延会随码长的增加而线性增长。对于卷积码而言,其信息码个数和码长通常较小,故时延小,特别适合于以串行形式传输的场合。另外,与分组码相比,卷积码在任何一个码组中的监督码元都不仅与本码组的信息码元有关,而且还与前面若干个码组的信息码元有关,其纠错能力随着前面若干个码组数的增加而增加。故在实际应用中,卷积码的性能优于分组码,而且设备简单。

卷积码具有许多优良性能,因此得到了广泛的研究和应用。但目前尚未找到较严密的数学手段,能将纠/检错能力与码的构成有规律地联系起来,一般采用计算机搜索来寻找合适的码组,其译码算法也有待于进一步研究与完善。

## 8.5.2　卷积码的编码工作原理

卷积码编码器的一般形式如图 8-6 所示。它主要由移位寄存器和加法器组成。输入移位寄存器包括 $m+1$ 段,每段有 $k$ 级,共 $(m+1)k$ 位寄存器,负责存储每段的 $k$ 个信息元;各信息码元通过 $n$ 个模 2 加法器相加,产生每个输出码组的 $n$ 个码元,并寄存在一个 $n$ 级的移位寄存器中输出。整个编码过程可以看成将输入信息序列与由移位寄存器和模 2 加法器之间连接所决定的另一个序列的卷积,卷积码由此而得名。卷积码通常记为 $(n,k,m)$,其中,$m$ 为子码个数;$n$ 为码长;$k$ 为码组中信息码元的个数。在卷积码的译码过程中,不但可以从该时刻收到的码组中提取信息,还可以利用以后的 $m+1$ 个子码来提取信息。

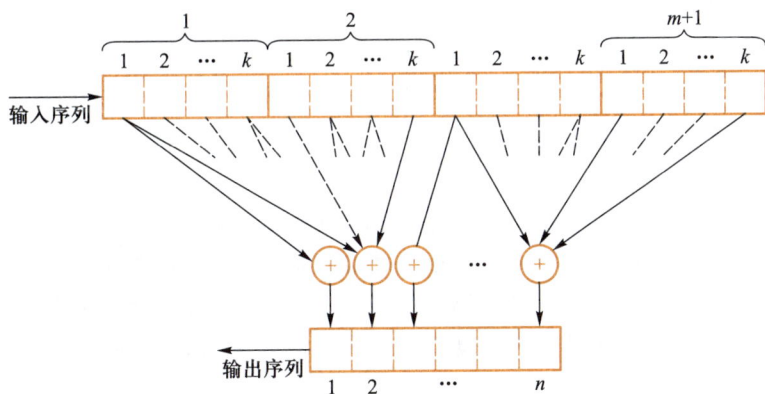

图 8-6　卷积码编码器的一般形式

下面以 $(2,1,2)$ 卷积码为例加以说明。图 8-7 所示为该卷积码的编码器,它由移位寄存器、模 2 加法器及开关电路组成。在起始状态下各级移位寄存器清零,即 $S_1 S_2 S_3$ 为 000。当第 1 个输入比特为 0 时,输出比特为 00;若输入比特为 1,则输出比特为 11。在第 2 个比特输入时,第 1 个比特右移一位,则输出比特同时受当前输入比特和前一个输入比特的影响。$(2,1,2)$ 卷积码的输出码字为

$$C_1 = S_1 \oplus S_2 \oplus S_3 \tag{8-19}$$

$$C_2 = S_1 \oplus S_3 \tag{8-20}$$

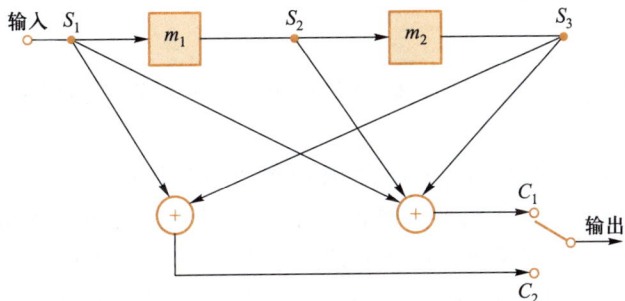

图 8-7　$(2,1,2)$ 卷积码编码器

当输入数据为 11010 时,输出码字可由式(8-19)和式(8-20)计算出来。表 8-4 列出了所有数据输入后的输出码字。为了使全部数移出,数据位需加 3 个 0。

**表 8-4　(2,1,2)卷积码编码器的工作过程**

| $S_1$ | 1 | 1 | 0 | 1 | 0 | 0 | 0 | 0 |
|---|---|---|---|---|---|---|---|---|
| $S_2S_3$ | 00 | 01 | 11 | 10 | 01 | 10 | 00 | 00 |
| $C_1C_2$ | 11 | 01 | 01 | 00 | 10 | 11 | 00 | 00 |
| 状态 | a | b | d | c | b | c | a | a |

由表 8-4 的计算过程可推知,$(n,k,m)$卷积码编码器的每位输入比特会影响 $m+1$ 个输出码字,故称 $m+1$ 为编码约束度。每个子码有 $n$ 个码元,则在卷积码中有约束关系的最大码元长度为$(m+1)n$,称为编码约束长度。$(2,1,2)$卷积码的编码约束度为 3,编码约束长度为 6。

若卷积码子码中前 $k$ 位码元是信息码元的重现,则该卷积码称为系统卷积码,否则称为非系统卷积码。图 8-7 所示编码器产生的$(2,1,2)$卷积码是非系统卷积码。

## 8.5.3　卷积码的译码方法

卷积码的译码可分为代数译码和概率译码两大类。在卷积码发展过程中,早期普遍采用代数译码。代数译码利用生成矩阵和监督矩阵来译码,硬件实现简单,但性能较差。最主要的方法是大数逻辑译码或门限译码。现在,概率译码越来越受到重视,已成为卷积码最主要的译码方法。概率译码中比较实用的有维特比译码和序列译码两种。

### 1. 维特比译码

维特比译码是一种最大似然译码算法。最大似然译码算法的基本思路是,把接收码字与所有可能的码字进行比较,选择一种码距最小的码字作为译码输出。对于$(n,k,m)$卷积码而言,发 $k$ 位数据,则有 $2^k$ 种可能码字,计算机应存储这些码字,以便于比较。当 $k$ 较大时,由于存储量太大,应用受到限制。由于接收序列通常很长,所以维特比译码是最大似然译码算法的简化。简化方法:分段处理接收码字,每接收一段码字,计算、比较一次,保留码距最小的路径,直至译完整个序列。

在编码约束长度不太长或误比特率不太高的条件下,维特比译码的计算速度很快,目前可达每秒几十兆比特至上百兆比特,而且设备比较简单,故特别适用于在卫星通信系统中纠正随机错误。

### 2. 序列译码

当 $m$ 很大时,可以采用序列译码,该译码方法可避免漫长的搜索过程。其过程如下所述。

译码先从树状图的起始节点开始,把接收到的第 1 个子码的 $n$ 个码元与自起始节点出发的两条分支按照最小汉明距离进行比较,沿着差异最小的分支走向第 2 个节点;在第 2 个节点上,译码器仍以同样原理到达下一个节点;以此类推,最后得到一条路径。若接收码组有错,则自某节点开始,译码器就一直在不正确的路径中行进,译码也一直错误。因此,译码器有一个门限值,当接收码元与译码器所走的路径上的码元之间的差异总数超过门限值时,译码器判定有错,并且返回试走另一分支。经数次返回找出一条正确的路径,最后译码输出。

### 3. 门限译码

门限译码又称大数逻辑译码,其设备简单,译码速度快,约束长度较大,适用于有突发错误的信道。

门限译码的原理是以分组码为基础的,它既可以用于分组码,也可以用于卷积码。当门限译码用于卷积码时,它把卷积码看作在译码约束长度含义下的分组码。它的基本思想也是计算一组校正子,其含义与分组码类似,不同的是卷积码的校正子是一个序列。这是由于信息和编码输出都是以序列形式出现的缘故。

通常,可以采用门限译码的卷积码大都是系统码,具有特殊的结构,称为门限可译码,可分为试探码和标准自正交码。限于篇幅,这里就不详细介绍了。

## 复习与思考

什么是卷积码? 卷积码和分组码有何异同点?

## 即测即评

（扫描二维码可进行自我测试）

## 自测题

一、填空题

1. 已知码组为 010101,则码重为_____。

2. 已知两码组为 010101、011011,则码距为_____。

3. 在数字系统中,以减少码元数目为目的的编码称为_____,而通过增加冗余位来提高传输可靠性的编码称为_____。

4. 已知信道中传输 1100000、0011100、0000011 三个码组,则可检测_____个错码,可纠正_____个错码。

5. 已知(5,1)重复码,它的两个码组分别为 00000 和 11111,则(5,1)重复码的最小码距为_____。若只用于检错,能检出_____位错码;若只用于纠错,能纠正_____位错码;若同时用于检错和纠错,能纠正_____位错码,检出_____位错码。

6. 设一分组码为 110110,则它的码长为_____,码重为_____,该分组码与另一分组码 100011 的码距为_____。

7. 码字中的信息码元个数与码字总长度的比值称为_____。

8. 一分组码的最小码距 $d_0 = 6$，若该分组码用于纠错，可以保证纠正_____位错；若用于检错，可以保证检出_____位错。

9. 汉明码的最小码距为_____，能够纠正_____位错误。

10. 若信息码元为 100101，则奇数监督码为_____，偶数监督码为_____。

11. 线性分组码 $(63,51)$ 的编码效率为_____，卷积码 $(2,1,7)$ 的编码效率为_____。

12. 线性分组码的生成矩阵 $G = \begin{bmatrix} 1 & 1 & 1 & 0 & 1 & 0 & 0 \\ 0 & 1 & 1 & 0 & 0 & 1 & 0 \\ 0 & 0 & 1 & 1 & 1 & 0 & 1 \end{bmatrix}$，该码有监督位_____位，编码效率为_____。

二、分析计算题

1. $(5,1)$ 重复码若用于检错，能检测几位错码？若用于纠错，能纠正几位错码？若同时用于检错与纠错，情况又如何？

2. 已知线性分组码的 8 个码字为 000000、001110、010101、011011、100011、101101、110110、111000，若用于检错，能检测几位错码？若用于纠错，能纠正几位错码？若同时用于纠错与检错，情况又如何？

3. (1) 写出 $(n,k)$ 循环码的码多项式的一般表达式；

(2) 已知 $(7,3)$ 循环码的生成多项式为 $g(x) = x^4 + x^2 + x + 1$，若 $m(x)$ 分别为 $x^2$ 和 1，求循环码的码字。

4. $(7,3)$ 循环码的生成多项式为 $g(x) = x^4 + x^3 + x^2 + x + 1$，求此码组的全部码字。

附录

实训报告

# AM 调制解调系统的仿真实训报告(3.2.3 节)

1. 画出 AM 调制解调系统仿真模型图。

2. 独立设计仿真参数并上机调试,观察记录调制与解调信号波形。

3. 观察记录 AM 的频谱,并分析说明仿真结果与理论值之间的差别。

4. 改变参数配置,记录调制与解调信号波形,比较仿真结果,并说明参数改变对结果的影响。

5. 接通噪声源,运行系统并观察,记录各波形。

# DSB 调制解调系统的仿真实训报告(3.2.5 节)

1. 画出 DSB 调制解调系统仿真模型图。

2. 独立设计仿真参数并上机调试,观察记录调制与解调信号波形。

3. 假设信道是理想的,先断开图符 6 与图符 7,观察记录基带信号、已调双边带信号和解调信号的时域波形。

4. 观察记录 DSB 信号的频谱，并与 AM 信号相比较，说明其优劣。

5. 改变载波信号的频率，如选择频率为 200 Hz 的信号，记录并比较仿真结果，说明参数改变对结果的影响。

## 抽样定理的仿真实训报告(4.1.3节)

1. 画出抽样定理仿真模型图。

2. 独立设计仿真参数并上机调试,观察记录模拟信号的抽样与恢复信号。

3. 观察记录模拟合成信号、抽样波形和恢复波形,三者之间是否存在延时? 如存在,为什么?

4. 调节抽样速率的大小($f$= 20 Hz、40 Hz、60 Hz)，观察记录低通滤波器输出波形的变化，分析变化原因。

5. 观察记录源正弦波、合成正弦波、抽样后信号、恢复信号的功率谱密度，观察有何变化，说明原因。

# 脉冲编码调制的仿真实训报告(4.4.5 节)

1. 画出 PCM 系统仿真模型图。

2. 独立设计仿真参数并上机调试(压缩器采用预设的 $\mu$ 律),记录仿真过程中的相关波形。

3．压缩器改为 $A$ 律，观察记录信号源波形、压缩后波形和接收端恢复的波形，并与 $\mu$ 律的各波形进行比较。

## NRZ、RZ 信号的产生及其功率谱仿真实训报告(5.1.5 节)

1. 画出 NRZ、RZ 信号仿真模型图。

2. 独立设计仿真参数并上机调试,观察记录 NRZ、RZ 信号。

3. 观察记录单极性 RZ 码、双极性 RZ 码和双极性 NRZ 码在波形上的表现形式及各自的特点。

4. 上述三种波形表示的原始码元是什么？

5. 观察比较单极性 RZ 码、双极性 RZ 码和双极性 NRZ 码的带宽，并说明它们之间的区别。

6. 观察比较单极性 RZ 码、双极性 RZ 码和双极性 NRZ 码的功率谱，并说明它们之间的区别。

# AMI 码的产生及其功率谱仿真实训报告(5.1.6 节)

1. 画出 AMI 码仿真模型图。

2. 独立设计仿真参数并上机调试,观察记录 AMI 码信号。

3. 观察记录 AMI 码的频谱,并与 NRZ 码相比较,说明其特点。

## 验证奈奎斯特第一准则的仿真实训报告(5.3.3节)

1. 画出奈奎斯特第一准则仿真模型图。

2. 独立设计仿真参数并上机调试,关闭噪声信号,运行仿真,将输入信号波形与输出信号波形进行叠加,观察记录仿真结果。

3. 开启噪声信号,记录比较输入信号与输出信号的波形。

4. 改变噪声幅度,观察记录输出信号的变化。

5. 将伪随机信号的码元速率改为 150 Baud,运行仿真,再次观察记录输入、输出信号波形的差别。

# 眼图的仿真实训报告(5.4.3节)

1. 画出眼图仿真模型图。

2. 独立设计仿真参数并上机调试,记录仿真过程中的相关波形。

3. 分析码速与码间串扰间的关系,根据仿真中观测到的眼图描述各仿真参数对眼图的影响。

4. 在信道中加入噪声,改变高斯噪声图符 2 的参数(如设置 Std Dev = 0.5 V)。重新运行系统,观察记录并分析眼图的变化。

5. 进一步增大噪声幅度并改变信道的带宽,如把图符 3 改为 40 Hz 的滤波器,使传输系统不满足无码间串扰的条件,观察记录并分析眼图的变化。

## 2ASK 信号调制与解调仿真实训报告(6.2.5 节)

1. 画出 2ASK 信号调制与解调仿真模型图。

2. 独立设计仿真参数并上机调试,记录仿真过程中的相关波形。

3. 观察记录 2ASK 的功率谱，分析说明实验结果与理论值之间的差别。

4. 通过解调信号波形分析比较 2ASK 信号相干解调与非相干解调。

## 2FSK 信号调制与解调仿真实训报告(6.3.5 节)

1. 画出 2FSK 信号调制与解调仿真模型图。

2. 独立设计仿真参数并上机调试,记录仿真过程中的相关波形。

3. 观察记录 2FSK 的功率谱,分析说明实验结果与理论值之间的差别。

4. 改变载波频率,观察记录功率谱,并进行分析比较。

5. 如采用相干解调,仿真系统该如何设计实现?

# 2PSK 信号调制与解调仿真实训报告(6.4.5 节)

1. 画出 2PSK 信号调制与解调仿真模型图。

2. 独立设计仿真参数并上机调试,观察记录仿真电路中各模块输出波形的变化,理解 2PSK 调制解调原理。

3. 观察记录并比较仿真电路中各模块输出波形的功率谱、带宽变化,指出 2PSK 是线性调制还是非线性调制。

4. 将解调端参考载波相位设置为与调制端载波相位相差 180°,观察记录解调波形有何变化,解释此现象为何现象。

# 2DPSK 信号调制与解调仿真实训报告(6.5.5 节)

1. 画出 2DPSK 信号调制与解调仿真模型图。

2. 独立设计仿真参数并上机调试,观察记录仿真电路中各模块输出波形的变化,理解 2DPSK 调制解调原理。

3. 观察记录并比较仿真电路中各模块输出波形的功率谱、带宽变化,指出 2DPSK 是线性调制还是非线性调制。

4. 如采用相干解调,仿真系统该如何设计实现?

# MSK 信号调制与解调仿真实训报告(6.8.3节)

1. 画出 MSK 信号调制与解调仿真模型图。

2. 独立设计仿真参数并上机调试,观察记录仿真电路中各模块输出波形的变化,理解 MSK 调制解调原理。

3. 将图符 21 的波形局部放大,说明 MSK 相位连续的特点。

4. 观察记录功率谱,并与 2ASK 和 2FSK 的功率谱相比较,说明 MSK 的优点。

# 参考文献

[1] 樊昌信,曹丽娜.通信原理(精编本)[M].7版.北京:国防工业出版社,2021.

[2] 樊昌信,曹丽娜.通信原理[M].7版.北京:国防工业出版社,2012.

[3] 张会生.现代通信系统原理[M].3版.北京:高等教育出版社,2014.

[4] 中兴通信学院.对话通信原理[M].北京:人民邮电出版社,2010.

[5] 杨波,王元杰,周亚宁.大话通信[M].2版.北京:人民邮电出版社,2019.

[6] 张卫钢.通信原理与通信技术[M].4版.西安:西安电子科技大学出版社,2018.

[7] 陶亚雄.现代通信原理与技术[M].2版.北京:电子工业出版社,2012.

[8] 吴冰冰.通信原理[M].北京:北京大学出版社,2013.

[9] 蒋青,于秀兰,范馨月.通信原理[M].3版.北京:人民邮电出版社,2011.

[10] 朱海凌.通信原理[M].2版.西安:西安电子科技大学出版社,2016.

[11] 陈启兴.通信原理[M].北京:国防工业出版社,2016.

[12] 张辉,曹丽娜.现代通信原理与技术[M].4版.西安:西安电子科技大学出版社,2018.

[13] 曹丽娜.简明通信原理[M].北京:人民邮电出版社,2011.

[14] 王琪,等.通信原理[M].2版.北京:电子工业出版社,2017.

[15] 赵新亚,胡国柱.现代通信原理[M].北京:化学工业出版社,2017.

[16] 尹立强,张海燕.通信原理及 System View 仿真测试[M].西安:西安电子科技大学出版社,2012.

[17] 曹雪虹,杨洁,童莹.MATLAB/System View 通信原理实验与系统仿真[M].北京:清华大学出版社.2015.

[18] 邬春明.通信原理实验与课程设计[M].北京:北京大学出版社,2013.

[19] 冯育涛.通信系统仿真[M].北京:国防工业出版社,2009.

[20] 孙屹,戴妍峰.System View 通信仿真开发手册[M].北京:国防工业出版社,2004.

## 郑重声明

高等教育出版社依法对本书享有专有出版权。任何未经许可的复制、销售行为均违反《中华人民共和国著作权法》,其行为人将承担相应的民事责任和行政责任;构成犯罪的,将被依法追究刑事责任。为了维护市场秩序,保护读者的合法权益,避免读者误用盗版书造成不良后果,我社将配合行政执法部门和司法机关对违法犯罪的单位和个人进行严厉打击。社会各界人士如发现上述侵权行为,希望及时举报,我社将奖励举报有功人员。

反盗版举报电话　　(010)58581999　58582371

反盗版举报邮箱　dd@hep.com.cn

通信地址　北京市西城区德外大街4号　高等教育出版社法律事务部

邮政编码　100120

读者意见反馈

为收集对教材的意见建议,进一步完善教材编写并做好服务工作,读者可将对本教材的意见建议通过如下渠道反馈至我社。

咨询电话　400-810-0598

反馈邮箱　gjdzfwb@pub.hep.cn

通信地址　北京市朝阳区惠新东街4号富盛大厦1座

　　　　　高等教育出版社总编辑办公室

邮政编码　100029

防伪查询说明(适用于封底贴有防伪标的图书)

用户购书后刮开封底防伪涂层,使用手机微信等软件扫描二维码,会跳转至防伪查询网页,获得所购图书详细信息。

防伪客服电话　　(010)58582300